科学方法与美学

张双南 著

北京理工大学出版社
BEIJING INSTITUTE OF TECHNOLOGY PRESS

版权专有　侵权必究

图书在版编目（CIP）数据

科学方法与美学 / 张双南著. --北京：北京理工大学出版社，2022.7
　　ISBN 978-7-5682-9436-2

　　Ⅰ.①科…　Ⅱ.①张…　Ⅲ.①科学美学　Ⅳ.①G301

中国版本图书馆CIP数据核字（2020）第269835号

出版发行 / 北京理工大学出版社有限责任公司
社　　址 / 北京市海淀区中关村南大街5号
邮　　编 / 100081
电　　话 /（010）68914775（总编室）
　　　　　（010）82562903（教材售后服务热线）
　　　　　（010）68944723（其他图书服务热线）
网　　址 / http://www.bitpress.com.cn
经　　销 / 全国各地新华书店
印　　刷 / 雅迪云印（天津）科技有限公司
开　　本 / 710毫米 × 1000毫米　1/16
印　　张 / 23　　　　　　　　　　　　　　　　责任编辑/李慧智
字　　数 / 362千字　　　　　　　　　　　　　　文案编辑/李慧智
版　　次 / 2022年7月第1版　2022年7月第1次印刷　责任校对/周瑞红
定　　价 / 89.00元　　　　　　　　　　　　　　责任印制/李志强

图书出现印装质量问题，请拨打售后服务热线，本社负责调换

推荐语

　　双南老师这本书,以超常的思维密度,亲和又实在地对美学界、"科技艺术"界长期纠结又想累了的两个老课题——科技到底是在干什么?艺术又是在干什么?——给出了新视角的解答。他从"没缺陷、不常见"的审两要素美学观入手,把人类科学探索与对美追求之关系说通了。而作为我个人读此书的收获,是了解了作者如何工作和想事情的方法。

　　——徐冰,著名代艺术家,曾任中央美术学院副院长,多次获得英美艺术最高奖

　　深入阅读这本书,将在最短的时间内对科学的起源、宇宙的诞生与演化以及人类哲学观,特别是人类对于美的观念演化有全面和深入的理解,将会是特别好的阅读体验。

　　——张文宏,国家传染病医学中心主任、复旦大学附属华山医院教授

张双南老师的书总是充满睿智，发人深思。他对科学与美的关系的探讨，在我看来算是科学与人文对话的一种大胆并且勇敢的尝试，极具启发性。除了收获知识，本书带给读者更多的是一次科学的洗礼和对美的思考。

——周忠和，中国科学院院士、中国科学技术大学人文与社会科学学院院长、中国科普作家协会理事长

天体物理学家张双南以"辉格史观"来透视从古希腊到20世纪的科学史，以"精确、实验和证伪"作为科学方法的三次飞跃，以"没缺陷，不常见"作为美之为美的原则，展示了一个前沿科学家独特的历史观、哲学观和美学观。其文风单刀直入、要言不繁、通俗易懂，定会受到读者的喜爱！

——吴国盛，清华大学教授，科学史系创系主任

科学即审美，张双南教授的这本书以理性的思维和人文的情怀对此做了生动的诠释。

——孙小淳，中国科学院大学教授、人文学院院长，中国科学技术史学会理事长

双南教授以"费曼学习法"在教学相长中和同学们共建一门新的学术课程，梳理出这本通俗易懂的读物，希望通过"辉格史观"，深刻直白地为同学们建立起一套理解历史与当下、科学哲学与审美的底层架构，为年轻学子们架起了以科学方法理解审美的桥梁，为中国学子的科学创新提供理论支撑体系。

——泰祥洲，著名艺术家、水墨画家

很多人认为科学是客观世界的规律反映,而美是一种人类的主观感受。但美的感受一定是私人、主观和无迹可寻的吗?这本书会为你带来全新的思考。

——巡天者叶梓颐,著名星空摄影家

序一

我认识张双南教授是在2021年4月高山书院的一次科学家项目评审活动上,自那以后,每次见到双南教授我都会请教他一些关于宇宙学、天文学最新的研究方向和成果,双南教授也会和我聊一些科学与艺术的话题,相谈甚欢。前日,突然接到双南教授的微信,嘱我为他的新书写序,颇有诚惶诚恐之感。反复通读了全书,很为双南教授期盼年轻学子具有现代科学方法和审美能力的赤子之心所感动。

作为一名中国的艺术家,真正理解并吃透双南教授提出的科学方法与美学实践并不容易,但回顾艺术史,真正引领时代的艺术家,莫不符合双南教授提出的观点。所谓时代造英雄,无论是科学家还是艺术家,他们的共通之处就是能在时代的科学和人文背景下先行一步,为人类理解世界打开一扇新的窗户。

早期中国绘画的观念,与先贤的宇宙观紧密联系。唐代张彦远在论述绘画起源时说道:"夫画者,成教化,助人伦,穷神变,测幽微,与六籍同功,四时并运,发于天然,非繇述作。"①这说明绘画是极尽神妙无穷变化,足以探寻深远微小事理,能与经书典籍的功用相提并论,又与四季的更替循环同时并行,起源于自然造化的启发而绝非仅仅是重复前人陈说的一种复杂的观念系统。

5世纪的颜延之(384—456年)说:"图载有三:图理、图识、图形是也。"②颜延之首先考量的是图理,也即图式的根本原理和观念形成,进而才探究图式的识别特征和图式的结构方法。

历史地看,一种思想学说在初创之时,总有其原始的义理内涵与精神实质;然而当它进入了历史,流播于后世,则实已成为一种开放性的文本,由于后世接受者主观条件与诠释立场的殊异,可能对原初的观念做出不同的理解,甚或加以转化与修改,从而蜕变、衍生为另一种异质的思想。

19世纪以来,西方现代科学思想传入中国,并渗透到整个中国教育系统中,为我们如何认识世界打开了新的途径,这也让中国人对科学观和审美观有了全新的认识。然而,作为人类和文明的积累,我们不必看轻自己的文化传统,也不可妄议进的科学思想,个性在共性中成长,必然有着独特的优势,我相信张双南教授写这本书的初衷所在,就是帮助下一代中国人再次领先世界。

纵观西方的科学史,源自古希腊的探究世界的科学方法,就是人类能够用自然主义的精确数学对自然界的某些方面进行描述,在这种架构下,科学的新发现,推动人类宇宙观不断形成质的飞跃,科学和艺术也在这种大时代的变迁中,不断更替着新的图景。

当科学遇到瓶颈时,我不得不在此提出18世纪康德在《纯理性批判》

---

① [唐]张彦远.历代名画记(卷一)[M].北京:人民美术出版社,1963:1.
② [唐]张彦远.历代名画记(卷一)[M].北京:人民美术出版社,1963:2-3.

书中悲观地宣称,我们只能透过感官以管窥真相,我们对于了知世界本体无能为力。叔本华在他的里程碑名著《作为意志和表象的世界》则开宗明义地宣告:世界即是我的意志。

事实上,人们领悟客观存在的本质,用的是想象力,在大脑中以独立的意识虚构了一个实在。这个实在和外在的空间并不相连,线性的时间也和外界不相干。例如:当你回忆起某次谋面,实际上是把脑海中现存的种种碎片记忆编辑在一起,甚至可以重新排序,"客观"都是经由个人意志的结果。当同意某一观点的人数达到临界值时,即是意见统一。当社会里许多团体有了一致意见,便形成政党、宗教团体、经济体系,每一种模式都成为一种信念体系;当一种文明对于世界的运作达到意见一致,即成为思想范识的最高地位,对于相信的人来说就是真理的基石。

阿弗烈·诺夫·怀海德认为:真理是表象和实在的相符及统一。不同时代的不同文明都曾经达到过意见的一致和统一,因此,真理的基石也会落入溜滑不稳的情状,当思想范式达到一个新的临界点时,即由一个真理的基石转换为另一个真理的基石。在人类文明的历次转换中,科学家和艺术家都是以先锋的身份引领着一个时代。

波尔的高徒约翰·阿奇博尔德·惠勒后来将波尔的二元理论加以扩展,他提出意识和宇宙如同波和粒子一样,互补成对。知觉的内在心识和其相应的外在感官世界存在着联系。依此而言,科学和艺术就像一个物件的正反两面一样,被心识用来领悟惠勒理论中宇宙的互补图像。就在量子物理开始深思波尔的互补性原理的同时,瑞士心理学家荣格提出共识性原理,将外在世界的量子观推展到人类内省的经验层面。人类的活动除了通常的因果关系之外,还应在一个更高的维度上。荣格认为,共时性事件旨在"一切存在形式之间的深刻和谐"。因此,一旦体验到这种和谐,它就变成一种巨大的力量,给予个人一种超越时空的意识,即所谓"时代精神"。

回顾历史,我们会发现一个时期的艺术和较后时期的科学之间总有明显的关联性,有时,这种时差竟有数十年至百年不等。事实上,科学与艺术有一个共同特点,无论在历史的任何时期,都是为未来而生的。

科学与艺术都是形式独特的语言,他们都有各自的符号语汇系统。这两个看似风马牛不相及的学科却惊人地使用着同样的语汇:体积、空间、质量、力、光、色彩、张力、密度、关系。如果你跟随一位艺术博物馆的学者参观,你会反复听到这些名词,他们也会同时出现在物理课堂的黑板上,师生们热烈地讨论着:对称、简洁、灵感、平均、复杂等概念。科学家使用的公式等号,也是艺术家用来作为隐喻的基础符号。科学家示范诸如 A 等于 B,或 X 就是 Y,艺术家则用标志、符号、图样和象征图样去创作作品。这些技巧在揭示两者之间藏而不露的关系。

波尔深感于古典物理学的语言是不精确的、有局限的,他希望将数学语言拓展得更深远,但目前我们没有别的语言。画家梵高则苦于无法将内心的感觉诉诸文字,在写给弟弟的信上这么说:"真的,只有绘画才能表达我心中所念。"对于科学的思索、理论的研究都是为了呈现在自己的作品创作之中,面对观者,只能尽量地以图像及文字进行表述,以期做到充分的表达。艺术家以自己的技术,技术背后的知识结构和个人经历以及世界观支撑自己的作品,但无法要求观赏者全然地理解。艺术需要神来的灵感,科学研究需要直觉和洞察力。这是二者的共同之处。

开启时代先河的科学家和艺术家同样试图阐述某些尚未有语言的事物。他们的表达方式也正因如此很难被门外汉所理解,由于他们传达了未来绝对会发生的事物原理,所以,我们更加有理由去努力了解,并理解他们的思想体系与实践。科学与艺术,就如同波与粒子一样,是一组整体的二元体系，他们对世界的描述是具有互补性的双面一体，将二者整合在一起，将照亮人类走向大融合的新时代。

全书中，双南教授希望通过"辉格史观"，深刻直白地为同学们建立起一套理解历史与当下、科学哲学与审美的底层架构，为中国学子的科学创新提供理论支撑体系。书的前半部分，双南教授展示了人类科学史脉络中所有"硬"科学的思想根源，后半部分则梳理出哲学美学和科学美学的发展脉络，以"费曼学习法"在教学相长中和同学们共建一门新的学术课程。

双南教授通过创造性的课程，梳理出这本通俗易懂的读物，为年轻学子们架起了以科学方法理解审美的桥梁，为让中国科学领先世界，长久解决中国科学界的"李约瑟难题"和"钱学森之问"，勾勒出一个完整的思路和路线图。

泰祥洲
2021 年 7 月 18 日于等观堂

序二

　　张双南教授无疑是公认的富有洞见与科学成就的天体物理学家,他也是少有的能够把黑洞、暗物质、天体起源、宇宙起源和太阳系外生命起源几个问题梳理得很清楚的科学家。我们深知,只有自己明白了才能把事情说清楚。把科学与宇宙起源说清楚,让人听明白是一件很困难的事情,并不比从事天体物理研究本身更为容易。这本关于"科学方法与美学"的新书,是他在中国科学院大学人文学院为本科生所开设的公选课记录。这一门课程横跨科学的起源、人类对天体与宇宙的认识,最后更是在哲学高度上对美学进行了讨论。能够将这三方面通过逻辑链连接在一起,正好反映了我们人类在宇宙(天)、自然(地)以及美的认识(人)三方面是如何思考并增进认识的。通过张双南教授层层递进的论述,我们看到的不仅仅是张双南教授在科学史上的洞见,更看到了我们人类在几千年的文明史中,是如何不断实现自我突破,实现智慧增长并迈向更广阔的世界的。如果深入阅读这本书,将在最短的时间内对科学的起源、宇宙的诞生与演化以及人类哲学观，特别是人类对于美的观念演化有全面和深入的理解，将会是特别好的阅读体验。

张文宏

国家传染病医学中心主任

复旦大学附属华山医院教授

前言

"科学方法与美学"(Scientific methodology and aesthetics)是我作为中国科学院大学岗位教授在人文学院为本科生所开设的公选课,分别在2017年、2018年和2019年的秋季学期连续讲过3次。我在课程简介里面所写的这门课的教学目的和要求如下:从上学就开始学习科学知识,但是却不了解什么是科学,不明白科学和技术的关系,不理解科学和哲学以及文化的关系,这是我们的教育体系缺乏科学史和科学方法教育的结果。经常听到、看到各种"科学之美"的说法,却不明白"美"在何处,"美"成了只可意会不可言传的东西,也因此很难向别人传播科学之美,因为传统美学局限在哲学的层面,没有回答我们的大脑如何审美、根据什么条件做出美的判断。通过本课程,学生将了解科学的起源、目的、精神和方法,以及科学和其他学术研究的关系;将理解美学的范畴、传统美学研究方法的局限、如何利用科学的方法研究美学并且建立科学的美学——计量美学,以及未来如何造会审美的人工智能。本课程是为所有学院和专业本科生所开设的公选课，对基础知识没有特殊要求。

这一课程前两个学期的为30学时（10次课，每次3个学时），最后一次为36学时。本来打算如果继续开课的话，会增加到39学时，因为我在上课的时候总是觉得课时不够。我上课特别喜欢最后留一些时间回答同学们的提问，但是尽管每次3个学时只有一次简短的课间休息，最后留给提问和回答问题的时间还是偏少。遗憾的是，2019年秋季学期的课程刚刚结束，就发生了新冠疫情。我一直领导着几个大型科研项目（也包括有多个国家参加的国际合作项目），因此需要经常国际旅行。在疫情发生之后的几个月，国际旅行就完全停了。我当时以为疫情结束之后就是2020年秋季，我必须比以前同时期做更多的国际旅行，补上2020年上半年的国际旅行。而如果我继续开课就很可能完成不了教学任务，所以我就取消了当年的课程。尽管疫情期间，网课已经成为常态，但是我不喜欢上网课，因为我非常享受课上和同学们的交流，上网课就完全没有这样的感觉。然而疫情直到今天也没有结束，我就一直没有继续开课。

这门课受到的欢迎程度远超我的预期。中国科学院大学每年招收的本科生不到400位，据说每次选课一开选名额就没有了，等着候补的同学很多，我就只能在每学期第一堂课想尽一切办法"劝退"一些同学，尤其是强调课程的负担并不轻，课后要做的作业很多，建议对课程内容不是特别感兴趣或者想"刷分"的同学请退选。每次的确是有一些同学"听劝"，然后空出来的名额很快又被填上了。这3年最终选课的同学分别为2017年88位，2018年155位，2019年146位。后来我了解到还有不少没有选上课而只能旁听的同学。这3个学期上课，我和同学们有很多互动和交流，同学们也提出了很多好的想法和建议，我在后续的上课中采纳了一些建议，这些在本书的内容中有所反映。

我下面摘录一些同学课后的感想：

● 一学期的科学方法和美学课，就在张老师幽默诙谐的言辞中结束了。时间过得太快，我的记忆仿佛还停留在首堂课。第一堂课上，张老师用严格的要求吓住了每一位选修这门课的同学。张老师希望以这样的方式，告诫我们，偷懒划水者勿选此课！当然，让我保持对科学美学课的兴趣，并非课上课下严格的要求，而是课程循序渐进中张老师幽默的讲课风格和畅所欲言的课堂形式。我从未在国科大上过这样的课，上课中同学们可以随时发言，反驳老师的观点；老师在课下一一收集同学们的疑问，并在课上以讲解和PPT的形式给予解答。回顾我一学期的科学美学之旅，我想，我学习到的是时刻要对学习内容充满质疑的批判精神和认真细致不抱有划水思想的对课堂的投入。感谢张老师，我从未在国科大上过这样精彩的课。

● 科学方法与美学是我上大学以来第一门将科学这种理性思维和哲学这种人文情怀结合在一起的一门课程。从前的课程不是单独讲授科学，就是单独讲述人文情怀。尽管人文课的老师都说美术之类的课程是陶冶我们发现美的眼睛的课程，因为我们都是将来的科学家，沉迷科学但也不能忽略其他方面，因此强行和科学凑成关系。而张老师的这门课程不同，张老师在课堂上就教授我们科学的美，科学的人文情怀，我觉得这是在国科大第一次将科学与美学相结合的一门课程，非常感谢张老师为我们讲述了一学期的科学之美。

● 看到了您对我作业的评价，十分感动。如果老师有时间的话，希望这门课能够一直开下去，这门课是我这学期最有感触的一门课，它让我懂得了真正的实事求是和坚持追求真理。谢谢老师！感谢老师让我爱上了科学和美学。

● 在师生互动方面，张老师打破了老师单纯讲、学生单纯听的教学固有模式，运用讨论的环节，使学生积极参与到了课堂当中。

● 课时太短，意犹未尽，获益匪浅。

● 课堂非常有趣，而且能引导思考。大家讨论、思想交叉是课堂的一大特点，极大加深了我对科学方法与美学的认识。

● 这门课远远超出了我对科学方法与美学原有的预期，我在这堂课上不仅学到了美学理论，更重要的是学到了科学的证实证伪的思想方法！对我很有启发。

● 这门课最大的一个特点是，它讲解的是主讲者个人发展起来的，并没有完全得到广泛承认的理论（任何其他课程讲解的都是成熟而完善的理论）。在有些情况下，这会比较难以接受，因为同学们都习惯于接受那些"绝对正确"的知识。感觉对于培养同学们对新理论的选择性接受意识会有帮助。

● 这门课程具有很强的独创性，让我领略了很多新奇的科学、美学和哲学概念并且非常能启发我的思路。

● 本来希望入门一下美学的，网上说入门美学就是入门美学史，确实学了很多美学史，但最后好像入门了又好像没入门，倒是把哲学和美学大都批判了一通。阅读的东西太少了，希望老师多贴一些阅读材料、书籍，不一定要求读。最后祝早日上成名校公选课，像哈佛哥大等校里那样的厉害的人文必修课！

● 与众不同，十分有料；课堂上没有知识的强制灌输，而是用开放的讨论形式鼓励大家参与，一学期下来颇有收获。

● 这次课程最难忘的经历就是第一次课我没有座位坐，在窗外听了一节课，这是我人生第一次门外听课，听得很认真，老师讲话风趣而不失课堂的严肃，论断强势却不咄咄逼人，课程覆盖面广，结论总能自圆其说，令人印象深刻。

上面这些都是同学们在学期结束的时候的感想。其实在课程中间的时候，很多同学都对我讲的内容非常不适应，表达了很多疑惑、不满、反感甚至愤怒，尤其是很多同学都表示不能接受对已有的美学理论进行证伪，非常不理解为什么去批判那些经典的、在同学们心目中非常伟大的美学理论。而当我在课上对已有美学理论进行证伪的时候，很多同学都表示了非常不耐烦，既然老师认为这些美学理论都是"错误"的，那就不要讲"错误"的美学理论了，就直接讲"正确"的美学理论，就直接讲科学之美，这才是我们选这门课的目的！所以我在讲课的时候就不断地增加了对这些同学的疑问和反对的解释，有些解释还从不同的角度重复了很多次。另外值得欣慰的是，经过一个学期的"头脑风暴"，绝大部分同学都基本上掌握了基本的科学方法，尤其是如何进行证实和证伪，这些对很多同学都是第一次听说。

正是由于看到了同学们的进步，我才萌生了写这本书的想法，而本来中国科学院大学也鼓励老师们写教材。这样，一方面我下一次开课的时候，同学们事先就可以对讲课的内容进行预习，很可能就不会出现大面积的不适应和反感了，即使有同学偶尔错过了上课也有机会弥补，另一方面当然希望也可以让更多的读者受益。

一开始，有很多同学不理解这门课的内容的逻辑。很多同学说，我就是想学习美学，张老师为什么讲科学史？有的同学说，我就是想欣赏科学之美，为什么要讲西方美学史而且主要的目的还是批判这些美学理论？我的逻辑是，并没有所谓的普适"科学之美"，只有不同人认为的科学之美，而不同人认为的科学之美可以非常不同。要理解为什么会是这样，就需要理解我们怎么审美。然而，美学理论多如牛毛，而且大部分理论之间都存在根本的矛盾、甚至相反。那用什么美学理论来理解审美？我们首先就得分析这些美学理论。用什么方法分析？我认为需要用科学方法，不用科学方法进行证实和证伪，我们就无法理解每个美学理论在哪里有效，在哪里不能使用。美学理论竟然还有适用范围？很多同学想都没有想过这个问题，想当然地就认为所有的美学理论都是正确的，只不过有的更有名、更伟大，有的不太厉害而已。

这就是这门课的名称是"科学方法与美学"（后来我听说同学们把这门课简称为"科美"课）的原因。那么到底什么是科学方法？要理解科学方法，就要讲科学史，需要从科学史里面总结出来科学方法。对科学史的讲述也有不同的做法，我采用的是"辉格史观"。前不久，我为温伯格教授的《第三次沉思》（中文版）所做的题为"深刻与直白，历史与当下"的序中解释了我为什么这样做：

> 温伯格解读科学史采用的是辉格史观，也就是根据对今天的科学的影响来理解和评价科学史的人物和事件，我特别认可。也正是这个逻辑，尽管其他文明在历史上也有和古希腊类似的一些早期科学的学说（比如中国古代的阴阳五行就是亚里士多德的四元素说有类似之处），但是最终对于今天的科学真正发生了实质影响的是古希腊文明。

因此在本书中我就从世界文明史引出古希腊文明，从古希腊文明开始讲科学史。

我在"序"中继续写道："实际上，在中国文化的观念里面，恐怕辉格史观是占主导地位的，我们评价历史人物或者历史事件的时候，一方面不可避免地会用我们今天的价值观做判断，另一方面我们更加重视历史对今天的影响。如果不考察和当下的关系，恐怕难以梳理清楚人类的思想史、文化史、文明史等等历史。除了这些我们通常从当下去解读、去理解的历史，历史还剩下什么呢？我们评价某个人物或者事件有'深远的历史影响'，不正是辉格史观的表现吗？历史与当下的关系，温伯格认识得非常清楚。然而，温伯格采用辉格史观，却广受历史学家（包括科学史家）的批评。温伯格就在这本书里对他为什么采用辉格史观做了逻辑清晰的论述,很值得读。"

因此我讲科学史就和史学家讲科学史很不同,只有基于"辉格史观",才能从科学史中总结出科学方法,这就是我在本书的前两章所做的。

这本书的主要内容是根据我上课的录音转成文字之后整理出来的,整理过程中主要是改正了一些错别字和笔误,并没有对文字做过多的修改。因此本书读起来就会感到很口语化,和大家经常见到的教科书完全不同,更不像严肃的学术著作。实际上我把本书定位为通俗科普书,面向所有识字的读者。我写的大部分科普文章也是这样的风格,尽可能接地气。我自己虽然很喜欢中国传统文化,喜欢古诗词,但是我从来不用文言文写作,也比较不适应现代人用文言文写作,或者虽然不是文言文,但是也文绉绉的风格。我甚至都到了一个极端,根本不用"笔者",就直接说"我",这样难道不是更直接吗?

在本书的最后一章,我通过归纳、证实和证伪建立了一个新的美学理论,其核心就是"审美两要素",也就是价值观和见识。其实审美并不复杂,就是我们大脑做了两个判断,价值观判断审美对象是否"有缺陷",见识甄别审美对象是否"不常见",一旦判断结果是"没缺陷和不常见",我们就觉得"美"。有些朋友觉得"没缺陷和不常见"不够学术化,建议我换成更加学术、更加有文化、更加高级的表述,也有朋友建议了一些表述。但是我一直坚持使用"没缺陷和不常见",因为我发现这种表述更加接地气,更加容易理解,很多朋友一下子就记住了。我们每个人都在不停地审美,可以说,离开了审美,我们就没有了生活。那么为什么描述审美就要用我们一般人都理解不了的"学术"语言呢?

张双南

目录
CONTENTS

第一章 科学史概要

第一节 科学的起源——古希腊科学 002
    世界古代文明与成就 002
    古希腊的自然哲学 007
    古希腊的数学 014
    古希腊的物理学 016
    古希腊的天文学 021
    古希腊科学的总结 026

第二节 人类宇宙观的七次飞跃 028
    第一次飞跃：日心说取代了地心说 029
    第二次飞跃：太阳系不是银河系的中心 030
    第三次飞跃：银河系不是整个宇宙 031
    第四次飞跃：宇宙在膨胀 033
    第五次飞跃：宇宙膨胀的根源是大爆炸 034
    第六次飞跃：宇宙在加速膨胀 035

第七次飞跃：可能有其他的世界和文明　　038
　　重大科学发现的偶然性和必然性　　039

第三节　从天文学到现代自然科学　　045
　　伽利略：现代自然科学的鼻祖　　045
　　牛顿是集大成的理论物理学家　　052
　　天文学和广义相对论　　053
　　天文学和量子力学　　055
　　现代物理学的两大理论支柱　　057
　　100年前物理学大厦上空的两朵乌云　　058
　　爱因斯坦的奇葩诺贝尔物理学奖　　058
　　诺贝尔奖历史上量子力学的辉煌和相对论的尴尬　　060
　　百年现代物理学终于做了个了断　　061
　　总结　　062

第二章　科学方法的起源和建立

第一节　古希腊的科学方法　　066
　　形而上学　　067
　　希腊的几何学　　071
　　古希腊对数学和自然关系的认识　　072
　　希腊古典时期科学的发展　　076
　　希腊化时期科学的发展　　077

第二节　科学方法的三次飞跃　　082
　　第一次飞跃：从形而上学到实在精确的科学　　083
　　第二次飞跃：从观察思辨的科学到实验科学　　083
　　第三次飞跃：从证实的科学到证伪的科学　　095

第三节　什么是科学？　　　　　　　　　　　102

普京的两个问题带来的启示　　　　　　　　102
从天文学到现代自然科学　　　　　　　　　104
现代自然科学的研究方法　　　　　　　　　114
科学研究的一般方法　　　　　　　　　　　117
什么是科学？科学三要素　　　　　　　　　118
关于中国古代"科学"的讨论以及李约瑟难题　130
中国如何再次领先世界？　　　　　　　　　135
结束语　　　　　　　　　　　　　　　　　141

第三章　哲学美学的科学批判

第一节　西方古典美学与批判　　　　　　　149

本体论美学　　　　　　　　　　　　　　　149
认识论美学　　　　　　　　　　　　　　　160
西方古典美学总结：从绝境到绝望　　　　　169
西方古典美学科学批判总结　　　　　　　　171

第二节　常见审美观念的科学批判　　　　　173

对称美、不对称美、自然美、真实美　　　　174
简洁美、复杂美　　　　　　　　　　　　　177
距离产生美　　　　　　　　　　　　　　　181
"情人眼里出西施"　　　　　　　　　　　　184
残缺美、缺陷美　　　　　　　　　　　　　187
常见审美观念的证实和证伪总结　　　　　　189

第三节　西方现代美学与批判　　　　　　　191

审美观和审美规律　　　　　　　　　　　　191

西方现代美学的出发点 195

叔本华的美学：意志和表象 196

孔德等的实证主义美学 201

尼采的美学：酒神与日神精神 203

克罗齐和科林伍德的表现主义美学 208

布洛的"心理距离说" 213

立普斯的"移情说" 215

弗洛伊德的精神分析美学 217

荣格的"集体无意识" 219

乔治·桑塔亚纳：自然主义和经验主义美学 221

杜威的实证经验主义美学 223

托马斯·门罗的科学主义美学 225

弗莱和贝尔的形式主义美学 228

伽达默尔的"解释学美学" 230

姚斯和伊瑟尔的"接受美学" 233

维特根斯坦建立的分析美学 236

西方现代美学发展的总结 239

西方现代美学的科学批判总结 241

第四章　科学的美学

第一节　审美规律和审美要素 244

关于对本书内容的质疑 244

审美观和审美规律 247

飞鸟和青蛙的美学 248

基于大脑的审美理论 251

数学审美的经验及其神经关联 254

  数学家和物理学家的不同   **259**
  发现"美的判断条件"：三段式科学方法   **260**
  美的判断条件就是：没缺陷、不常见   **264**
  证实"没缺陷、不常见就是美"   **269**
  什么才是最美的照片？   **277**
  诗是什么以及诗之美   **279**

第二节 审美两要素的证伪   **280**
  大脑神经美学是科学的美学基础   **280**
  有不符合"没缺陷、不常见"的"美"吗？   **284**
  为什么美的判断条件就是"没缺陷、不常见"？   **291**
  审美两要素的各种组合：美、俗、丑、丑哭、美哭   **293**
  进化和社会发展的动力、科学和技术创新的本质   **297**
  悲剧的审美是否和审美两要素矛盾？   **300**

第三节 计量美学   **302**
  首届人工智能选美大赛   **303**
  大脑就是贝叶斯计算器   **304**
  用贝叶斯统计推断预报火灾   **305**
  定量化的审美两要素组合   **307**
  计量美学：大脑的审美公式   **308**
  人工智能怎么审美？   **311**

第四节 科学家的审美观   **315**
  最美的科学公式？   **315**
  物理学家们的审美观   **319**
  谁的科学审美观是正确的？   **321**
  用审美两要素理论考察科学家的科学审美观   **324**
  到底什么是最美的科学公式？   **326**

叶梓颐读后感	**329**
后　记	**331**
参考文献	**338**

第一章　科学史概要

第一节
科学的起源——古希腊科学

如果我们追踪现代科学，一直追过去能够追到的源头就是古希腊。并不是说其他的文化、其他的民族对科学完全没有贡献，但是比较坦率、比较实事求是地讲，其他的文化、其他的文明最后对于现代科学起源的贡献是相对比较少的，而只有古希腊的文明对于现代科学的产生做出了关键性的贡献。

世界古代文明与成就

关于科学的起源，我们要从古希腊科学讲起。在讲古希腊科学之前，需要先简单地介绍一下世界古代的文明与成就，因为科学是我们现代文明的一个主要的组成部分，我们讲现代文明不可避免地要谈到古代文明，因为文明总是有继承和发展的。

通常讲四大文明古国，其实国的概念在那个时候还不是很强，我们主要是讲四大文明的发源地，有古埃及、古巴比伦、古印度还有中国。讲"中国"的时候我们通常不用"古"这个字，其他的都用"古"埃及、"古"巴比伦、"古"印度。之所以要用"古"，是因为它们现在那个地方的文明和人与古代的文明和古代的人实际上没有什么关系，它们的文明早就中断了，只有中国是一直延续下来的，所以有这样一个区别。

四大文明实际上也称四大河流域文明。关于中国，我们知道我们的文明是从黄河流域起源和发展起来的，古印度是印度河流域起源和发展起来的，古巴比伦我们叫作两河文明，是在底格里斯河和幼发拉底河两条河的流域起源和发展起来的，因为这两条河流域相距不是特别远，所以统称古巴比伦文明。古埃及文明是在尼罗河流域起源和发展起来的。所以这是四大河流域文明。古代的四大文明里面不包括海洋文明，全都是内陆的，而且都是围绕着河流域的文明。

唯一的古海洋文明就是古希腊文明，这就是我们讲古希腊科学的起源要从古代文明讲起的原因。作为古海洋文明的古希腊文明在世界文明里面只能排第五，比如说在著名的《世界文明史》（美国威廉·麦克高希著）里面就称"古巴比伦、古埃及、古印度、中国、古希腊是世界上的五大文明发源地"。古希腊文明要晚一些，主要是围绕着爱琴海的很多岛屿的文明，所以古希腊文明也叫爱琴海文明。和其他的文明相比它持续的时间并不长，大概650年的时间，从公元前800年到公元前146年。

后来古希腊文明延续到了别的地方，到了埃及那一带，最后又回到了欧洲。如果我们研究西方文明史，追随着西方文明的根一直追下去就追到了爱琴海文明，所以古希腊就是西方文明的发源地。

之所以科学的起源要这么讲，就是因为我们今天所讲的科学是在西方文明里面产生的，不是在东方文明里面产生的，科学是西方文明里面的一个很主要的部分。而西方文明追寻过去就到了古希腊的文明，所以讲科学的起源是要从古希腊文明讲起。

下面就简要介绍一下这几个主要文明的主要成就，尤其是讲一下它们和后来的科学之间的联系。

古巴比伦文明

古巴比伦文明的成就非常多，它是最早的人类文明，是大概 6 500 年之前形成的。我们讲中国的文明有 5 000 年的历史，不过这个是有点争议的，到底是 5 000 年还是 3 500 年取决于对文明的定义。古巴比伦文明符合我们现在对文明定义的所有的特征，尤其是它有城邦，有了城邦之后就脱离了原始文明之前的状态，所以一般把这叫作文明的一种标志。它有最早的文字，苏美尔人的楔形文字 5 000 多年前就已经有了。

它还有最早的城市，因为城市是文明非常主要的标志之一。在这个文明正式形成之前就已经有了城市，就是 8 000 到 1 万年前的耶利哥城和大马士革。在这里诞生了最早的冶炼技术，7 000 年前就有了金银矿石的冶炼技术，6 000 年前就有了最早的青铜冶炼技术。3 500 年前有了铁器文明，铁器文明是非常重要的，因为铁器非常坚固结实，而且非常容易大规模制造。

而且古巴比伦的历法非常早，它的太阴历或者叫月历，比埃及人还要早，在 5 000 年前就有了历法。它有最早的宗教系统，就是至今仍然存在的犹太教。今天世界上有几个大的宗教，包括犹太教、基督教和伊斯兰教。当然犹太教依然是犹太教，但是基督教和伊斯兰教都产生于犹太教，所以古巴比伦文明对人类宗教的贡献也非常大。另外最早的一个主要宗教是印度教，和犹太教是大致同一个时期。

但是古巴比伦文明的主要成就和我们今天的科学基本上建立不了很强的关系。

古埃及文明

关于古埃及文明，需要特别强调它有两项和科学有关的成就，所以古埃及文明最早对科学是有过一些贡献的，只不过和我们现代科学的起源不能够直接建立关系而已。

它有最早的统一的王朝，那个时候世界上绝大部分地区还是以部落形式存在的，它在 5 100 年前就建立了一个王朝，把上下埃及整个统一起来，相当于有一个国家的形式。古埃及的数学在 5 200 年前、古埃及的几何在 5 000 年前就已经有了，所以古埃及文明是非常辉煌的。而且最早的专用的书写工具在当时也有了，尽管用的是比较简单的笔和纸。

古印度文明

古印度文明的主要成就里面有三项和科学有关。我们今天用的数字系统起源于印度；它也最早认识到了三角函数；它提出了最早的日心说，尽管这个日心说没有变成后来天文学所接受的日心说而最后失传了，但是考古发现最早的日心说是公元 500 年之前在古印度产生的。我们知道哥白尼提出日心说就晚了很多，基本上是 17 世纪的时候才有的，而突破中世纪黑暗时期的一个主要的标志就是哥白尼的日心说。古印度文明有最早的宗教系统，就是印度教，和犹太教基本上是同一个时候产生的，印度教至今仍然是世界上非常大的宗教。

古代中华文明

如果追踪科学起源的话恐怕很难追到我们的中华文明。但是我们古代技术上的成就非常多，我们有最早的 6 700 年前的铜冶炼技术，最早的农业驯化水稻栽培，造船技术 8 000 年前就已经有了，9 000 年前就有了酒文化，乐器也是 9 000 年前就有了。

当然中国人的哲学历史非常悠久。尽管在现代哲学里面，中国的哲学地位并不高，但是它的起源非常早，比如2500年之前老子的《道德经》，还有军事著作《孙子兵法》，到今天仍然非常有用。

所以中国在思想和技术方面在古代是非常先进的，我们以后会讨论为什么我们曾经有那么辉煌的思想，有那么先进的技术，但是最后没有在中国产生科学，这在学术界也是一个非常大的问题。我们的文明并没有中断，为什么在这个过程当中没有产生科学，这确实是令人非常奇怪的一件事情，非常值得思考。

古希腊文明

古希腊文明在很多方面都和现代科学有非常密切的关系，尤其是西方有记载的文学、科技、艺术都是从古希腊开始的，这就是为什么我们说古希腊文明是西方文明的起源。我们能够找到有文字记录的西方文明统统都能够在古希腊找到根源。

公元前5、6世纪，古希腊经济高度繁荣，科技高度发达，产生了光辉灿烂的希腊文明。这一段时间不长，只有650年左右，但是对后世产生了深远的影响，后面我们会重点讲古希腊的哲学思想和科学这两个方面。而且当时古希腊在诗歌、建筑、文学、戏剧、神话等方面都取得了非常高的成就，就是在这个基础上才产生了西方现代文明。在古希腊灭亡之后，古希腊的文献被阿拉伯人拿过去进行了翻译，后来又从阿拉伯转回到了古罗马，欧洲又重新学习古希腊的各种文化，包括它的科学、数学等。从突破中世黑暗时期开始，最终在欧洲产生了科学革命。所以古希腊文明成了整个西方文明的精神源泉。

古希腊的自然哲学

我们知道科学起源于哲学，主要是哲学里面的自然哲学这一部分。最早的时候探索自然的学问就是自然哲学。古希腊的自然哲学对于后来科学的产生非常重要。

希腊这个地区自古以来没有形成统一的霸权，都是城邦制，也就是由很多的城邦组成。每一个城邦相对来讲是比较独立的，有点像中国的战国时代，思想非常活跃，自由讨论就变成了一个很重要的社会现象。各个城邦之间、每个城邦里面非常喜欢进行各种思想的讨论。由于希腊文明是海洋文明，商业和航海事业都非常兴旺，所以形成了亚历山大帝国，这个帝国又使希腊人能更多地接触到东方的科学文化。虽然东方的科学文化没有直接产生科学，但是对希腊人还是有很大的启发。

希腊人很重要的一点，就是他们看待自然的时候和神学家不一样。他们不是以幻想和想象的方式，而是以理性的方式看待自然，试图以自然的东西说明自然，而这就是科学，因为我们今天的科学，就是用自然的东西来说明自然，而不是用高于自然的东西来说明自然。这是希腊的自然哲学里面很重要的一部分，这种思维模式就形成了希腊哲学早期的一个形态，就是自然哲学，或者他们干脆把这个称为"宇宙论"或者"宇宙生成论"，就是希望用自然的手段来理解整个宇宙。他们研究的自然哲学的核心问题就是所谓的本原问题，就是宇宙万物到底是来自什么，到底是由什么东西组成的，然后又是怎么演化的。这个观念在古希腊的自然哲学里面就已经有了。

米利都派

希腊哲学里面最主要的一个学派，就是米利都派。米利都派最主要的代表人物就是泰勒斯，他被称为科学和哲学之祖，也被称为世界上最早的物理学家，首创了米利都派。米利都是一个地方，米利都人就是最早的物理学家。比如说泰勒斯第一个提出了世界的本原是什么，根据他的哲学观念，世界的本原就是水，他提出了水产生万物，万物最后又变成了水。但是他没有解释为什么他有这么一个观点，也许他看到了冰是固体，化了能变成水，水再加热能变成气，也许他觉得这种转换就是世界上万物转换的关键，所以他就认为所有东西都是水组成的。我们如果观察自然也会发现，比如说我们人和植物里面很多的组织成分确实也是水。所以他就觉得应该所有的东西都是由水组成的，这有合理的成分。

他有一个叫作阿那克西曼德的学生就不同意，阿那克西曼德认为不能所有的东西都是水组成的，他觉得万物中可见的任何一种物体都不是本原，我们表面上看到的东西，比如水、物体、人和植物都不是本原，本原是我们没有看到的东西。我们眼见不是实，眼见的是表面的东西，不是本质的东西。他认为真正的本原是叫作"无定"的东西。而这种东西是什么他没有说，但是他说有一种东西我们眼睛看不到，但它是组成万物的东西，这种东西就叫作"无定"。"无定"具有综合任何一种可见物质的性质，综合之后就可以转变成别的东西，阿那克西曼德认为这种东西是本质。当然我们无法猜测他当时是怎么样得出这个结论的。但如果牵强附会的话，我们也可以说我们今天的世界确实是这样，组成它的东西不是我们眼睛看得到的东西，比如我们的眼睛如果不借助精密的仪器，连分子都看不到，也看不到原子，更看不到原子里面的东西，所以真正的更本质的东西都不是眼睛能看到的东西，这可能是他当时的看法。

但是阿那克西曼德的学生阿那柯西美尼认为他的老师是胡说八道，他认为组成世界的本原应该是能感受到的一种东西，这种东西就是气，气可以转化成任何一种物质，具有类似水的特征，虽然也看不见，但气是存在的，我们呼吸时显然是呼吸了东西，但是谁能看得到气呢？所以气具有"无定"的特征，但是这是一种实际存在的东西，气显然是可以由水转化，这个可以观察得到，比如你烧水烧了之后就没了，没了就是变成气了。所以他觉得他老师和师爷的理论都有正确的一部分，他把他们的理论统一了。

从上面这些可以看到，米利都派思考的问题是非常深刻的问题，而且他们在思考这个问题的时候，从来都没有问过思考这个问题有啥用，就是因为不理解这个问题所以就要思考这个问题。最早的物理学家实际上是在考虑本原的问题。

毕达格拉斯学派

毕达格拉斯学派相对来讲是我们比较熟悉的一个学派，因为他们对数学进行了深入的研究。由于他们对于数的研究，得到了关于数的一些规律，所以他们对于世界本原的观念就和以前不一样了，建立起来的理论就是万物都是"数"。当然这个"数"不是我们今天讲的数，他们的"数"讲的是整数，他们认为所有的东西都是整的，否则就不合理，就不应该存在。所以数不但是万物的本原，而且描写了万物存在的状态和性质，万物都应该是由某些数组成的。

比如，他们考察音乐，发现好听的音乐的频率之间都有一定的比例，所以他们就想天上的规律也应该是这样，开始设想从我们地球开始到任何一个天体的距离都是一个整数的比例，当然地球是中心是毫无疑问的，他们丝毫没有怀疑这件事。这就是他们的观念,他们认为整个天体、整个宇宙都是非常和谐的,就像音乐一样符合各种比例,这样组成的宇宙就非常合理。

当然我们今天知道这个学说并不正确,但它还是有非常积极的意义。它是第一个关于宇宙运行的猜测,从宇宙的理论体系上来讲,这是第一个系统的体系,后世很多学者费了很大的精力,就是要实现毕达哥拉斯的理想,用毕达哥拉斯的整数的观念来解释太阳系等。尤其是他们关于宇宙和谐的这种想法,对后面的哲学思想有着非常深远的影响。因此,毕达哥拉斯学派不仅在数学上有重要的成就,对于我们认识宇宙、认识自然规律方面也有重要的贡献和启发。

恩培多克勒的四元素说

后面的学者继续思考物质的本原问题,就有了非常著名的恩培多克勒的四元素说或者四根说。他认为之前所认为的宇宙起源,比如水,或者气,或者"无定",都太单一了,解决不了我们这个复杂世界的本原问题。他认为需要稍微复杂一点的东西,但是基本思想还是一脉相承的,也就是由非常基本的几个东西来构建出来我们复杂的世界。恩培多克勒认为这几个基本的东西就是所谓的火、土、气、水,这四个元素是组成万物的根,由这四个根就演化出来各种组合,就产生了我们的这个世界。

但是这四个根本身是相互独立的,没有组合与分离的能力。它们之间要想组合成东西,需要外部的因素,这就相当于我们今天讲的它们是基本粒子,然后还要有作用力,需要有某种作用才能够使它们变成复杂的世界。这些作用他认为是爱和恨,很有诗情画意。爱使它们组合在一起,恨使它们分开。也就是爱和恨这两个因素互相斗争,就产生了世界的万千变化。

所以说恩培多克勒抛弃了一元论。之前的一元论观点认为是由一个本原组成了全部世界，恩培多克勒认为有四个根，这四个根通过爱和恨之间的作用产生了这个世界。如果我们用现代科学的观念来看，从表面上看有点像基本粒子加上相互作用，至少从思想的层面上有这个意思。这在思想上也和中国的阴阳五行说类似，需要有金、木、水、火、土这五行，然后五行又靠阴阳的作用，也就是相生相克，最后产生出了复杂的世界。

有意思的是，恩培多克勒的四元素说和中国的阴阳五行说形成的时间差不多，相当于中国的战国时代，只不过中国的阴阳学说在夏朝就已经出现了，到了战国时期和五行学说结合起来，形成了系统的阴阳五行学说。古希腊的四元素说后来又被亚里士多德继承和发扬光大，对于亚里士多德建立他的科学体系起了重要的作用。然而遗憾的是，中国的阴阳五行学说则一直没有发展，至今仍然停留在哲学和文化的层面，不但没有产生出真正的科学，今天还不断地被用来试图取代科学。我们在后面还会重点讨论这个问题。

原子论

古希腊自然哲学进一步发展就到了原子论，这是古希腊自然哲学中最接近现代科学的一个猜测，是在公元前 500 年左右的时候诞生的，这个派别的创始人是留基伯。我们目前知道的这个学派的观点主要是由德谟克利特和伊壁鸠鲁传下来的，他们这个学派认为世界万物都是由原子组成的，原子是最基本的东西，不能够比它更基本了。我们今天讲的基本粒子的概念就是从这里来的。他们认为，虽然用肉眼看不见这样的原子粒子，但是原子不但存在而且是永恒运动的，所以自然界的变化实质上就是原子的聚散以及运动。整个世界无非是原子和虚空，原子把虚空填起来聚合在一起就成了物质。如果从今天的观念来考察古代这些思想中哪些最终发展成了现代科学,那么原子论确实是今天现代科学的一个主要起源。

因此,古代原子论是欧洲最早、最完备、最接近近代自然科学的物质结构的哲学猜测。之所以说它是哲学猜测,是因为那个时候还完全没有观念去验证原子到底存在不存在,当然也没有观念来验证以前所谓的四元素说,或者水,或者气,或者"无定"这些东西到底存不存在,所以都是哲学猜测。原子论是古代自然哲学最大的成就之一,所以如果简单地讲科学史,从原子论讲起也是可以的。

亚里士多德的自然哲学

然后就到了对我们产生深远影响的亚里士多德,他对科学革命之前的人们认识世界产生了尤其巨大的影响。但是实际上他有点后退,他批判了柏拉图的理论,尤其是反对原子论。原子论其实是古希腊自然哲学里面最重要的、最接近现代科学的知识,但是被亚里士多德抛弃了,过了很久才被人们重新捡起来。他认为虚空不存在,根本没有空的地方,原子当然也就不存在,因为原子和虚空必须同时存在才能够有原子论。

亚里士多德回到了四根论,就是四元素论。他对四元素论进行了进一步的发展,舍去了爱恨说,强调感觉在认识中的作用,对自然界的认识要通过观察、通过感觉才能够实现,这和他之前的自然哲学是很不一样的,以前的哲学家不强调验证,只是做哲学的猜想。但是亚里士多德强调一定要去感觉、去观察。在人的感觉当中,他认识到人类能感觉到热和冷、干和湿,所以根据我们的感觉能够区分开火、土、水、气这四种元素,这四种元素由热、冷、干、湿的交替变化形成了物质的变化。因此,四种元素加上四种感觉就产生了我们这样的世界。

在这个基础上他就提出了四因说，四种产生变化的根本原因就是质料因、形式因、动力因和目的因。质料是事物的潜能，这种能力已经在那里了，变不变是取决于其他的事情。形式是事物的本质，在这个基础上他提出了形而上学。动力是使事物产生变化的外力，通常有吸引和排斥两个方面。目的就是为什么要产生这种变化，为什么要产生这种动力，都是由于有某种目的而存在的。

然而，亚里士多德的自然哲学观念里面最主要的，也是对后世影响最大的其实并不是他的四种元素或者四种变化，而是他的理念，就是要对自然进行观察，要靠我们的感觉进行观察，而且事物的运动变化有目的、有本质，这是他的自然哲学里面最本质的东西。

虽然米利都人是最早的物理学家，但实际上真正影响后世物理学的是亚里士多德，所以我们把亚里士多德称为物理学的鼻祖，他对后世有正面的影响，也有负面的影响。亚里士多德给后世留下了非常丰富的著作，他是古希腊知识的集大成者，是世界古代史上最伟大的哲学家、科学家和教育家之一，也被认为是最博学的人物，很多人认为他对世界的贡献无人可比。我们讲世界上对科学做出最大的贡献的人是牛顿，但是很多人说亚里士多德是对世界文明做出了最大贡献的人。

他是古代科学向近代科学转折的重要人物，他在希腊的各个城邦里到处游学，到处去传播他的学说。他对古希腊各个方面的科学技术成就都进行了总结，完成了他的知识体系，也就是建立了一整套的哲学和科学体系。通过他的哲学思考，根据相似性与相异性将科学分为理论科学、实践科学和创造科学，也就是科学可以分为几种不同的范畴，理论、实践还有创造。理论是他的哲学的主要部分，实践部分是和技术有关系的，创造部分要完全提出新的东西。他的这些工作为科学从哲学中分离出来做了必要的准备，因为当时的科学和哲学能够有共性的只有理论这一部分，但是实践部分和创造部分哲学都没有。虽然亚里士多德本质上是一个哲学家，但是他已经看出来了，科学和哲学从本质上来讲是要有区别的。

他完成的这一套著作叫作《工具论》，提供给人们各种各样的工具，包括思考的工具，还有科学的工具，等等。其中最重要的是他的逻辑著作，我们后世的形式逻辑的基础就是由亚里士多德奠定的。比如他从形式结构上研究了概念、判断、推理及其相互联系的规律，尤其是我们后来哲学的三段论的推理，成为西方近代科学产生的三个重要的思想前提之一。爱因斯坦曾经评价说，科学没有在中国产生的一个重要原因，就是中国的哲学没有形式逻辑，而形式逻辑是亚里士多德总结出来的，我们今天用的逻辑方法的基础出发点是亚里士多德建立起来的，这也是我们讲亚里士多德对世界的贡献无人可比的主要原因之一。

古希腊的数学

古希腊科学里面另外特别重要的是古希腊的数学非常发达，是成体系的数学。因为它的文明稍微晚一些，所以它把埃及人和巴比伦人的一些经验和智慧提升、升华变成了成体系的数学，这一部分主要是几何。

比如提出水是世界本原的泰勒斯，他最早提出和证明了直径等分圆、直径所对的圆周是直角、等腰三角形的底角相等、相似三角形对应边成比例，还有三角形全等的条件，等等。需要强调的是，他不但提出来了，而且进行了证明，这一点非常重要，这是古希腊数学与其他文明的数学很不同的地方。

毕达哥拉斯学派证明了勾股定理和发现了"根号2"。他们并不仅仅是提出了勾股定理，而且证明了勾股定理。中国古时候也提出过勾股定理，但是中国人证明勾股定理比希腊人证明勾股定理要晚了差不多500年。因为在数学上，"证明"非常重要，举几个例子叫作猜想，你可以先提出一个猜想，但只有证明了之后这个猜想才能变成定理。

发现根号2这件事情也非常重要。大家可能都听说过这样的故事：毕达哥拉斯学派认为万物皆数，而这个数是整数，但如果一个直角三角形两个边都是1，那么斜边就是根号2。他们很快就意识到根号2不仅不是一个整数，而且是个无理数，也就是无限不循环的小数，根本就写不到头，所以他们就拼命地要把这个秘密给藏起来，传说他们把发现根号2的那个人杀死了！

讲希腊几何，最终是要讲到欧几里得。欧几里得把古希腊的几何统一起来了，形成了一个完整的体系，这就是我们今天学的欧几里得几何。他是希腊数学的集大成者，也被称为"几何之父"。近代当欧几里得几何传到中国的时候，皇帝非常震惊。尽管我们中国古代有《九章算术》，但是这里面几何的内容跟欧几里得几何相比差得非常远。

《九章算数》大概是公元1世纪的时候形成的，在此之前可能也有流传的不同的版本，最终以一种系统性的书流传下来。《几何原本》是公元前300年左右成书，从时间上差了将近400年的时间。但最主要的区别，还是《九章算术》和《几何原本》本质上是两套完全不同的数学体系。《九章算术》列举的是各种实用的算法，比如说如果这个土地的形状是什么样的，如何去测量；还有如何去计算各种斗的容积，有各种计算技巧，列出了具体的算法，所以我们也可以把《九章算术》列为算法之术。

当然算法在数学上也非常重要，但是《几何原本》是成体系的几何学教材，《几何原本》的重点是从公理出发，对众多定理的证明。现在学数学我们可以不学《九章算术》，这就是为什么我们仅仅把《九章算术》作为历史让大家了解，因为里面的东西都可以从《几何原本》推出来。但是学数学必须学《几何原本》，当然《几何原本》就是被欧几里得简化之后的欧几里得几何。

顺便说一下，对于勾股定理，大家觉得是我们中国古代非常辉煌的数学成就。在中国，公元3世纪时刘辉最终证明了勾股定理，而且刘辉是中国最早明确主张用逻辑推理的方式论证数学命题的人。用逻辑推理来证明在亚里士多德的时候就明确地提出来了，而在中国是在刘辉的时候才提出来的。刘辉的思想也没有流传下来，对后世的中国人、西方人或者世界上任何地方人的数学也没有真正产生影响，真正产生影响的还是从亚里士多德那里一直传承发展出来的欧几里得几何，这是关键的区别。

古希腊的物理学

温伯格在《给世界的答案：发现现代科学》这本书里面讲希腊早期的科学是市侩主义的科学，我加了一个字"反"，实际上是反市侩主义，这是我的认识。希腊当时的认识是希望透过世界的表面现象去追求现实中更深层次的知识，这和市侩主义一般强调应用这方面是完全不一样的。他们认为世间万物并不像是由水、空气、土和火组成的，更不像是由原子组成的，认为有某种更深层次的东西组成了我们的世界以及我们世界的现象。他们到了一种程度以至于都忽略了他们看到的现象，认为实际看到的现象是不对的，其中最著名的就是芝诺悖论。

芝诺悖论得出的结论是运动不可能，就是如果要从一个地方走到另一个地方的话，先要走一半。要完成这一半的路程，先要完成这一半的一半。要完成这一半的这一半，先要走这里面的再一半，那这一半就一直可以分下去，到最后一步都迈不出去。所以他得出结论世界上没有运动，但很显然人都在运动，所以是悖论。这个和庄子提出的"一尺之棰，日取其半，万世不竭"有点类似。但是芝诺悖论存在了很长的时间，他们认为他们在理论上达到了一个非常高的程度，论证出来了运动不可能。同样他们也因为运动不可能，所以认为没有实在的东西，只有虚空。这在今天我们看起来完全是违反我们的直觉的，但是他们认为直觉不重要，直觉是表面现象，背后的道理才是重要的，本质才是重要的。

后来的数学家们通过论证芝诺悖论是错误的，导致了数学上非常重要的发展。但是，早期的希腊科学没有解释他们关于终极现实的理论是如何说明事物和现象的，不能说明为什么我们真的有运动，为什么我们的世界上真的有万物。这也是早期科学的一个特征，他们做出了很多的思考，提出了很多的理论，但是不把这些理论和现实进行紧密结合来解释现实，这是希腊早期的科学和我们今天的科学很不一样的一个地方。因此温伯格说，要理解这些早期的希腊人，最好不要把他们看成物理学家、科学家或者哲学家，而是把他们看成诗人。他们对于自然、对于宇宙的思考是一种诗情画意的思考。

亚里士多德的物理学

早期的这个情况一直到亚里士多德才得到了改变。我们知道亚里士多德是柏拉图的学生，柏拉图那个时候仍然是在做诗情画意的思考。这是温伯格的评论，他说现在物理学中依然留有诗意的元素，比如说在理论中寻求美。这就是为什么我在讲科学方法的时候，最后要讲美学，实际上审美观念在科学研究中起着非常大的作用。

很多科学家都非常追求在理论中寻求美，比如说我们知道的杨振宁先生，他对对称性的追求简直是到了一种极端情况，在他和米尔斯提出的杨－米尔斯（Yang-Mills）理论里面，所有粒子的质量全部都等于 0，这显然不能解释我们真正的粒子，因为真正的粒子除了光子和胶子之外，其他的质量都不等于 0，但是他就完全忽略了这种事情，在他们的这个理论里面就是都等于 0，因为只有这样这个理论才能对称，他认为这样才是最美的理论。当然还有很多其他的例子，狄拉克、爱因斯坦等人都有这种追求，用审美来指导科学研究。

早期的希腊人也有这种观念，尽管他们的理论看来不能解释现实、不能解释自然，但是他们仍然坚持他们的理论，因为他们觉得自己的理论很美。在后来日心说跟地心说斗争的过程中，审美的观念起了非常大的作用。坚持地心说的人也认为地心说毫无疑问是最美的学说。但是坚持日心说的人，比如说哥白尼，他认为根据他的审美观念地心说非常丑，所以不同的审美观念可以导致很不同的科学研究，所以我们在做科学的时候，理解审美也是很重要的。

早期的希腊物理学确实是诗情画意的物理学，比如早期希腊人的学术著作，是以诗歌为主，不是像今天我们这样写学术论文。他们在诗歌里把科学理念抒发出来，比如说提出原子论的德谟克利特，就被评论为比许多诗人都更富有诗意，他用诗歌的形式来理解世界。柏拉图年轻的时候想成为诗人，但是他的诗写得不够好，最后只能写散文。比如，他选择了由两种直角三角形构成的正多面体就是四元素的原子，就纯粹是为了好看，不给出任何理由，完全不管和实际的情况有没有关系。当时的希腊人提出一个学术理论是不给理由的，认为就是这样的，然后就开始以这种方式歌颂自然。

后面还会讲"圆"在科学史上极为重要，在不同的时期都有人认为圆形的轨道比椭圆轨道更美，因此天体只能选择圆轨道，选椭圆轨道是不美的，所以不可能是那样的。这就是为什么不管地心说或者是哥白尼的日心说都是用了圆轨道，尽管和观测结果有很大的矛盾，但他们还是坚持了，这就是后世人所称的"柏拉图的作业"，柏拉图留给后代天文学的作业就是天体必须以匀速圆轨道运行，因为其他轨道都很丑陋。在坚持匀速圆轨道运行的情况之下，再考虑到底天体应该怎么样安排，才能形成我们今天的宇宙。

所以在柏拉图时期和柏拉图之前，只有诗情画意的物理学，但是亚里士多德改变了这个情况，增加了论证的环节。他很小心地用思辨，不再用灵感来证明自己的结论，开始讲为什么他认为这个道理是这样的。而且他坚持目的论，任何事物的存在都是因为有目的，这就是后来的存在主义，存在就是合理，这在很大程度上是来自亚里士多德的观念。

更重要的是，他坚持自然与人之间要有区别，人不能去影响自然，只有在这种情况之下，我们对自然的观察才能够得到一些结果。我们今天的自然主义很大程度是来源于亚里士多德的这个观念，好像任何不是自然的东西，都是不好的东西。亚里士多德深信这一点，你只能进行观察，只能看自然。他的这个观念的正面意义就是他提出了有可能对自然规律进行研究，通过观察而不是通过灵感，再加上思辨，我们就能够发现自然规律，这就是亚里士多德的物理学。但是他的理念也有负面的意义，就是无法对所得到的规律进行实证。亚里士多德只强调观测和思辨，但是不进行实证的研究，这是亚里士多德物理学的一个负面意义。

亚里士多德本人物理学的成就非常多，在这里举几个例子。他论证了声音的速度是有限的：我们先看到闪电后听到雷声，不管闪电的速度是多少，即使闪电的速度是无限的，声音的速度也是有限的。他论证出来了地球的形状是个球，这很了不得。还有彩虹的成因，他论证出来是和下雨之后光线在雨滴里面反射有关。当然他的理论也有很多错误，比如他论证出来运动的原因是受力,他说我们都是在空气当中运行,空气是有阻力的,所以我们才有运动,所以是力造成了运动,还有物体越重下落越快、地心说,等等,这都是他观察和论证的结果,但是他都没有进行过实证的研究。

他的这些结论,有些是正确的,有些是错误的,但是在当时都变成了标准理论、标准模型。这些错误到什么时候才被突破?有两项(运动的原因是受力和物体越重下落越快)是被伽利略推翻的,地心说当然一开始是被哥白尼指出来不正确,最后也是被加伽利略推翻的。我们讲科学的起源,说科学的鼻祖是亚里士多德,但是讲近代科学的起源就要从伽利略讲起,因为伽利略把亚里士多德的理论里面不对的地方基本上都推翻了。

希腊化时期的物理与技术

公元前322年亚里士多德去世,他的去世也就意味着希腊古典时期的结束,在此之后希腊的科学就进入希腊化时期了。希腊化时期指的是在希腊以外的地方,比如埃及和欧洲的其他地方,甚至于后来到了阿拉伯,这些地方模仿希腊,对希腊的文化又有了一些发展,所以叫作希腊化时期。希腊化的科学就是从诗情画意到现实的科学,这一时期的科学就变得非常实在了。这个时期是从公元前323年亚历山大大帝去世,一直到公元前300年整个地区被罗马征服变成了罗马帝国。所以这一段时期叫作希腊化时期,实际上已经不完全是发生在希腊了,甚至主要不是发生在希腊,但是其文化实质上仍然是希腊的文化。

这个时期,科学所达到的高度不仅远超古典时期的科学成就,而且长期保持世界领先,一直到16、17世纪才被超越,所以领先的时间非常长。这段时间所发生的事情和亚里士多德以及亚里士多德之前的所有希腊科学的一个最本质的区别,就是他们不再致力于研究解释万物的一般性理论

（古希腊一直到亚里士多德为止还是以研究一般性的理论为主），而他们这段时间致力于理解具体的现象，取得了实际的进展，并且进行实际的技术应用。所以这个时期才是科学和技术第一次有了一些相互的作用，开始互相促进发展。

在古希腊时代，古希腊人丝毫不考虑他们问的这些问题和日常的生活有什么关系，所以是反市侩主义的。而希腊化时期科学和技术已经发生了关系，比如说在希腊化时期对光的性质做了很多的研究，一直到罗马时期，光的性质仍然是主要的一个研究课题，这是在古希腊没有做过的。在此期间所产生的成就包括对反射定律进行了数学上的证明以及进行了实验的验证，还有曲面镜的行为、光线的折射研究等，尽管光线的折射研究得到的规律是不太正确的，一直到17世纪才得到正确的结论，但那个时期进行了研究。

希腊化时期最重要的一个人物就是无与伦比的阿基米德，他的科学成就包括杠杆原理和机械、滑轮和螺旋、浮力定律、圆周率面积和体积公式的证明。他在机械力学、数学方面都有非常大的成就，完全配得上无与伦比的赞美。传说他在做科学研究的时候，罗马士兵过来，他不投降，罗马士兵就直接把他杀死了！

古希腊的天文学

最后讲一下古希腊的天文学，因为古希腊的天文学显然是最终导致科学革命的一个主要动因。

亚里士多德对地球静止的论证

首先亚里士多德认为地球是静止的，他的论证非常有意思。他说如果地球在运动的话,你必定会看到星星经过,并且循环往复,所以他论证说没有看到这个现象,在地球上的同一地点每年升落的是同一批星星。这就是我们今天所知道的没有观测到周年视差,原因是当时的天文观测精度不够。我们在一年内,在太阳的这一面和太阳的那一面,相对于同一颗星星,位置是不一样的,如果观测精度足够高,就能够观测到。当时亚里士多德就认识到了如果地球在运动必然会看到这个现象,但是没有看到这个现象,因此地球是不动的,这是他的一个理由。其次,他说地球不仅没有大范围的运动,小范围的运动也没有。如果有小范围的运动,我们往上扔一个球,地球跑了,那个球不就要落在后面了吗?但是并没有观察到这样的现象,因此他得出结论,地球没有运动。

亚里士多德对地球形状的论证

亚里士多德对地球形状的论证非常有意思。他抛弃了原子论,他说根据四元素理论,较重的土元素和次重的水元素要往宇宙的中心跑,空气和火远离宇宙中心,显然我们这个地球是由水和土组成的,气是在上面,火是太阳,发光的东西就更远,所以其他东西都是在天上的,宇宙的中心必须是地球(这是他的地心说的理论基础),而只有地球是球形的才能满足宇宙的中心是地球。

他还从其他方面论证了地球的形状是球形。比如,月食的时候看到的弧形证明了地球是球形的;由北向南旅行的时候,他注意到了星星在天上的位置有所改变,所以很显然是在球面上运动,否则星星的位置不可能变。所以温伯格在那本书(《给世界的答案:发现现代科学》)里面说,如果亚里士多德利用这个现象的话,实际上可以估计地球的大小,但是他没做。为什么呢?实际上这是亚里士多德的一个风格,亚里士多德的所有的理论都是定性理论，没有定量理论，他不重视定量的理论。

但是他没有说明地球之外的其他天体为什么也是球形，因为按照他的理论，天上的东西不可能是球形的，只有地球是球形。他显然已经注意到了月球是球形，因为他已经注意到了月相的盈亏变化，而且用这个来解释地球是球形，所以他的理论不是完全自洽的。

无论如何，在亚里士多德之后地圆说成为天文学家和哲学家的共识，今天我们知道，地球基本上是一个球。但是中国的天文学始终没有产生出地圆说，这是很有意思的一点。中国古代的天文学很发达，中国的地方也很大，但是没有人进行过这些论证，所以没有产生地圆说。地圆说是明代的时候传教士到中国来告诉中国人的，说地球是圆的，在这之前中国人一直认为"天圆地方"！

阿利斯塔克《论日月的大小和距离》

我们再看几个非常有趣的例子，一个是阿利斯塔克的《论日月的大小和距离》。他在论日月的距离时，用了四个天文观测的结果，半月的时候太阳到地球的角距离，日食的时候月球恰好覆盖太阳，地球的本影的宽度是两个月球的宽度，以及月球占据黄道带的十五分之一。他根据这些定量地计算出来了一堆东西，比如日地距离、太阳直径是月球直径多少倍，然后地球直径与月球直径之比是多少，地月距离是多少，等等。然后以地球直径为参考，计算出太阳和月球的大小以及距离。从思维的角度和逻辑的自洽性角度来看，他的论证非常好，从数学建模上来讲是建立了一个完美无缺的模型。

我们前面没有给出这些数值，原因是他的结果离真实值相去甚远，因为他依据的第一和第四点当时的观测误差很大，而那个时代的科学家做研究的时候完全没有误差的概念,所以他算出来的这些结果实际上还是差了非常远。

古代最伟大的天文观测家喜帕恰斯

在这里必须要谈一下古代最伟大的天文观测家喜帕恰斯,他利用他之前的人测量的地球直径,得到了地月距离是71~83个地球的距离,和实际上的60个已经非常接近了。而且他编制了恒星的精确位置的一个星表,给出了800个恒星的精确位置。他发现了角宿一就是我们今天所谓室女座α,它的位置和100年前的位置有了一点点变化,这是非常精确的天文学观测,也因此他得出了一个结果,地球的自转轴不是一直对着某个方向,而是在做进动。这个观测现象他当然不能够解释,实际上一直到牛顿才正确解释了这个进动是由于地球不是完美的一个球,地球的赤道凸出来了一些,这样太阳和月球对赤道上凸出来的这部分有一个引力,导致了地球的自转轴会有进动。这些表明古希腊天文学已经开始了精确的天体测量,这是了不起的成就。

行星的运动:毕达哥拉斯和柏拉图

行星的运动历来是哲学家们和天文学家们研究的一个重要主题,比如说毕达哥拉斯学派,他们认为太阳、月球、地球以及五大星球围绕着"中央火"在转动,但是他们从来没有试图证明其理论能够怎么解释天体的运动,就只顾忙着去写诗歌来歌颂这个模型是如何的美。

还有前面说的柏拉图的"家庭作业",也就是柏拉图制定了一个天体运动的原则,这个原则就是天体必须在圆形轨道上做匀速规则的运动。因此他向数学家们提出了这个问题,怎样的匀速和完全规则的圆周运动的组合可以作为假设来说明行星的运动。柏拉图本身并没有提出一个他认为特别合理的模型，但是他留了一个作业。柏拉图的学生亚里士多德、希腊化时期最伟大的天文学家托勒密和科学革命的开创者哥白尼都交了作业，他们都是遵循着柏拉图的这个原则来做的，这就是为什么在哥白尼那个时候仍然坚持圆周运动。

天体运动的同心球壳模型

我们介绍一下同心球壳的模型，这是地心说最主要的理论模型。每一个天体都被固定在以地球为中心的某一个球壳上绕地球正转或者反转。柏拉图同时代的这些数学家以及后面的人一直都在微调同心球壳模型，增加模型的复杂度来解决和观测的矛盾，所以那个时候已经知道需要把模型和观测的数据结合起来，所以到亚里士多德的时候就形成了非常复杂的同心球壳模型。但是同心球壳模型和观测结果始终不吻合，一个主要问题是行星的亮度问题。当时认为所有的行星都自己发光，没有认识到是反射太阳的光，由于处于同一个球壳上的行星离地球的距离是一样的，那么既然行星在同心球壳上它的亮度就应该不变。但是实际上并不是这样，一颗行星有时候看起来亮一些，有时候暗一些。

行星的逆行危机和托勒密的本轮说

最终对天文学家产生了特别大影响的还不是刚才讲的行星的亮度，而是行星的逆行危机。在一个同心球上面，所有的天体看起来应该只往一个方向走，然而有时候看起来天体运行的方向是反着的，这就是逆行危机。为了解决这个问题，后来就形成了一个体系非常庞大的托勒密天文学，也就是托勒密的本轮说。他说柏拉图的作业仍然是对的，行星必须做圆周运动，但是如果天体只做简单的圆周运动是不行的，要做一个稍微复杂一点的圆周运动，在绕着地球做圆周运动的同时，自己还绕着自己的一个中心转动，就是它自己有一个轮子。这样就可以解释观测数据了。他通过不断地调整这些轮子的各种参数，最后就形成了非常复杂的本轮模型（图1-1）。

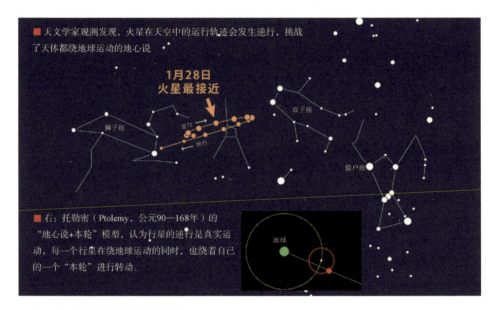

▲图 1-1　行星的逆行与本轮模型

古希腊科学的总结

到这里，我们对古希腊的科学研究就可以做一个简单的总结。我基本上是用温伯格在《给世界的答案：发现现代科学》这本书里面的总结。古希腊科学包括原来在古希腊文明那个地方以及后来更大的范围的希腊化的科学。古希腊人的一个重大的发现，也就是对我们今天人类认识世界很重要的一点，就是人类能够用自然主义的精确数学对自然界的某些方面进行描述，而且这些理论能够与观测相符，比如说前面讲的托勒密的本轮说。

然后，古希腊的科学成就在古希腊本身灭亡之后，先后在阿拉伯和欧洲的大学里得到了保存，并得到了一些发展。一直到中世纪，全世界任何地方都没有取得过任何的科学成就能够与古希腊科学相比。古希腊的科学成就长期处于世界的领先水平，一直到16、17世纪科学革命的时候才被超越，以哥白尼提出日心说为代表、后来又经过了伽利略和牛顿最后形成了科学革命。正是古希腊科学为科学革命奠定了基础。

第二节
人类宇宙观的七次飞跃

本节讲天文学发展的历史，也就是人类认识宇宙观的七次飞跃，以这个作为天文学发展的历史线索讲，和大家看到的一般的天文学史的讲法很不一样，相当于换一个思路来理解天文学的历史（图1-2）。

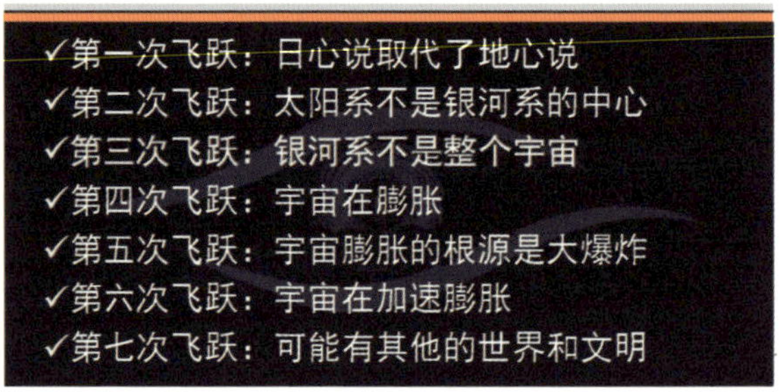

✓ 第一次飞跃：日心说取代了地心说
✓ 第二次飞跃：太阳系不是银河系的中心
✓ 第三次飞跃：银河系不是整个宇宙
✓ 第四次飞跃：宇宙在膨胀
✓ 第五次飞跃：宇宙膨胀的根源是大爆炸
✓ 第六次飞跃：宇宙在加速膨胀
✓ 第七次飞跃：可能有其他的世界和文明

▲ 图1-2 人类认识宇宙的七次飞跃

第一次飞跃是日心说取代了地心说，这是一次特别重要的飞跃。

第二次飞跃是认识到了太阳系不是银河系的中心。日心说以为太阳就是宇宙的中心了，第二次飞跃紧接着就认识到了太阳系不是银河系的中心，但是仍然认为我们的银河系就是整个宇宙。

到第三次飞跃就突破了这个观念，认为银河系不是整个宇宙，我们的宇宙比银河系要大得多。

紧接着第四次飞跃就认识到了宇宙在膨胀，这个非常关键，因为在这之前的观念里面有一个很大的矛盾，这个矛盾是被第四次飞跃突破的。

然后第五次飞跃是认识到了宇宙膨胀的根源是大爆炸，也就是我们的宇宙是大爆炸来的。

最近的一次飞跃，也就是第六次飞跃是认识到了宇宙不仅仅是大爆炸起源的，不仅仅是膨胀的，而且今天的宇宙是处于加速膨胀的状态，就是所谓暗能量的发现。

第七次飞跃和第六次飞跃差不多同时发生，也就是发现了我们的地球以及我们的太阳系可能不是唯一的世界和文明，很有可能还存在着其他的世界和文明。

第一次飞跃：日心说取代了地心说

第一次飞跃就是从亚里士多德的地心说到了哥白尼的日心说。日心说就是把太阳放到了太阳系的中心。从今天的角度来看是把太阳放到了太阳系的中心，但是当时干脆就把太阳放到了宇宙的中心，所以宇宙中所有的天体包括地球都是围绕着太阳运动的。

正是由于哥白尼的日心说导致了开普勒发现了开普勒定律，也正是由于牛顿为了解释开普勒定律，最后建立了牛顿力学体系（图1-3）。所以这

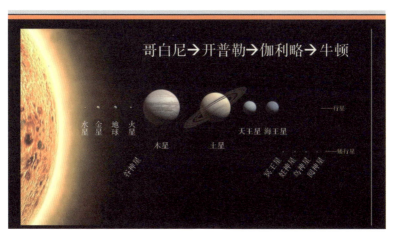

◀ 图1-3 第一次飞跃：日心说取代了地心说

次飞跃不仅仅是我们认识人类在宇宙中的位置的重大突破，同时也给我们带来了科学的大发展，产生了今天的现代科学。

第二次飞跃：太阳系不是银河系的中心

第二次飞跃是两个天文学家通过测量我们在地球上所看到的恒星的距离的分布，发现了太阳系不是银河系的中心。卡普坦（1851—1922）测量了很多恒星距离我们地球的位置，沙普利（1885—1972）测量了一些球状星团距离地球的位置。我们今天知道测量恒星的距离是非常困难的。他们当时做了一些模型的假设，比如说某些恒星的光度是常数，是不变的，这样根据看到的实际流量的大小、也就是看到的亮与不亮的程度，就决定了这些恒星的距离，用这种办法来推测所看到的恒星与我们的距离。卡普坦发现原来在某些方向上看到的最远的恒星的距离比较远，也就是某些方向上宇宙的边缘距离我们比较远，因为当时认为银河系就是整个宇宙，宇宙就是由这些恒星组成，也就是所谓的孤岛宇宙。但是在另外某些方向上看到的宇宙边缘的距离比较近。这样，他就可以通过计算得出我们的太阳系在银河系中的位置，他发现原来我们太阳系不是处于银河系的中心。

沙普利的做法是类似的，只不过他测量的是球状星团，每一个球状星团是由一大堆恒星组成的，这样测量起来更简单一些，而假设整个球状星团的光度作为常数也就更加可靠一些。他测量得到的结论基本上是一样的，也发现了太阳系不是在银河系的中心（图1-4）。

这在观念上来讲是一个很大的、很重要的变化。地心说认为我们人类是很特殊的，因为地球很特殊，是宇宙的中心，所以各种宗教学说就围绕着这件事说了很多事。尽管放弃了地心说，即使地球不是中心，但是太阳是中心、太阳系是宇宙的中心也很好，我们仍然是很特别的。我们在一个

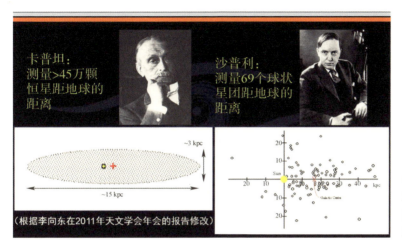

◀ 图1-4 第二次飞跃：太阳系不是银河系的中心

特别的恒星周围也很好，人类仍然是很特殊的，但是第二次飞跃把这个中心论也给破除了，原来我们太阳系也不是在宇宙的中心，所以从观念上来讲也是一个巨大的突破。

第三次飞跃：银河系不是整个宇宙

第三次飞跃是哈勃（1889—1953）发现的。原来认为银河系是孤岛，整个宇宙就是一个银河系，是有一个边缘的。哈勃通过仔细的观测，发现以前所看到的一些叫作星云的结构非常类似于银河系，而且这些星云的形态可以分类，分出不同的类型，所以他觉得这不可能是银河系里面的云，而是和我们的银河系类似的星系。哈勃认为我们的银河系实际上只是众多星系里面的一个，在我们的星系外面还有很多很多的其他的星系。因为可以观测到的星云数量非常多，所以他得出结论，宇宙是由无穷多的星系组成的，这当然是一个很大的突破。以前我们银河系是飘浮在太空当中的一个孤岛，现在整个空间无边无际的全部都是星系，我们的宇宙就变成了一个巨大无边的宇宙，这是哈勃的研究结果带来的一个突破（图1-5）。

◀ 图1-5 第三次飞跃：银河系不是整个宇宙

但是这立刻就带来了另外一个问题，就是所谓的奥伯斯佯谬（图1-6）。因为哈勃只看到了一些亮的星系，所以如果把哈勃观测的结果直接外推，那么可以推测还有一些更暗的星系哈勃还没有看到，所以就得到了宇宙是无限的、永恒的、星系分布是均匀的这个结论。那么这样就会有一个问题，我们在地球上接收到的光不再只是来自银河系里面有限的恒星，而是来自这个无限的宇宙里面无限多的星系里面的恒星的光，不管这些恒星距离我们多远，最终积分起来光的亮度就是无限大。因此奥伯斯就得到了一个结论，对于无限大的、永恒存在的宇宙，我们必然是会被亮瞎眼的。所以不仅我们不会有黑夜，即使白天太阳当头的时候，太阳的光芒也完全会被这些无限多的光给淹没掉，所以我们肯定早就被亮瞎眼了。为什么我们没有被亮瞎眼，而且我们还有黑夜？这就是一

◀ 图1-6 奥伯斯佯谬

个很大的矛盾。所以哈勃发现了那些星云都是离我们很远的星系之后，大家立刻就说这样不行，这样的宇宙很显然哪里是不对的，这就是所谓的奥伯斯佯谬。当然，奥伯斯是在1823提出的这个想法，比哈勃的这个发现早了100年！

第四次飞跃：宇宙在膨胀

哈勃于1929年发现了哈勃定律，立刻解决了奥伯斯佯谬，我把它叫作第四次飞跃。哈勃定律说，远处的星系在退行，退行的速度和距离成正比，因此宇宙是在膨胀的。宇宙既然在膨胀，那么把时间倒回去必然有个起源（图1-7）。

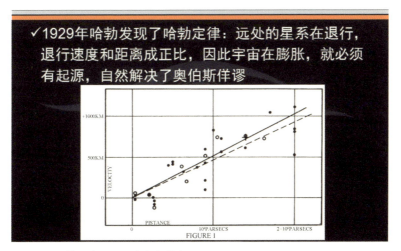

▲图1-7　第四次飞跃：宇宙在膨胀

既然有起源，我们的宇宙就是有年龄的，宇宙中的天体当然是有年龄的。既然有年龄，我们在地球上就不可能接收到无限多的光线，因为那时候已经知道了光速是恒定的，也就是光速也是有限的，所以这就很自然地解决了奥伯斯佯谬问题。宇宙在膨胀，宇宙的年龄有限，就得到了宇宙必须有起源。为什么哈勃是近代最伟大的天文学家？因为他从根本上改变了我们关于宇宙的观念。

在哈勃之前，大家很自然地认为宇宙是静态的，因为这样的一个宇宙是很和谐的。牛顿试图去解释这个静态和谐的宇宙，他发现他解释不了。他一开始认为，如果这个宇宙是无限大的，宇宙中天体就必然非常多，大家之所以静止不动，是因为互相之间的引力，每一个天体被无限多的天体牵制住。但是，这样的宇宙是不稳定的，只要给任何一个天体一点扰动，所有的天体瞬时都会感受到它的力量，因为牛顿万有引力没有速度，引力的传递是瞬时的，也就是说你只要稍微动一点点，这个宇宙立刻就崩溃了，就不可能稳定了。但是我们附近的天体都在动，宇宙也没有崩溃，所以牛顿解释不了这个宇宙为什么这么和谐。

爱因斯坦当然也想解决这个问题，他知道他的广义相对论引力理论比牛顿的万有引力定律先进。他也认为宇宙是静态的，所以他就想解释这个静态宇宙。一计算他就发现了同样的问题，即使在广义相对论里面引力的传递是有速度的（就是光速），他仍然得不到静态宇宙解，和他认为的宇宙显然必须是静态的相矛盾。怎么办？他就在他的爱因斯坦场方程里面加了一项宇宙学常数，宇宙学常数产生一个远程的排斥力，使这些天体之间的吸引力在大尺度上被这个排斥力抵消掉了，这样就可以维持一个静态的宇宙，所以爱因斯坦很得意，说他解决了这个问题。

但是哈勃发现宇宙在膨胀之后，爱因斯坦的解释就不需要了，因为宇宙并不是静态的。所以爱因斯坦说他犯的最大的一个错误就是在他的场方程里面加了宇宙学常数这一项，他的理论原本可以预言宇宙或者是收缩的或者是膨胀的。如果他当时没有在方程里面加宇宙学常数这一项，而直接宣布宇宙不能是静态的，只能是膨胀或者收缩的，那得多牛啊！

第五次飞跃：宇宙膨胀的根源是大爆炸

第五次飞跃就是宇宙起源于一次大爆炸，也就是彭基亚斯和威尔逊于

1965年发现了宇宙微波背景辐射（图1-8）。第二次世界大战之后，用无线电天线通信是非常重要的工业技术应用，各种电报都是用这种天线来发送和接收的。贝尔实验室那时

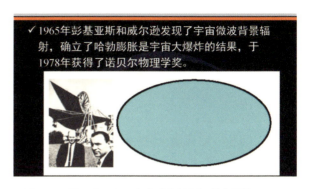

▲图1-8　第五次飞跃：宇宙膨胀的根源是大爆炸

候引领这项技术，所以他们要做一个世界上最先进的天线，灵敏度极高。彭基亚斯和威尔逊做好了调试的时候发现天线有噪声，无论如何也消不掉，不管这个天线指向哪儿都有噪声。他们排除所有可能的影响因素后，发现噪声还有。最后他们就得到一个结论，这个噪声来自宇宙，不是天线产生的，就写了一篇一页纸的文章发表了。

彭基亚斯和威尔逊是射电工程师，当时他们不知道这个噪声的来源，在各种交流的时候，有人告诉他们说，原来有人提出过一个宇宙学的理论，如果哈勃膨胀是对的，那么倒推回去的应该是一个原点，原点处温度极高，所以宇宙应该来源于一个大爆炸，这个大爆炸虽然当时温度非常高，但是在宇宙膨胀的过程中大爆炸产生的辐射就会冷却下来，在今天它的温度差不多是10K左右，应该就是他们观测到的宇宙微波背景辐射。所以这两人就赶紧把这文章发表了，就这样于1978年获得了诺贝尔物理学奖！

第六次飞跃：宇宙在加速膨胀

第六次飞跃就是发现了宇宙不仅仅膨胀，而且今天的宇宙在加速膨胀。既然宇宙是大爆炸起源的，按照爱因斯坦的做法把宇宙学常数那一项又给

收回去了，没有那一项了，宇宙当中就只有引力。如果只有引力，一开始大爆炸时不管宇宙膨胀速度有多快，这些天体之间的引力就只能使宇宙膨胀得越来越慢。所以在那之后，天文学家的一个主要任务就是测量宇宙的膨胀是如何减速的以及减速的程度是怎么样的，也就是测量宇宙的减速因子这个参数。结果普尔穆特、赖斯和施密特测量的结果发现减速因子的符号不对。本来想测宇宙膨胀是如何减速的，结果发现它今天没有在减速，而是在加速，就发现了宇宙加速膨胀，这个成果让他们获得了2011年的诺贝尔物理学奖（图1-9）。

▲图1-9 第六次飞跃：宇宙现在在加速膨胀

对宇宙加速膨胀最好的解释就是爱因斯坦原先放到那个方程里面，但是又拿出去的宇宙学常数，因为宇宙学常数会产生远程的排斥力，所以宇宙膨胀到一定的程度之后，吸引力不太重要了，排斥力就主导了。由于这个排斥力是宇宙学常数，不管宇宙是什么尺度，排斥力都是一样的，只不过一开始排斥力显得不重要，但后来就重要了。所以在今天的宇宙里面大尺度上是以排斥力为主，所以正是这一项解释了宇宙加速膨胀，今天我们认为这一项就是暗能量。

对暗能量的最好解释就是真空的能量，爱因斯坦当时其实是蒙对了的，但是后来被哈勃的发现惊吓到了，又给收回去了。由于暗能量的发现，我们今天对宇宙的演化和组成的认识和以前相比有了很大的变化。宇宙开始有一个大爆炸，大爆炸还可以细分成两部分，一部分就是通常所说的经典大爆炸，另一部分在它前面，就是有一个所谓的暴胀时期，暴胀时期其实也是加速膨胀的,这个加速膨胀机制今天还不清楚。暴胀之后就进入了正常的膨胀——经典大爆炸,大爆炸一开始的时候是减速膨胀的,因为这个时期是引力主导的,暗能量还不是很重要,但是到后来暗能量就比较重要了,就变成加速膨胀了,就到了我们今天。

今天对宇宙的测量结果除了暗能量之外,另外我们不理解的一项就是暗物质。暗物质和暗能量的比例,随着宇宙的年龄是变化的。最早的时候暗能量占的比例很小,暗物质几乎占全部的比例。到今天由于宇宙膨胀当中暗物质的密度迅速下降,但是暗能量是宇宙学常数因此密度不变,所以今天宇宙中暗能量是主导的,剩下一部分主要是暗物质,最后剩下的 4% 是我们通常说的物质。也就是说,组成太阳系和我们自己的这些物质是宇宙中物质和能量的 4% 的一部分,宇宙中 96% 的东西是暗物质和暗能量,这两项东西目前我们完全不理解,所以也被称为现代物理学和天文学上空的"两朵乌云"(图 1-10)。

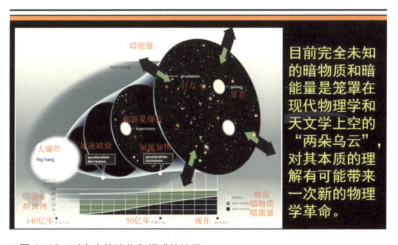

▲图 1-10 对宇宙的演化和组成的认识

从亚里士多德开始一直到现在,物理学家们建立了物理学的标准模型,在地球上的实验室里面各种实验证明都很成功,尤其是最近还发现了标准模型预言的最后一个粒子希格斯粒子,这个粒子负责所有粒子的质量的起源,也被称为"上帝粒子",所以把所有粒子的质量的起源也都搞清楚了。但是这仅仅能解释宇宙中的 4%,96% 的东西是我们这个极为成功的标准模型所不能解释的,因为标准模型里没有这两样东西,所以很多人认为对暗物质的性质和暗能量本质的理解有可能带来一次新的科学革命。

第七次飞跃:可能有其他的世界和文明

十几年前,我们国家开始做中长期科学技术规划的时候,我当时负责物理学和天文学规划的总结。我和几位同事把我们当前遇到的最主要的科学问题总结成"一黑两暗三起源":"一黑"就是黑洞;"两暗"就是暗物质、暗能量;"三起源"是天体起源、宇宙起源和太阳系外生命起源。

"三起源"里面最后的一个起源非常重要,这和第七次飞跃密切相关。我们今天仍然不知道地球生命起源于哪里。有几个可能的来源,可能是在地球上产生出来的,这是目前最主要的一个理论,其实也有可能我们地球生命的种子来源于太阳系内其他的行星,甚至来源于太阳系以外的银河系内其他的天体,因为在其他天体上的确发现了水以及有可能组成生命的种子的高级分子。如果仅仅把我们的视野限制在地球上面,很可能我们永远也理解不了生命的起源,所以理解地球以外的生命的起源肯定是很重要的(图 1-11)。

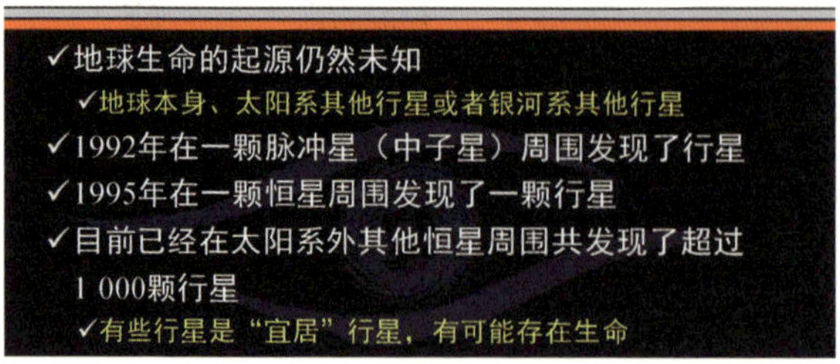

- ✓ 地球生命的起源仍然未知
  - ✓ 地球本身、太阳系其他行星或者银河系其他天体
- ✓ 1992年在一颗脉冲星(中子星)周围发现了行星
- ✓ 1995年在一颗恒星周围发现了一颗行星
- ✓ 目前已经在太阳系外其他恒星周围共发现了超过1 000颗行星
- ✓ 有些行星是"宜居"行星,有可能存在生命

▲图 1-11 第七次飞跃:可能有其他的世界和文明

1992 年,在一颗脉冲星也就一颗中子星的周围发现了一颗行星,这在当时是很重要的。因为以前我们只知道太阳周围有行

星，所以我们太阳系虽然不是宇宙的中心，虽然也不是银河系的中心，但它还是很特别的，它周围有几颗行星，在某一颗行星上面有生命，所以我们宇宙的生命和地球上的生命非常有可能就来源于地球，因为就只有这里有行星。

但是1992年科学家发现了太阳系外的一颗中子星周围也有行星，既然在这个地方发现了行星，就说明在我们太阳系以外的其他地方还是有条件形成行星的。于是就开始了搜索，在其他的恒星周围会不会也有行星？终于1995年在一颗恒星周围发现了一颗行星（注：两位天文学家因为做出这个发现于2019年获得了当年诺贝尔物理学奖的一半），这就相当于又发现了另外的太阳系。今天已经在太阳系外其他的恒星周围共发现了超过3 000颗行星，还有很多的候选者还没有得到确认，所以行星在银河系内其他地方是不稀罕的。而且发现的这些行星中有些还是宜居行星，在那颗行星上面生命是可以存活下去的，也就是说生命有可能在那颗行星上面孕育出来，而且能够生存下去。既然这些行星是宜居行星，上面有可能存在生命，甚至有可能存在智慧生命和高级文明，这个发现对于回答我们人类在这个宇宙中是否是孤独的，以及我们地球的生命是不是来源于地球以外，当然就是一个重大的突破。

最后，我把这个发现列为第七次飞跃还有一个原因，就是我认为以后的几次飞跃可能都跟这个发现有关系。以后如果我们真的发现，在另外一颗星球上面有和我们地球一样的环境的时候，那很显然又是一个重大突破，那很可能就是人类未来的家园。如果将来在另外一个地方真的找到了生命，那就更是不得了，也是一个新的飞跃。如果再找到外星人，那就更妙了！所以我觉得很有可能后面几次飞跃都跟这个飞跃有关系。

重大科学发现的偶然性和必然性

天文学的研究成果直接导致了人类认识宇宙的七次大飞跃，这是非常伟大的成就,也是天文学这门古老的学科一再成为科学前沿的一个重要原因。回顾这些科学成就,我们有必要问一个问题:这些成果是计划的、规划的,还是从事这些研究的科学家个体在开展研究之前就预期了这些成果?问这个问题的一个主要原因是:在我们论证一些重大科学项目的时候,我们被要求必须回答项目的预期科学成果,而越大规模的项目,我们越需要明确说明预期的成果的重要性。这当然很有道理,因为重大项目需要投入的资金和人力很大,如果不能说清楚预期的成果,自然就难以得到资助来实施,任何政府或者其他资助方都会有这样的要求。

重大天文发现的偶然性

但是科学史明确地告诉我们,前述导致了人类认识宇宙的七次大飞跃的重要科学成果的获得都是偶然的,在这些工作开展之前无论是资助方还是科学家们都没有预期到会获得这样的科学成果,更没有意识到这些成果会有如此重大的意义。下面我以天文学研究获得的物理学诺贝尔奖为例来说明重大天文发现的偶然性,因为尽管这些成果并不是每一个都直接导致了人类认识宇宙的大飞跃,也不一定是最重要的天文学成果,但是这些成果却对20世纪最重要的学科物理学的发展带来了重要的影响,也因此获得了物理学诺贝尔奖,如表1-1所示。可以看出,除了2006年授予发现宇宙微波背景辐射的各向异性的诺贝尔物理学奖之外,其他的天文学研究获得的物理学诺贝尔奖的最初研究目的和最后获奖的天文发现明显不一样,不但"不是"预期结果,而且大部分成果不是和预期结果"没有关系"就是"完全相反"。从研究类型看,获奖的理论研究成果数量远远少于观测研究,表明天文学研究的重大而且是开创性的突破主要来自观测研究,而这些突破大部分都不是项目的预期科学成果,也就是说大部分重大天文观测成果的获得看起来都是偶然的。

表 1-1 截至 2011 年天文学研究获得的诺贝尔物理学奖

获奖年份	获奖人	获奖天文发现	最初研究目的	研究类型	成果产生的国家	是否为预期成果	评论
1936	Victor Franz Hess	宇宙线	用热气球研究地球放射性随高度下降	观测	奥地利	完全相反	第一次使用气球离开地面观测放射性
1967	Hans Albrecht Bethe	发现恒星的能量产生机制	核反应理论	理论	美国	不是	核天体物理交叉学科
1974	Antony Hewish	发现脉冲星	研究星际射电闪烁现象	观测	英国	没有关系	使用了当时测量射电时变信号最好的射电望远镜
1978	Arno Penzias, Robert Woodrow Wilson	发现宇宙微波背景辐射	试图去掉天线的噪声	观测	美国	没有关系	建造了世界上最灵敏的射电天线，竭力搞清所有噪声的来源
1983	Subramanyan Chandrasekhar	发现白矮星结构和演化机制	研究广义相对论的简并电子气的性质	理论	英国	不是	在船上没有杂事可以专心思考，有勇气挑战权威
1983	William Alfred Fowler	发现宇宙化学元素的合作机制	试图否定宇宙大爆炸模型	理论	美国	完全相反	坚持独立的学术思想，精益求精的理论计算
1993	Russell A. Hulse, Joseph H. Taylor Jr.	发现引力波辐射的证据	研究中子星的性质	观测	美国	没有关系	使用了最好的脉冲星观测射电望远镜

续表

获奖年份	获奖人	获奖天文发现	最初研究目的	研究类型	成果产生的国家	是否为预期成果	评论
2002	Raymond Davis Jr., Masatoshi Koshiba	发现宇宙中微子	研究质子的衰变	观测	美国、日本	没有关系	建造了世界上最灵敏的大型地下探测器，捕捉所有能够探测到的信号
2002	Riccardo Giacconi	发现新类型的宇宙X射线源：中子星和黑洞	观测恒星的X射线辐射	观测	美国	没有关系	突破了地球大气层的束缚，建造了世界上最灵敏的空间X射线望远镜
2006	John C. Mather, George F. Smoot	发现宇宙微波背景辐射的各向异性	研究宇宙微波背景辐射的各向异性	观测	美国	是	突破了地球大气层的束缚，建造了世界上第一个宇宙微波背景辐射巡天空间望远镜
2011	Saul Perlmutter, Brian P. Schmidt, Adam G. Riess	发现宇宙加速膨胀、暗能量存在的证据	研究宇宙减速膨胀	观测	美国、澳大利亚	完全相反	使用了世界上最强大的地面和空间光学望远镜，不受已有主流模型的束缚

科学发现的必然性：三个要素

既然大部分重大天文观测成果的获得看起来都是偶然的，那么是否重大科学发现都是"瞎猫碰死耗子"？我总结了以往获得重大天文观测成果的研究项目，认为这些看似偶然的成果其实背后有三个要素构成了科学发现的必然性，见表1-2。其中前两个要素是对这个项目本身的要求，也就是必须有"保底"的科学目标，同时应该具备做出新的科学发现的能力。而第三个要素则是对项目科学团队的研究水平、研究态度和研究文化的要求。一个科学项目在满足了这三大要素的情况下，必然会做出新的科学发现，这是必然性。但是到底做出什么科学发现，尤其是在新的发现空间里面的预料之外的发现，则很有可能是偶然的，至少在天文学领域是这样的情况。这正是偶然性和必然性的辩证统一。

表 1-2　科学发现的必然性的三个要素

要素	内容	要求	例子
1. 项目提出：确保成功的好目标	仪器指标和产出必须量化	重要的目标加上可行的实现途径，确保项目不会一无所获	COBE卫星发现了微波背景辐射的各向异性：和主流理论模型的预言一致。但是这种情况在天文发现中极少
2. 仪器设计：确保具有新科学发现能力	仪器指标量化、定性论证新科学发现能力带来的产出	在某些参数空间必须有超越以前仪器的能力，确保具有新的科学发现能力	所有获得诺贝尔物理学奖的天文观测仪器都具有前所未有的新科学发现能力
3. 获取结果：严谨求实、开放创新	勤奋地做好"事后诸葛亮"	坚实的基础、宽广的知识和对领域的全面理解加上突破常规的新思想	除COBE卫星之外，几乎所有其他的天文观测研究获得的诺贝尔物理学奖的成果都不在项目的预期科学目标之列

那么为什么重大的开创性天文发现大部分都是事先没有预料或者计划的？这是因为宇宙和自然界太复杂，人的智慧太有限，科学家能够预料或者计划的成果一般肯定都是普通的成果，也就是表1-2中满足第一要素的"保底"的科学成果。爱因斯坦或许是人类历史上最聪明、最有远见和洞察

力最深刻的学者，但是他坚信宇宙中没有黑洞（而这恰恰是爱因斯坦的广义相对论的最重要预言之一）、没有暗能量（当时被称为宇宙学常数，而这恰恰是爱因斯坦本人首先提出的），认为量子力学有基本错误（而他本人获得诺贝尔物理学奖的光电效应理论证明了量子力学是正确的，他本人为了论证量子力学有根本问题而提出的"诡异的遥远空间的互动"效应"量子纠缠"却被实验证实了），也认为引力波不可能被探测到（2017年的诺贝尔物理学奖就授予了引力波的发现）。因此在宇宙和自然面前我们只能谦卑，人类能够理解宇宙和自然已经非常了不起[①]，试图预言宇宙和自然会发生什么事情则是可望而不可即的事情。

但是预料之外的成果往往是重大成果，这是科学研究，尤其是天文学研究最引人入胜和激动人心的地方。要"碰上"这样的成果，固然需要一点运气，但是满足表1-2中的后面两个要素则是必需的。第二个要素保证了该项目有取得预料之外的重大发现的机会。但是这并不能保证获得重大科学成果。我们知道很多历史上和重大科学成果"擦肩而过"的故事，也有人明明做出了重大发现但是自己浑然不知或者没有胆量公布，没有做好"事后诸葛亮"，却成了"事后诸葛亮"的"马后炮"，这都是缺乏第三个要素的后果。因此，第三个要素是能够最终兑现重大科学发现的保证，而这就是科学家水平的体现。

[①] 爱因斯坦曾经说过，宇宙最令人费解的地方是它竟然可以被理解。

第三节
从天文学到现代自然科学

这一节讲从天文学到现代自然科学的发展脉络,这是我理解科学史的一个角度,是我作为一个天文学家对天文学史和科学史的一种理解。

本节首先要讲伽利略,需要特别强调伽利略对现代科学的贡献。然后讲牛顿的理论以及实验成果,牛顿毕竟是科学史上的第一人,是最伟大的科学家,爱因斯坦紧随牛顿之后,至于第三名是谁,那就不一定了。也需要介绍天文学的研究对于广义相对论的建立和验证起了关键的作用。实际上天文学的研究也促进了量子力学的建立,这是很多人不太熟悉的。最后我还会结合2017年的诺贝尔物理学奖,对百年现代物理学做一个简要的总结。

伽利略:现代自然科学的鼻祖

爱因斯坦和霍金这两位理论物理学的大师都认为伽利略是现代自然科学的鼻祖。

爱因斯坦在《思想和观念》这本书里面说,"纯粹通过逻辑的方法得到的论断是完全空洞不着边际的"。完全仅说道理是不行的,比如我所见到的大部分民科都是干这个事情,就只在那里说。爱因斯坦还说:"伽利略认识到这一点,并且特别宣贯到了科学世界里面,因此他是现代物理,实际上也是现代科学之父。"爱因斯坦这里指的是伽利略建立了现代科学实验的方法,爱因斯坦对伽利略的这个贡献评价特别高。

霍金在《时间简史》里面说:"自然科学的诞生要归功于伽利略,他这方面的功劳大概无人能及。"

他们两位都是理论物理学家,如果是实验物理学家认为实验科学的鼻祖是伽利略倒不足为奇,但是两位历史上差不多最厉害的理论物理学家,对伽利略都这样评价,说明伽利略在科学史上的地位确实非常高。虽然伽利略最终留下的科学理论不多,但是他对科学的贡献非常大。

这里举几个伽利略对科学的贡献的例子。

伽利略发明天文望远镜

伽利略在 1609 年发明了天文望远镜,开启了现代天文学。很多人比喻哥伦布发现了新大陆,伽利略发现了新宇宙。在这之前只能用肉眼看宇宙,所能够观察到的宇宙的范围是非常局限的,有了天文望远镜情况就完全不同了。所以只有通过不断改进观测仪器,我们对自然和宇宙的了解才能进步,这也是爱因斯坦对伽利略的评价的意义。

伽利略的"比萨斜塔实验"

伽利略的"比萨斜塔实验"(图 1-12)。我用了引号,是因为他到底有没有在比萨做过这个实验我们也不知道,伽利略在自己的书里面没有写,所以"比萨斜塔实验"很有可能只是一个传说。但是伽利略的著作里面描述了他做的自由落体实验,证明了不同重量的物体下落速度一样,推翻了亚里士多德提出的统治了学术界2 000年的观念：越重的物体下落速度越快。在亚里士多德的时代这是一个经验知识，因为我们今天如果做实验，大部分情况下仍然是得到这个结论，一根羽毛跟一个铁球谁下落得快？铁球下落快！为什么这样？亚里士多德解释说因为铁球重羽毛轻，所以就得到这么一个结论。这说明经验知识不一定可靠，需要经受严密的科学实验的检验。

伽利略对于牛顿三定律的建立也起到了非常关键的作用。牛顿第一定律、第二定律其实都是来自伽利略的思想，牛顿第三定律来自笛卡儿，万有引力定律从思想上应该来自胡克。所以从这个角度来讲，牛顿最重要的科学成就里原创的东西不是特别多，但是牛顿把它们给放在一起建立了一个体系，这才是牛顿最重要的成就。

▲图1-12　比萨斜塔

伽利略发现摆的运动规律

伽利略发现了摆的运动规律。他有一次在比萨大教堂看到了中间一个吊灯的摆动，因为平时吊灯在那儿不动，但是那一次伽利略去的时候恰好在修吊灯，吊灯就晃动起来了。他通过仔细的观察，发现了不管吊灯摆圆弧大小，摆一次的时间总是一样的。也就是说，有的时候晃的幅度很大，有的时候晃的幅度很小,他发现只要吊灯(摆)的长度一样,摆的周期都是一样的。这和亚里士多德的说法不一样,亚里士多德说短弧显然比长弧快,就是幅度越小摆一次的时间越短,幅度越大摆一次的时间越长。亚里士多德认为从直觉上他的经验就是这样的,但是伽利略的发现和亚里士多德根据经验得到的东西是不同的。发现这个现象后,伽利略就回去用绳子悬挂物体做了各种各样的实验,而且用沙漏计时确保实验结果的可靠性。他就得出了结论,亚里士多德是错误的,决定周期的是绳子的长度,不但和摆的幅度大小没关系,就连悬挂的东西是多重都没有关系。所以伽利略就发现了单摆的定律,这个发现当时就变得非常重要了,因为这一原理可以用于制造表,立刻就得到了实际的应用,这就是制造摆钟的基本原理。

伽利略的假想实验

"比萨斜塔实验"很可能是传说中的一个实验,因为伽利略从来没有记录过他做过这个实验,而且计算表明当时的计时精度很难完成这个实验。如果这两个球都往下落,是很难证明是否同时落地的,所以后来人说这很可能是伽利略的一个假想实验。

事实上他做过假想实验的思想说明,这个思想逻辑非常厉害。他说假设有两个自由落体,质量不一样,一个质量轻为M_1,一个重M_2,首先忽略空气的阻力,如果轻的比重的下落慢,那把两个连起来,第三个的质量等于它两个的质量之和,比两个中任何一个都重,这样的话第三个比M_1比M_2都下落更快。那就很怪了,本来轻的M_1下落慢应该拉着重的M_2,所以连起来的第三个下落应该比M_2要慢!

但是两个连在一起就变成了一个更重的东西,应该比原来任何一个下落都快,那到底连在一起下落得快还是不快?结论是只能跟原来一样,原来两个下落物体互相之间没有任何作用力，它们两个只能是以同样的速度下落。因此只有一个可能性，真空中物体的下落速度和质量无关，自由落体运动规律本来就这么简单。这样在逻辑上就想清楚了，所以这是个非常厉害的假想实验。

伽利略的自由落体假想实验可以直接推出等效原理。假设地球的质量为 M_E，物体的引力质量为 $M_{i,G}$，根据万有引力定律得到 $F_G = G\dfrac{M_E M_{i,G}}{r^2}$。假设物体的惯性质量 $M_{i,I}$，根据牛顿第二定律得到 $F_G = g_i M_{i,I}$，可以算得出来它的重力加速度 g_i。

把这两个定律结合起来得到 $g_i = G\dfrac{M_E}{r^2}\dfrac{M_{i,G}}{M_{i,I}}$。由于两个重量不同的物体下落的速度（和加速度）是一样的，$g_i = g_j \Rightarrow \dfrac{M_{i,G}}{M_{i,I}} = \dfrac{M_{j,G}}{M_{j,I}} = 1$，那么我们就必然会得到它们的引力质量和惯性质量相等。是不是很厉害？

伽利略的另外一个非常厉害的思想实验是船中的乘客实验，就是伽利略相对性原理。在匀速行驶的船上，乘客若不依赖对窗外的参照物的观测，无法判断船是否在运动。我们学参照系的时候，老师都告诉我们一定要选固定的那个东西做参照系，不能选择另外一艘船当参照系，这样就不知道是我们的船在动还是另外一艘船在动了。如果选地上的树，我们知道树不在动，所以我们如果看到我们相对于树在动的时候，就知道是我们在动，不是树在动。如果选的是另外一艘船就没法判断，意思是说相对运动是无法判断的，并不能真的知道谁在运动，这就是运动的相对性。

爱因斯坦把伽利略的相对性原理推广为，在所有惯性参照系（也就是没有加速度的参照系）中，物理规律是相同的。既然你无法区分，物理规律也不能区分，所以这个相对性原理就是狭义相对论的基础。我们可以看到伽利略的思想实验对科学的发展是多么重要。

斜坡上球滚动的实验是另外一个例子，里面的逻辑论证也是特别的厉害。伽利略说，假设一个球在一个斜坡上往下滚，那么斜坡的坡度越小，球滚动的加速度就越小。而且他做过测量，发现球在斜坡上滚动的距离和时间的平方成正比，这实际上就是牛顿第二定律的直接后果。伽利略然后就开始假想了，他说如果斜坡变平，加速度就变小，一开始陡的时候球往下滚，最后变平了，那么球也不能停住，这个时候加速度等于 0 了，它也不受力了，这个球就只好匀速直线运动下去。他就得到了结论：物体如果不受力，它将会沿原来的方向匀速运动下去。这就是牛顿第一定律。所以伽利略通过这个假想实验一下子得到了牛顿第一和第二定律，让我们再一次看到了他的假想实验的重要性。

伽利略的主要天文观测发现

1609 年伽利略发明了天文望远镜，所以联合国把 2009 年命名为"国际天文年"，纪念伽利略发明天文望远镜 400 周年（图 1-13）。伽利略发明天文望远镜这件事情对人类影响非常大，他自己使用天文望远镜也做出了很多重要的发现。在这一年他很快把放大率提高到 33 倍，然后就发现月球表面不能再用来描述漂亮少女脸部的光滑了，因为上面高低不平；他也发现月球的光和其他行星的光都是来自太阳，在他以前并不清楚这件事情；然后他还发现了木星的卫星，伽利略 1-4 号木星卫星的命名到现在还在用；还有他发现银河原来是无数个发光体的总汇，以前看起来模模糊糊的一片像河一样，我们叫作"河"，欧洲人叫作 Milky Way 牛奶路；然后土星的环也看到了；他也发现金星的盈亏和看到金星的尺寸有关系，只能在日心说的框架下才能解释，这是最终对日心说的最有力的支持。

▲ 图 1-13　伽利略于 1609 年发明了天文望远镜

　　金星的观测对日心说的确立特别重要。在托勒密地心说的框架里面，太阳系内所有的天体都绕着地球转，同时它自己也绕着自己的一个本轮转，太阳当然也是这样子。所以在托勒密的这个模型里面可以看到金星有时候被太阳照亮，但是永远不能看到一个完整的被太阳照亮的金星，而且也不会看到金星的盈亏和看到的金星的大小有关系，因为金星运行在太阳和地球之间的一个圆形轨道上。

　　但是在日心说的模型里面，金星是绕着太阳转的，那么在特定的位置，我们就可以看到太阳对它照射就基本上是满"金"的，从地球上看过去就看到一个很完整的金星被太阳照亮，所以伽利略就论证了如果不是日心说没有办法来解释金星的满"金"的现象。

　　为了纪念国际天文年，我和芝加哥大学的一位天文学教授、哈佛大学的一个专门做天文史研究的教授编了一本书，英文名字叫 The Astronomy Revolution——400 Years of Exploring the Cosmos，中文的名字叫《天文革命——仰望星空 400 年》。这本书就是为了纪念伽利略，里面有很多天文史的内容。

总结一下,伽利略系统地开创了定量的实验和观测科学,发现了摆的规律,他发明了温度计而且用来实际测量温度。他还利用阿基米德发现的原理发明了比重计,利用单摆原理计时发明了测量脉搏的脉搏计。最重要的是他发明了天文望远镜,所以伽利略的贡献很大。由于对日心说的支持,伽利略受到了罗马天主教的迫害,被软禁了很多年之后去世了。

牛顿是集大成的理论物理学家

从伽利略就到了牛顿。牛顿在1687年发表的著作《自然哲学的数学原理》里建立了人类历史上第一个定量和系统的科学理论——牛顿万有引力定律和牛顿三定律。他是一个集大成者,最重要的不是他发现和发明了什么,而是他把以前的思想都统一起来了,就像亚里士多德是古希腊自然哲学和早期科学思想集大成者一样,牛顿是科学革命时期的科学思想的集大成者。

海王星的发现对于自然科学的建立以及确立牛顿力学理论的科学性是非常重要的。尽管牛顿的理论那个时候已经比较深入人心了,但是最终确立这个理论的正确性还是由于海王星的发现。但是水星近日点的反常进动又挑战了牛顿的引力理论。所以我们可以看到,天文学的研究对于建立自然科学理论是非常重要的。天文学研究产生了开普勒定律,牛顿为了解释开普勒定律,写了这本巨著《自然哲学的数学原理》。这本书的重点和精华是他推导出来了开普勒三定律,到发现海王星确立了牛顿力学体系的正确性,然后又是天文观测挑战了牛顿的引力理论,使科学理论能够进一步发展。

牛顿本人并不只是把别人的理论总结起来形成了他的理论体系，他也是个非常优秀的实验物理学家，对实验科学也有很大的贡献，这一点也很重要。比如说光学，牛顿是物理光学的鼻祖，他做出了分光看到了太阳光的颜色。虽然牛顿关于光的微粒理论是不正确的，但是他的光谱学的研究却最终支持了光的波动学说。他为了证明他的微粒说做了很多光谱学的实验，而这些实验结果最后却被用来支持了波动说，比如说衍射和干涉效应。这些实验观测牛顿都做了，只是他还坚持用他的微粒说来解释，但实际上这都是光的波动学说的最主要证据。

天文学和广义相对论

在这里稍微介绍一下光线的偏折效应，因为光线偏折效应的观测是验证了广义相对论的预言的一个最重要的天文观测。在牛顿的微粒说里面光是粒子，因此在牛顿理论里面其实也可以计算光线偏折，因为如果光是粒子而且有质量，根据它的质量可以计算在太阳的引力场作用下有多少偏折。有意思的是，计算结果和粒子的质量多少也没有关系，因为质量在计算过程当中最终消掉了。当然，如果质量精确地等于零，在牛顿理论的框架下就不能计算了，因为质量为零的粒子感受不到牛顿的万有引力。

只不过按照牛顿理论（假设光粒子的质量不是零）计算出来的偏折比实际天文观测的结果恰好小了一半。所以光线偏折本身不奇怪，关键在于牛顿理论算出来的定量结果是不对的，这就是为什么科学理论必须能够做出定量的可供检验的预言，仅仅定性地说你的理论能干这个、能干那个是不行的。尽管光线偏折实验证明了牛顿理论在这件事上是不对的，但是由于牛顿的理论在很多其他方面的预言都被证实了，所以光线偏折实验并不是否定了牛顿理论，只是说明了牛顿理论有适用范围。任何科学理论都有适用的范围，找到了已有理论的适用范围，科学才能发展，我们在后面还会回到这个重要问题上。

其实按照我们现在的理解，光子在牛顿理论里面不应该有偏折，因为光子有能量但是没有静止质量，但是在牛顿理论里面能量是不会感受引力的，只有质量会感受引力，所以在牛顿引力理论里光只能走直线，牛顿理论本质上是无法解释光线偏折的，能够解释这一现象的就是广义相对论。在广义相对论里，不仅仅定性的应该有光线偏折，而且预言的定量结果和观测一致。

从广义相对论发展的过程来讲，首先是爱因斯坦的电梯假想实验，通过电梯假想实验他论证了引力质量和惯性质量应该是等效的，然后他说，自由落体的参照系就应该局部等同于惯性参照系。由于只是局部地等效于惯性参照系，所以和真实的惯性参照系还是有所不同，不同的地方在于自由落体毕竟还是加速运动，所以这个参照系里面的空间是弯曲的，但是真实的惯性参照系的空间是平直的。所以爱因斯坦就说在这个参照系里面可以用狭义相对论，只不过需要用弯曲时空的数学，不能再用欧几里得几何了，需要用描述弯曲时空的黎曼几何，这样爱因斯坦就发现了广义相对论理论。

爱因斯坦提出了广义相对论理论之后，首先就计算了水星近日点的反常进动，因为这是牛顿理论不能解释的现象。爱因斯坦通过计算表明，水星近日点的反常进动的观测结果和广义相对论的理论计算结果一样。但是这只是"马后炮"，因为在爱因斯坦做这个计算的时候已经知道了水星近日点的反常进动，水星近日点的反常进动也有各种各样的稀奇古怪的模型能够解释，只是爱因斯坦不相信而已。尽管爱因斯坦发现他的理论模型能够解释得非常好，但是他知道仅有"马后炮"是不行的，必须做一个预言，就像别人根据牛顿的理论预言了海王星的存在，这个预言被证实后大家就都说牛顿的理论很伟大。

那么广义相对论也得做一个类似的事情大家才会真的相信，这个事情就是前面说的引力的光线偏折，于是爱因斯坦就计算了光线经过太阳附近应该产生多少偏折。计算表明，光线在太阳附近的偏折角度仅仅是1角秒，所以在地球实验室里没有办法做光线偏折实验（因为地球的引力太小了），只能做天文观测。但是在通常情况下，大气对于天体图像的干扰就有几个角秒，所以需要在大气极为宁静的地方才能做观测。但是白天又不可能看到远处的天体，只能选日全食的时候，所以1919年英国的天文学家爱丁顿就到了南非，那个地方有日全食，而且他找了一个观测条件非常好的地方做这个观测。实际上他找了两个地方做观测，有一个地方观测没有成功，但是在另外一个地方的观测成功了，他的观测结果验证了爱因斯坦的预言。

广义相对论对于引力的本质有了新的解释，就是空间的弯曲。迄今为止，在我们所有能够做实验和观测验证广义相对论的地方，广义相对论都得到了验证。所以广义相对论的建立确实是现代物理的一个重大进展，而天文观测在这里起了重要的作用。

天文学和量子力学

最后简要地讲一下天文学和量子力学的关系，这个大家一般不太知道。

量子力学是1913年由玻尔正式建立的。但是在19世纪的时候，在太阳光谱当中已经发现了暗的谱线，尤其是夫琅和费在太阳光谱中发现了几百条暗的谱线，这些叫作夫琅和费谱线，当时的物理学理论无法解释。尽管以前包括牛顿等人都看到了太阳光有不同的颜色,但是没有看到暗线。以前认为所有的东西都是连续的,光的颜色也应该是连续的,所以没有办法解释这些暗线。

后来巴耳末对氢原子做了一些实验,发现了符合氢原子谱线的经验公式,叫作巴耳末系列,学原子物理都会学到巴耳末系列。但是这些一直都是经验公式,有点像牛顿之前的开普勒定律,这些归纳总结出来的经验公式和经验规律对观测现象描述得挺好,计算和观测结果都非常符合,但是到底为什么会是这样呢?当时不知道!

1913年玻尔建立了原子光谱的量子模型,这就是量子力学的正式诞生(图1-14)。用这个模型就推导出来了原子谱线的经验公式,类似于牛顿的力学理论推导出来了开普勒三定律。这些经验公式是根据天文观测得到的,量子力学解释了天文观测的结果,所以说量子力学的奠基是和天文学的观测非常有关系的。

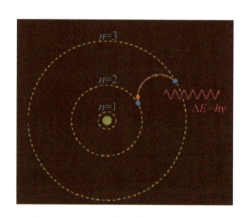

▲图1-14 玻尔的"行星"原子模型

虽然在玻尔之前普朗克因为提出了黑体辐射的量子理论已经获得诺贝尔物理学奖,但是普朗克并不真的相信量子力学,他说他的量子假设只是以数学形式为分析同一物理事件中不同物理量之间的关系提供了方便,他并不认为和真实的物理世界有什么关系。真正相信量子力学又提出了量子力学模型的是玻尔,所以玻尔作为量子力学的真正奠基人于1922年获得了诺贝尔物理学奖。这就是为什么在真正的量子力学建立的过程中,天文学的观测起了重要作用。

现代物理学的两大理论支柱

上面简要介绍的就是从天文学到现代自然科学发展的基本历程。现代物理学有两大理论支柱，大家通常说是相对论和量子力学，但严格地讲，现代物理学两大理论支柱是狭义相对论和量子力学。原因在于原来没有加入狭义相对论效应的非相对论量子力学能够解释的效应非常少，正是狭义相对论和量子力学结合起来之后形成的量子电动力学，才能够精确地解释原子里面的几乎所有行为，这时候量子力学的发展才算是比较完善了。但是要解释原子核内部的现象，就要有量子色动力学。这些都是以狭义相对论和量子力学作为基础的，和广义相对论（目前还）没有什么关系（图1-15）。

然后同时应用广义相对论和量子电动力学又产生了天体演化的标准模型，包括中子星的形成、黑洞的形成，等等。从天体的演化到了整个宇宙的演化，我们就要加上能够描述原

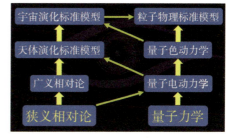

▲ 图1-15 现代物理学的两大理论支柱

子核性质的量子色动力学，这就是宇宙大爆炸模型。基于量子色动力学，我们现在就有了完整的粒子物理的标准模型。

现在宇宙演化的标准模型跟粒子物理标准模型又有了深刻的联系。现代物理的一个主要特点就是学科的交叉，所以这两个标准模型共同组成了现代物理学的宏观和微观的模型。因此，我们可以看到狭义相对论和量子力学是现代物理学的两大支柱，而这两个理论的产生正是现代物理学建立的标志。

100 年前物理学大厦上空的两朵乌云

19 世纪的最后一天，在科学史上有一次很有名的会议，欧洲著名的物理学家都在一起来庆祝这个世纪结束了，物理学也完工了。在会上开尔文爵士就说我们物理学的大厦非常完善，虽然大家不再吵架了，现在物理学平静而晴朗的天空非常好，但上面有两朵令人不安的小小的乌云，大家都知道就是黑体辐射的紫外灾难和迈克尔逊－莫雷实验发现以太不存在。但是他说不要紧，很快我们就把这两朵乌云就给驱散了。

确实是很快就驱散了。一个是狭义相对论的建立，就解决了迈克尔逊－莫雷实验的问题。原来经典物理大厦里面电磁学要求光线传播有介质，就像声音传播有介质一样，这个介质就是以太，但是找不到，这就有矛盾。狭义相对论的建立说根本就不需要这个东西。

那么黑体辐射还有问题：紫外发散。根据当时基于热力学的理论建立的辐射理论，辐射频率越高，发射的功率越强，但是和观测完全不一致。这个就产生了量子力学。

所以这"两朵乌云"确实被驱散了，但是整个经典物理学大厦也就垮掉了，建立了现代物理学，所以我们说现代物理学建立的标志是这"两朵乌云"被驱散，而也正是狭义相对论和量子力学的建立。而天文学的发展整体来讲主要是对广义相对论贡献比较大，对量子力学也有一些贡献。所以天文学的研究对于我们现代物理学的建立是非常重要的。

爱因斯坦的奇葩诺贝尔物理学奖

由于 2017 年的诺贝尔物理学奖，我特别回顾了一下诺贝尔物理学奖的一些有趣的故事。

1922年瑞典诺贝尔奖委员会通知爱因斯坦获得了1921年的诺贝尔物理学奖。这在诺贝尔奖历史上是比较奇怪的，因为一般都是宣布当年谁获得了当年的诺贝尔奖。那是不是因为1921年没有讨论爱因斯坦或者爱因斯坦没有被提名，现在给他"追认"一个？不是！1921年爱因斯坦的确被提名了，但是诺贝尔奖委员会经过认真讨论，认为爱因斯坦不配得诺贝尔物理学奖，所以1921年没给他。然而1922年又决定给他了，为什么呢？那一年提名爱因斯坦为诺贝尔物理学奖的人特别多，创纪录的多，诺贝尔奖委员会一看不行，不给爱因斯坦诺贝尔物理学奖民愤就太大了。

爱因斯坦的什么成就最有名？是相对论！但是诺贝尔奖委员会就是不信相对论，不信狭义相对论，也不信广义相对论，认为都还没有得到彻底的证实。但是爱因斯坦已经是当时物理学界最有名的物理学家了，提名的人空前多，所以这也是属于"民意"。有时候我们讲舆论会绑架法律，这一次舆论也绑架了诺贝尔奖委员会，诺贝尔奖委员会决定给他一个诺贝尔奖，给什么呢？这帮人特别聪明，光电效应！

光电效应是爱因斯坦1905年发现的，光电效应也是量子力学建立的一个基础，它证明了光的量子性和颗粒性，也就是就证明了它的粒子的属性，所以就把诺贝尔奖授予了他对光电效应的贡献。在诺贝尔奖委员会看来，爱因斯坦的光电效应和其他的以前授过的诺贝尔物理学奖相比已经毫不逊色了，应该不会有争议。果然确实没有争议，只是爱因斯坦不开心，因为爱因斯坦肯定是想以相对论拿奖的（图1-16）。

诺贝尔奖委员会终于给爱因斯坦诺贝尔奖了，而且说你获得的是去年的诺贝尔奖，同时告诉爱因斯坦我们还是不相信相对论，是给你诺贝尔奖了，但是你不要以为是因为你的相对论，我们特别要声明这件事情跟你的

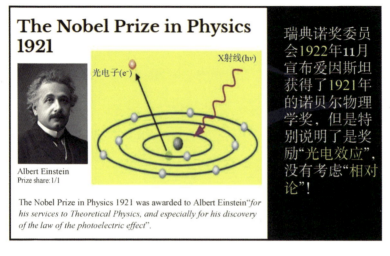

◀图1-16 爱因斯坦于1922年获得了1921年的诺贝尔物理学奖

相对论没有关系。所以他就获得了这么一个奇葩的诺贝尔奖,当时爱因斯坦内心可能还是很崩溃的,最得意的相对论最终还是没有得到诺贝尔奖委员会的承认。也许是这个原因,爱因斯坦没有去领奖,当然也没有专门做诺贝尔奖获奖的演讲。虽然他后来还是做了一个演讲,这个演讲就算是爱因斯坦获得诺贝尔奖的演讲词,但是那次演讲的题目是"相对论的意义"!

诺贝尔奖历史上量子力学的辉煌和相对论的尴尬

前面讲了现代物理学建立的标志就是相对论和量子力学的建立。但是量子力学在科学史上可是比相对论要辉煌得多,至少从获得诺贝尔奖这个角度看肯定是这样。刚才讲了1918年量子力学创始人普朗克获得了诺贝尔物理学奖,1922年量子力学教父玻尔获得了诺贝尔物理学奖,从此就一发不可收。一直到2013年希格斯粒子的理论机制发现人获得了诺贝尔物理学奖,大约30个物理学家因为对量子力学以及由此建立的粒子物理模型的贡献而得诺贝尔奖。一共百年诺贝尔奖的历史,中间还有一些年没授奖过,大约30个物理学家在这一个领域获得诺贝尔奖，量子力学在诺贝尔奖历史上是不是很辉煌？

那么相对论呢？2017年之前没有任何人因为相对论获得过诺贝尔奖，爱因斯坦也没有，无论是相对论的理论或者相对论的实验和观测验证，一个也没有。爱丁顿也没获得诺贝尔奖，霍金最终也没有。

那么问题就来了，为什么没有人因为相对论获得诺贝尔奖？这是科学史很有趣的一件事。

对这个问题，每个人可能都有不同的回答。我的回答是这样，也许是因为爱因斯坦的光芒实在是太耀眼了，既然诺贝尔奖委员会没有把相对论的诺贝尔物理学奖授予爱因斯坦，其他人也没有资格因此获得诺贝尔奖。也许是因为爱因斯坦对于相对论的贡献实在是太大了，后来不管多少人做了多么重要的贡献，与爱因斯坦的工作相比都是微不足道的。有些人说狭义相对论也许是有其他人的贡献，包括洛伦兹变换等，但是广义相对论的建立几乎是爱因斯坦一个人的贡献。也许是爱因斯坦当初建立的理论体系太完备了，尽管后来有很多人做了不少补充，尽管有很多非常聪明的物理学家都做过相对论方面的工作，但是都没有改变相对论的理论体系和主要结论。

这个情况就和量子力学完全不同。量子力学从一开始的普朗克，然后到玻尔，再到后面终于建立了完善的理论体系，在这个过程中很多物理学家都有重大的贡献，也因此获得了诺贝尔奖。但是相对论就完全不同，这是一个人的天下，是独属于爱因斯坦的荣耀，其他人能够分享的非常有限。

百年现代物理学终于做了个了断

直到2017年诺贝尔物理学奖被授予了韦斯、索恩和巴里什这三位物理学家，奖励他们对于发现两个黑洞并合产生引力波做出了决定性贡献。

我把这次诺贝尔奖算成是对相对论的一个奖，因为他们验证了100年前爱因斯坦本人做出的广义相对论的最重要的预言，就是引力波的存在。

在宣布这个诺贝尔奖之后，诺贝尔奖的网站上列出来了前10个历史上最有名的诺贝尔物理学奖获得者，这个名单非常有趣。如果我们在10名里面选前5名的话，前5名就是爱因斯坦、韦斯、玻尔、索恩和居里夫人。韦斯、索恩是这次获得诺贝尔物理学奖的。这5名当中，爱因斯坦、韦斯和索恩的主要科学成就都是和相对论有关的，虽然爱因斯坦是因为对于量子力学的贡献获得的诺贝尔奖，而玻尔和居里夫人的主要科学成就是和量子力学相关的。所以前5名里面相对论和量子力学领域的比例是3∶2，如果考虑前10名，那么这个比例是4∶6，因为后5名里面只有巴里什的主要贡献是相对论。也很有趣的是，巴里什在转行做引力波探测之前的主要研究也是在量子力学领域，这个转行就使他获得了诺贝尔奖！

由于"4∶6"的"4"里面有3位都是2017年这一次的诺贝尔奖得主，所以如果没有这个诺贝尔奖，前面的两个比例就变成了"1∶4"和"1∶9"了，相对论就很难看了！所以我说，2017年的诺贝尔物理学奖对于百年现代物理学终于做了一个了断！这是这次诺贝尔奖有意思的一个地方。

总结

我们说伽利略是现代自然科学的鼻祖，原因在于这几个方面：他是科学实验和假想实验的鼻祖，他发明了天文望远镜、验证了开普勒定律、确立了日心说。

牛顿的科学成就使他在科学史上傲视群雄，是当之无愧的第一人，他不仅仅是理论大师，而且实验成果丰富。他的最重要的理论成就包括力学理论和万有引力定律。他在光学的实验和理论领域的贡献都非常大。

天文学的研究很显然推动了广义相对论的建立，这是我们现代物理学很主要的一部分。天文学的一个主要贡献是水星近日点的反常进动的观测结果，这个结果无法用牛顿理论解释，但是给爱因斯坦最初提供了定量检验广义相对论理论一个途径。而天文学观测对于广义相对论理论的决定性检验是预言了日全食时候的光线的偏折，和爱丁顿的观测结果完全一致。

同时天文学的研究，首先通过对太阳光颜色的观测让我们认识到了光的基本性质，最主要的是对太阳的谱线的观测和解释促进了量子力学的建立，和开普勒定律对于牛顿的力学理论的建立有类似的作用。

第二章 科学方法的起源和建立

第一节
古希腊的科学方法

前面很简要地讲了科学史，讲科学史的目的是要讲科学方法，下面就从科学史里面把科学方法提炼出来。我们前面讲了科学起源于古希腊，现在我们看看古希腊在科学方法上最终发展到了什么程度。当然古希腊的科学方法肯定不是我们今天用的科学方法，所以从这个角度讲，这一章其实是科学方法的起源和建立。所以我们不仅讲科学方法，也要讲它的起源和建立，所以相当于是讲科学方法的历史。

我们要从形而上学讲起，因为我们现在很多人对形而上学有很多误解。其实整个古希腊的科学史可以说就是形而上学的历史，所以形而上学非常重要。然后要讲几何学和认识论，对我们也很有帮助。亚里士多德的目的论是他的科学方法的主要思想之一。在希腊科学的发展过程当中，很重要的一步就是哲学与宗教的分离，然后是自然与人的分离，最后我们有了从形而上学到"实在"的科学，这就是真正的科学。当然一开始不是精确的科学，然后又从形式上学到了精确的科学，这里主要指的是天文学。所以这可以说是科学方法发展的一个简要的历史。

形而上学

形而上学英文的名字叫作 Metaphysics，实际上是有两种含义，尤其是在中国。一种是在学术界内部，学术界的有些人会非常骄傲地说我是形而上学派。但如果不是哲学界的人，听到这样的说法就会觉得很奇怪，这人一定是疯了，不是自己贬低自己嘛。另一种是在政治界，和学术界对形而上学的理解很不一样。这里没有对和错，只是出发点不同以及从不同的角度看问题所导致的。

首先是哲学界的认识。我们在前面讲过，亚里士多德是形而上学的创始人。在亚里士多德的形而上学的语义里面，形而上学的意思就是通过事物的表面现象看背后的本质。所以形而上，"形"是你看到的东西，所谓"上"就是从"形"里面提取出来的一个东西，叫作"形而上"，关于"形而上"的学说就是形而上学。所以实际上形而上学这四个字就已经把它的含义说得很清楚了，只是我们平时讲形而上学的时候，大概从来不知道我们脑子里面想的形而上学和这四个字有什么关系。

这个哲学派别的基本观点是什么呢？万物有"原"，就是有本原，有组成的基本单元，看起来物质世界是形形色色的，但是有共同的基本的组成，这是它的一个基本观点。我们经常看到有喷子说原子是假设，根本看不到，所以不存在。当然肉眼看不到原子，你看不到不表明不存在，有这个"原"，但不是眼睛就能看得到，这是形而上学的基本观念。没有学过形而上学的人会说，我看不到原子那原子当然不存在，眼见为实。但实际上形而上学说有"原"，并不是你看到了这种东西。万物有因就是任何事情都是有规律的，是有前因后果、有因果关系的，这是它的第二个很重要的观念。它的第三个观念就是事物有目的或者万物有目的。这些都是亚里士多德的形而上学的基本观念。尤其是有目的这个观念是亚里士多德特别强调的,他说事物因为其目的而存在,没有目的它就不可能存在。我们不理解它的目的,只能说明我们还没有找到它的目的,这是他的基本观念。

和哲学界的理解不同,当我们平时尤其是在中国的语境之下讲形而上学的时候,通常都是指的政治界对形而上学的评价,这个主要是来源于黑格尔。黑格尔是我们今天所说的辩证法的鼻祖(其实从古希腊开始就有朴素的辩证法),当他建立他的辩证法的时候,为了和以前的哲学相比较,就拿形而上学来做了一个比较。他说辩证法和形而上学有区别,辩证法看待自然和事情是用变化的和全面的观点,因为事物不是绝对的而是相对的,不是片面的而是全面的,他讲的是这一类事情。所以他就说,形而上学的观念是静止的、片面的、绝对的,而辩证法是变化的、运动的、全面的、相对的,所以这就变成了我们通常认为的形而上学,形而上学变成负面的哲学了。

在中国由于历史的原因,主要是由于马克思和恩格斯,尤其是恩格斯对自然辩证法的研究比较多,当然就特别相信自然辩证法,后来到列宁到毛泽东这样一个系列过来,就逐渐把形而上学变成了和亚里士多德建立的时候不一样的意思了。在中国当我们讲形而上学的时候,其实我们不讲它本来是什么,只是讲我们认为它是什么。

事实上,形而上学作为一个哲学派别,在今天的哲学界仍然是占统治地位。很显然,透过事物的表面现象看背后的本质,这难道不是我们所追求的吗?所以形而上学本来是很正面的。

我曾经和一个哲学家打交道,他是中国形而上学学会的主要负责人,我当时就调侃他,我说你跟别人介绍说你的这个身份别人不会误解吗?他说尽管在哲学界大家都知道这是非常高的一个荣誉,但是我在外面肯定不敢随便说我是形而上学学会的主要负责人。

古希腊人的自然哲学的发展主要是形而上学哲学的发展。这里边的历史前面都已经讲了，我们先简要回顾一下古希腊人的哲学。米利都人被称为最早的物理学家，其中的代表人物泰勒斯提出了水是万物之原，他的学生又提出来"无定"是组成世界的"原"，然后他学生的学生又提出空气是"原"。总而言之，师徒孙三代都在讨论到底什么是万物之原，尽管对于"原"到底是什么他们有不同的认识。

其他的古希腊人也提出过各种各样的本原学说，比如有的说土是万物的本原，有的说火是万物的本原，等等。当然"土"是本原也是基于观察，即便是一般的生物看起来不像土，但是最后死了之后变成尸体不还是变成土了吗？然后植物是从土里面长出来的，我们要吃植物，所以吃的这一部分又变成了我们，我们死了之后又变成土，所以土是万物的本原。认为"火"是万物的本原，火可以产生一切，也是基于观察。

总而言之，尽管这些学说今天看起来不是正确的学说，但是他们追求的和我们今天追求的是同一件事情，就是想探究表面上看到的不同的东西，背后是不是有同一个"原"。

从前面讲的单一的"原"，气、水、土、火，甚至"无定"，后来又发展到了多元素说，认为只有一个东西组不成这么复杂的世界，所以有所谓的四元素说。亚里士多德最后采取了水、空气、土、火四元素说，认为这几个是独立的无法调和的，只有它们共同组合才构成了凡尘的千种姿态、百种颜色。

在这个过程中，最终对我们认识世界起到了非常大的影响的就是德谟克利特的原子说。"原子"在希腊语里面就是不可分割的意思，就是说有一个最基本的东西，这种东西没有办法分割了，就是"原子"了。当然这个"原子"实际上对应我们今天说的基本粒子，因为一开始发现了原子，后来发现原子不是最基本的，原子是有结构的，到今天学术界认为粒子物理标准模型里面的粒子都是不可分的，被称为基本粒子。所以原子说的思想对现代物理学的发展影响非常深远。今天物理学的一个主流思想就是还原论，就是一直搞到最深的层次去，然后用这个最深层次的东西来解释所有的事物，这就是古希腊的一个基本观念。

尽管古希腊的形而上学追求的是背后的道理，也就是通过表面现象看到它的本质，但是它认为的这个本质，又没有真的用来解释真正的现实的东西，所以只是停留在哲学的层面。

比如说巴门尼德认为自然界中的一切的繁复多变都是虚幻，这些东西我们没有办法真的去解释它，这并不是我们的现实，而巴门尼德就是柏拉图极为佩服的一个哲学家。我们今天讲柏拉图的时候，常常是把他作为理想主义的化身，完全是虚空的理想主义，不是现实的理想主义，原因就在于柏拉图这个学派特别强调和现实没有关系的事情。

他的学生芝诺又为他老师的思想辩护。大家质疑柏拉图，你说这都是虚幻，但我们明明看到有真的东西，怎么会是虚幻呢？那么芝诺就提出了新的学说，提出了好几个悖论。最著名的芝诺悖论和我们中国古代庄子的"一尺之棰，日取其半，万世不竭"类似。这样的悖论很有重要吗？对于庄子的"一尺之棰，日取其半，万世不竭"，我们中国人也就说一说而已，并没有追究下去，认为有日取其半永远也取不尽，挺有意思，那就有意思吧，最终也没有什么用，也没有得到什么了不得的结论，基本上停留在了诡辩的层面上。但是欧洲人刨根问底，对于芝诺悖论的不断追究最终就理解了无穷、无限和有限的关系，最终微积分的基本思想就是从这里出来的，产生了非常重要的影响。

在前面讲人类认识宇宙观的七次飞跃的时候，曾经讲到过奥伯斯佯谬，这个佯谬问的问题很清楚：为什么这个宇宙不是把我们亮瞎眼，而是有夜晚？这个问题非常深刻，在他那个时代就没有办法回答，但是这最终使我们理解了现代宇宙学。

所以这种悖论往往是思想上达到了很深刻的一个程度，追问这些悖论就变得很重要。因此，古希腊的形而上学虽然是停留在了哲学的层面，并没有解释现实的东西，也没有做任何实证，但是却对后来的科学发展起了非常重要的作用。

希腊的几何学

希腊的几何学非常有特点，我们今天知道的欧几里得几何等都是从这里发展出来的。历史地看，它对数学的发展既是非常大的进步，也有一些阻碍，对自然科学的发展也是这样。

希腊几何学的发展，在柏拉图时代就已经有了关于三角形和多面体的证明，证明各种定理是希腊几何学很重要的一部分。

毕达哥拉斯学派的主要成就也是几何学，他们证明了勾股定理，这个证明比中国后来刘辉的证明早了差不多500年。而且在这个过程当中，他们发现了根号2是无理数，这是一个非常伟大的发现。他们发现根号2没有办法变成两个整数相除，也就是无法用两个整数来表达，就是无理数写不完了，所以他们感到很恐惧。传说发现这件事的学生被其他的学生给弄死了，因为他们很恐惧这件事情！

后来在公元前4世纪的时候，欧几里得引入了严谨的风格，就是欧几里得后来在《几何原本》里面所用的，也就是通过公理化来进行证明。在世界上所有的数学体系里边，只有希腊的数学有这个东西，其他的数学体系里面都没有这个。他们的公理化的证明对数学的发展意义重大。

但是如果我们考察他们的公理化的证明对于自然科学发展的影响，就发现并不一定都是正面的，按照温伯格的评论，是"福祸参半"。因为他们常常把假设当成了公理，不进行验证。比如亚里士多德就特别喜欢做这种事情，假设一些东西，推出来一些结论，然后就把结论当成真理了。

而且由于欧几里得几何的公理化证明对于数学非常成功，他们就认为可以通过数学推理得到对自然的认知，但是他们不对推理的结论进行验证。我们今天认为要对结论进行验证是很显然的事情，但是当时并不认为很显然，他们认为只要假设的公理很有道理，推出来结论就可以了，根本就没有去做验证的思想。

古希腊对数学和自然关系的认识

古希腊对数学和自然关系的认识是非常有趣的。苏格拉底认为仰望天空或许有助于激发天文智慧，这个激发智慧就好像看几何图形有助于启发数学思想一样，因为他看到天空上面也有很规则的结构和看到的几何图形一样，他说这都对我们有启发。但是不论在任何情况之下，你看几何图形也好、看天空也好，只是对你的智慧有所帮助有所启发，但是真正的知识他认为只能源于思考，纯粹的思考才能够得到知识，这是苏格拉底的观念。他们对几何崇拜到了什么程度？柏拉图之后，柏拉图学派建立的柏拉图学院门口就写着"不懂几何者禁入"。你首先得学会了几何，否则你根本连进入这个门都不允许。

柏拉图和毕达哥拉斯学派就认为自然界是由数字和几何图形组成的，并不是我们现代物理学认为的基本粒子。当然，今天也许我们又真的回到了那个地方，我们物理学的几何化，甚至于弦论，在某种程度上回到了这些观念，完全把我们的自然变成了几何的一些模式。这也许是对的，但是至少在很长一段发展过程当中，我们对科学并不是这么认识的。

《论浮体》是阿基米德的物理学著作，当然我们知道书里面写的阿基米德浮力定律是一个正确的定律。但是他的书本身很像一本数学的书，很像欧几里得的《几何原本》，他是先摆出假设再推出命题，就是先给一个假设，不证明这个假设是对的，就放在那个地方，然后开始推出东西来。后来我们知道他的结论真的是对的，所以我们只能说阿基米德是天才，他很幸运地选对了假设。

实际上牛顿的《自然哲学的数学原理》也是这种风格，不是上来就说牛顿第一定律，而是说他的第一假设、第一公理、第二公理、第三公理，包括万有引力也是个公理。有了这些之后就推导出开普勒定律。古希腊的这种数学的公理化的风格对后面的人影响非常深远，而这些主要来源于它的几何。

温伯格在他那本书《给世界的答案：发现现代科学》里面，对数学以及科学和数学的关系有一段评论，我觉得非常有趣，给大家总结一下。他在跟科学家和数学家的交往当中，发现数学家与科学家之间经常发生冲突，而这种冲突一般与数学的严谨性有关。数学家经常发现物理学的文献含糊其词，他们非常恼火，里面存在各种推理不严谨，等等。

我举一个例子，可能是当世最有名的天文学家马丁·瑞思（Martin Rees），他是英国皇家天文学家，皇家天文学家英国只有一个，是由女王专门任命的。以前皇家天文学家是负责给皇家做各种预测的，但这个传统就一直延续下来了，就一直有一个皇家天文学家。有人评价说马丁·瑞思的论文里面从来没写过一个等式，要不就是约等于号，要不就是大于号，要不就是小于号。但是我们现在很多天文学的一些基本的观念和理论体系都是他提出来的，所以这就是不严谨到极端的一个物理学家，经常连等式都不写了，因为他认为严格的等号没有意义。

但是数学家不可能这样，所以就批评物理学家不严谨。而物理学家又觉得数学家为了追求严谨而将他的作品或者他的工作故意复杂化，实在是没有必要。

温伯格是因为对弱电统一理论的贡献获得了诺贝尔物理学奖，对基本粒子标准模型贡献很大。他说一些爱好数学的物理学家，将现代粒子物理学体系量子场论建立在严格的数学基础上，今天要学理论物理必然要上量子场论这门课，这门课的数学把群论等放进去，是很严谨的。

他评价量子场论取得了一些有趣的进展（这个评价显然不是很高），但是他说基本粒子标准模型的进展，没有一件得益于数学严谨性的提高，都是在这种稍微有一点模模糊糊的情况之下，通过猜测建立了这样的体系，整个物理的理论体系大概也都是这样建立起来的。

所以他说数学是一种手段、一个工具，用来推导符合物理原理的结果，这是他对数学和科学的关系的一个基本判断。就是我们要寻找一个数学工具来进行物理推导，因此数学不是自然科学，因为没有观察、没有检验。如果我们不去观察自然，不去做实验，仅仅是做数学推导，当然你可以推导出来一些东西，也可以发表论文，但这不会揭示自然规律。

但是数学的严谨性有时候还是非常有必要的。2020年的诺贝尔物理学奖的一半就授予了英国数学物理学家罗杰·彭罗斯（Roger Penrose，1931年8月8日— ），他在1965年严格证明了即使抛弃球对称的假设，在自然界中仍然可以形成黑洞的奇点。而在1939年美国物理学家尤利乌斯·罗伯特·奥本海默（Julius Robert Oppenheimer，1904年4月22日—1967年2月18日）和他的合作者已经证明了，在严格球对称的情况下，物质的引力塌缩是能够形成黑洞奇点的，只不过由于在宇宙中并不会存在绝对的球对称引力塌缩，仍然有人怀疑黑洞奇点在真实的宇宙中是否真的存在。彭罗斯的数学严谨性，使学术界普遍认识到黑洞奇点在宇宙中是能够存在的，而一系列的天文观测也和彭罗斯的证明是一致的，彭罗斯因此获得了诺贝尔物理学奖。这一次数学的严谨性胜利了！

我自己的一个研究工作也和数学的严谨性有点关系，尽管和彭罗斯获得诺奖的工作的重要性完全没法比，可谓云（彭罗斯的工作）泥（我们的工作）之别。大家可能都很熟悉黑洞的一个有趣的性质，也就是在黑洞的视界上时间是停止的。所以我们就在关于黑洞的科普或者科幻书中都会看到这样的描述：宇航员到黑洞旅行，他自己穿越了黑洞的视界进入了黑洞，但是对于我们在黑洞外面的观测者，由于宇航员在穿越视界的时候时间停止了，所以我们就看到了宇航员在黑洞视界上"冻结"的图像。刘慈欣先生的《三体》里面就有这个故事，尽管实际上高 Way 自己已经掉进了黑洞，但是外面看到的则是他还在黑洞的视界上，即使看不到，从理论上推测他应该也在那里，而且有可能还活着，所以保险公司拒绝理赔！

实际上，在 20 世纪 60 年代末有了"黑洞"这个名称之前，黑洞在学术界是被称为"冻结星"的，也就是对于外部的观测者，下落的物质"看起来"都在视界的表面上，尽管物质实际上已经进入黑洞了。我就对这个现象非常困惑，2007 年我和我当时的学生刘元仔细地考察了得到这个结论都做了哪些假设，因为广义相对论方程太复杂了，不做很多假设就很难求解和计算。我们发现，是假设了下落的物质不会影响黑洞的性质，因为这些物质的质量和黑洞的质量相比完全可以忽略，做这个简化假设很合理。但是我们经过严格的理论计算之后发现，不管这些物质的质量是多少，只要不忽略这些物质的质量的引力（也就是对度规的影响），当物质接近黑洞视界的时候，黑洞的视界就会稍微膨胀那么一点点，就是这一点点膨胀，就导致物质直接掉入了黑洞，即使对于外部观测者来讲看到的也是这样（注：这篇文章是"Exact solutions for shells collapsing towards a pre-existing black hole"，刘元和张双南，Physics Letters B, Volume 679, Issue 2, p. 88-94. 10.1016/j.physletb.2009.07.033, https://arxiv.org/abs/0907.2574）。所以如果刘慈欣先生知道我们的这个计算结果，完全可以让高 Way 的家属引用我们的这篇文章去和保险公司交涉。当然交涉的结果是什么就不好说了，毕竟今天的学术界还普遍认为忽略下落物质的质量很合理，毕竟物理学家们都喜欢这么做，因此几乎没什么人接受我们的结果，我们的论文也很少被引用，我们后续的研究成果每一次发表起来都非常艰难。

希腊古典时期科学的发展

我们再回到希腊古典时期，它的科学的发展里面很重要的一步就是自然哲学与宗教的初步分离。如果不分离的话，我们把所有的规律、所有的因、所有的目的如果都归于上帝的话，省事倒是省事，但是我们就没有办法来揭示这些了，所以这个分离很重要。比如说还是回到泰勒斯，最早的物理学家，他提出来第一个本原说——水是万物的本原。但是他在这里还有一部分宗教的元素，他说世间万物都有灵，而且他写的关于水是本原的论述里就反复强调灵性在这里面的作用。所以他仍然保留了宗教在最原始的科学理论里面的作用。

到了德谟克利特，我们知道他提出了原子模型，是最早的原子论的创始人，他关于物质性质的著作当中，就没有再提及神明了。但是柏拉图对自然的思考就充满了宗教元素。所以我们可以看到当时的哲学家和物理学家在这里不是很一致，时间上也不一定是沿着某一个顺序发展，中间有一些反复。柏拉图对于德谟克利特的无神论感到震惊，他觉得完全不可思议，没有神就没有办法理解这个宇宙的秩序。柏拉图所看到的自然界都很有秩序、很有规律，所以他认为宇宙的秩序必须是来自神的结果。

希腊化时期科学的发展

哲学与宗教的分离

希腊化时期就是指的古典希腊时期结束之后的情况，随着亚里士多德的去世，古典希腊时期结束，进入了希腊化时期。到希腊化时期哲学与宗教的分离就非常清楚了，科学家在他们的著作中就基本上不提宗教的事情了，他们已经比较完整地把哲学和宗教分开了。那个时候宗教仍然在社会上占统治地位，但是没有科学家因为把哲学和宗教分开而受到过迫害。所以已经形成共识了，自然哲学和宗教是可以分开的，这是没有问题的。这是一个很大的变化。

自然与人的分离

除了哲学与宗教的分离，自然与人的分离也很重要，这是希腊科学的重要贡献。在亚里士多德之前，不少哲学家们仍然相信超自然，超自然不一定是神，不一定是宗教。

比如说亚里士多德自己的老师柏拉图，他对自然的描述都是诗情画意的，柏拉图还没有自然规律这个基本观念，所以我们可以看到从老师到学生就已经发生了根本变化。亚里士多德在他的物理学中，就已经开始说存在着的事物中有些是自然的存在，就是能分离出来一部分，另外一些是跟自然没有关系的其他因素，所以他把自然存在这一部分专门分离出来，然后来研究这些东西。他说通过观察自然存在，就可以把人和自然分开了，就可以理解思考背后他所认为的这种形而上学，这是他的主要的成就。

这个分离对于科学的发展（当然当时仍然是哲学）是非常重要的。但是亚里士多德的分离，从我们今天这个角度来看是一个非常过分的分离。他过分强调自然与人的分离，认为人不能干扰自然。所以他认为不能有人造的实验环境，只能观察。这就是为什么在古希腊科学中没有实证的概念，这是亚里士多德的影响，他认为我们只能待在旁边去观察自然，不能对它有任何影响。你做了一个仪器，在实验室里捣鼓任何东西，都是假的，不反映真实的自然存在，自然就是自己在那儿了，不能被干扰。

一直到伽利略2 000多年之后才发展出实验科学，彻底革新了科学研究的方法，这不是很容易做到的。我们今天觉得很自然，因为我们从小就开始进实验室，老师在课堂上也做各种演示实验。但是在当时由于亚里士多德在科学界和哲学界的地位没有人能够取代，所以他这么说了之后，就一直被接受下来，影响非常深远。

希腊化时期哲学的发展

古希腊的哲学或者希腊化时期的哲学里很重要的一个发展，就是从亚里士多德那个时候完全是在哲学层面上思考的形而上学，发展到了实在的科学。其中一个很重要的原因，就是希腊化时期科学之都已经不在雅典了，从雅典到了埃及的亚历山大，当然亚历山大也是希腊人统治的。我们前面讲过，这个时期科学达到的程度远远超越了古典时期的科学成就，而且长期世界领先，一直到 16、17 世纪的科学革命才被超越，所以希腊化时期在科学史上是非常重要的。

科学哲学家科恩指出，在思维方法上，雅典人擅长概括、综合，主要是做哲学这方面的事情，而亚历山大人解决具体的问题习惯是逐一击破，就是一件一件事情分开来看，最终把它给解决了。

雅典人很重要的一个特点就是把知识区分为纯粹的知识和有用的知识，而一旦这么区分了之后，那么纯粹的知识就是很高尚的，有用的知识就变成很低级的了。他们只崇尚纯粹的知识，而鄙视有用的知识，所以他们完全不考虑有用性。这跟有些地方完全不同，有些地方是只考虑有用的东西，不考虑纯粹的东西，但他们是另外一个极端，只考虑纯粹的东西，不考虑有用的东西，这也阻碍了科学的发展。这是雅典人的时期。

在希腊化时期到了亚历山大这个地方，科学家不再致力于解释万物的一般性理论——形而上学。形而上学追求的是一般性的理论，当然是很好的，但是希腊化时期科学家已经明白了做不到或者暂时做不到这样的理论，只不过今天我们科学家又重新回来要追求一般性的理论，比如大统一理论等。

希腊化时期研究实在的科学

在希腊化时期暂时放弃了追求一般性的理论这个目标，他们就研究实在的科学。所谓实在的科学就是理解具体的现象，具体的表现就是形成了不同的学科。在希腊化时期，当时的光学、水力学、天文学等各个专门的学科就形成了。于是不再有笼统的哲学家、自然哲学家，而是有分门别类的专家。也正是由于有了不同的学科，才产生了技术，这很重要。科学和技术在这个时候开始建立了一些关系，当然科学原理对技术产生多大作用，这个还另说，但至少已经开始分类了。

其中，科学家的代表就是阿基米德，在前面讲科学史的时候把阿基米德称为"无与伦比的阿基米德"。阿基米德确实不得了，他的成就非常大，他是数学家，是科学家，也是工程师。

作为数学家，他算出来球的面积、球的体积、抛物线椭圆的面积等，这些都是利用了他发明的一种逼近法，今天我们看起来基本上就是微积分了。一个三角形的面积好算，立方体相对来讲也比较容易，一个球怎么算？一个圆怎么算？他利用逼近法把它们给计算出来了，而且他还算出了π的值。当然首先认为有这么一个常数π，然后他还计算出来这个数在两个值之间，这也是很了不起的。

阿基米德也是一个工程师，当然也是科学家。他发现了杠杆原理，这是科学原理，他立刻就找到了应用的地方，造了起重机。因为亚历山大在海边，所以需要起重机把船上重的东西拿到岸上去，岸上重的东西给放到船上来。我们常常看到的一个说法——给我一个支点，我将撬起整个地球、整个世界，就是根据杠杆原理得到的。杠杆原理的威力，只要有支点，不管多重的东西都能给撬起来。

他发现了浮力定律，而且利用浮力定律，还发明了机器来测量比重，这在当时很重要。当时的最重要的货币是金子，金子可以造假。在表面涂一层金子，里面不是金子，怎么知道这个是真的还是假的？他发明了比重计能够测量比重。今天滑轮这一类东西，还有螺旋这种机械用处非常广，都归结于阿基米德，一般认为是他最早发明的。

所以阿基米德是实在科学的代表，即便是他的数学也是有具体应用价值的数学，更不用说他的科学都直接变成了机器。所以他很了不起，直接把数学、科学和工程学结合在了一起，所以是"无与伦比的阿基米德"。

精确的科学的诞生

科学的发展从形而上学到了精确的科学，其代表就是天文学的发展。当时对天文学的观测达到了非常精确的程度。比如说古希腊的时候亚里士多德提出的地心说一直就被接受为正确的理论，但是一直都没有精确的天文学观测结果进行检验。

到了希腊化时期，为了解决行星逆行和地心说的矛盾，以当时最伟大的天文学家托勒密为代表的天文学家们就提出了地心加本轮的学说，而且对这个学说进行了反复的修改。当时天文学家的任务就是去测量这些轮子，然后写了很多天文学著作来描述这些轮子，目的就是使这个理论和日益精确的天文学观测结果进行对比，而对比的结果可以用来做各种天象的预测。这时候天文学已经进入了精确天文学的时代，不再是模模糊糊地说一种理论，而是进行精确的研究。

这个理念从托勒密开始，一直到后来被第谷、哥白尼、伽利略、牛顿、爱因斯坦和今天的天文学家继承下来，成了今天科学研究的基本范式之一。如果不把理论模型和观测的结果或者实验结果进行比对，没有任何人相信你的理论模型。这个理念就是在希腊化时期发展出来的，而这个具体的过程就是通过天文学的精确研究实现的。

第二节
科学方法的三次飞跃

前面我们把古希腊的科学方法,也就是从古希腊开始一直到希腊化时期的托勒密结束这一段时期做了总结。这当然仅仅是科学方法的起源和建立的一部分。在这一节里将对科学方法做一个全面的总结,包括希腊古典和希腊化时期、科学革命时期和现代科学时期,我把它叫作科学方法的三次飞跃。

第一次飞跃就是希腊科学。从希腊古典时期一直到希腊化时期结束,从亚里士多德的形而上学到希腊化时期以阿基米德和托勒密为代表的实在精确的科学。

第二次飞跃就是科学革命。以亚里士多德为代表的观察思辨的科学终于到了以伽利略为代表的实验科学,以证实为目的的实验科学的建立标志着科学革命的正式开始。

第三次飞跃就是现代科学。我们的科学方法并没有停留在伽利略时代,进一步的发展就形成了现代科学的方法,从伽利略时代证实的科学到今天证伪的科学。

第一次飞跃：从形而上学到实在精确的科学

首先把希腊的科学做一个简要的总结。希腊古典时期的科学在亚里士多德那里达到了一个高峰，产生了形而上学的理念，开始追问自然规律，通过观察自然来理解自然现象背后的本质。但是那个时候所谓的科学主要是在哲学层面思考自然，通过观察来进行思考，并不注重对他们发现的规律进行验证和应用。今天看起来亚里士多德的很多论断很显然是荒谬的，但是竟然能够维持和统治科学界2 000多年。

然后到了希腊化时期，情况有了一些变化，这个变化就是科学开始分科，开始研究具体的、不同类别的实在现象，不再追求比较泛泛的、比较统一的背后的道理，于是就产生了很多技术的应用。前面我们以阿基米德为例子进行了说明，当然希腊化时期不止有阿基米德一个人，还有很多其他的人，只是阿基米德比较突出。

希腊化时期最后的阶段对宇宙运行规律的研究，虽然仍然是继续做柏拉图的作业，但是这个时期的研究步入了精确的科学时代。这个时期的科学研究，不但注重对科学规律的验证，同时已经开始基于发现的规律进行预言。托勒密在地心说的基础上加上了本轮说，其主要研究内容就是反复修改本轮的参数，其目的就是预言各种各样的天文现象。至于预言这些天文现象干什么，那是另外的问题，但是他已经很重视对现象的一些预言。我把它总结为从亚里士多德的观察思辨的科学到了"实在精确"的科学。

第二次飞跃：从观察思辨的科学到实验科学

温伯格对这一段观察思辨的科学是这么评论的："柏拉图认为自然科学

应依靠纯粹的推理得到,这一不切实际的古老目标成为科学进步之路上的阻碍,因为,自然科学的进步只能基于认真观察后的仔细分析。"从柏拉图到亚里士多德是一个主要的进步,亚里士多德的物理学是通过观察自然而得到自然规律,所以亚里士多德突破了柏拉图的纯粹推理。

但是亚里士多德仍然反对做实验,他认为实验改变了自然,得到的不是关于自然的规律,这个理念主导或者说阻碍了科学发展2 000年。一直到伽利略的科学革命的时代,实验科学才开始得到系统的发展和应用。比如哥白尼提出了日心说,但是他没有办法说服他人接受他的学说,他就是反复地说我的学说比托勒密的学说更加简练也就更美,但是仅仅这样说服不了别人,毕竟不同人的审美观不同,审美观本身不是自然规律。况且托勒密的地心说是从亚里士多德那里继承过来又加上了重要的改进,描述观测现象不但很精确而且能够验证一些预言。所以哥白尼仅仅说他的学说比托勒密的好,说服不了其他人。

关键性的变化就是伽利略发明了天文望远镜,通过前所未有的精确天文观测,证明了地心说无法通过进一步的修补自圆其说。以前是一点一点地修改,出现了不符合原有的本轮参数的观测结果就修改,不断地修改本轮的参数就变成了当时的天文学家的主要工作。伽利略证明了无法通过进一步修改这些天体的本轮的参数来解释新的观测结果,必须彻底打破本轮说的框架,于是证明了日心说的正确性。

今天任何一个不管是做理论的还是做观测的天文学家都知道,只有通过建造越来越先进的天文仪器做越来越精确的天文观测,才能够促进天文学的发展,仅仅做自圆其说的思辨研究不能带来对宇宙规律更深刻的理解。正是通过建造新的更先进的天文望远镜等天文仪器,使天文学进入了新天文发现的时代。而在伽利略之前,天文发现非常少,天文学的研究主要就是试图来解释已经知道的那几个星星怎么运动。因此从伽利略开始，造越来越先进的天文仪器理解宇宙使天文学脱离了纯粹的思辨，进入了新天文发现和为解释新发现而建立基于科学理论的物理（和化学）模型的新时代。

从此，通过观察和实验发现新现象、为了解释新现象而建立新的理论和模型，就成为科学发展的主要模式。因此，伽利略对科学方法更重要的贡献，是建立了现代实验科学。研制建造望远镜当然也可以说是实验，毕竟在研制望远镜的过程中需要做很多实验，但是更重要的是伽利略真正建立了实验室科学，这是对亚里士多德学派的最大突破。因为用天文望远镜毕竟仍然是观测，这和亚里士多德的理念仍然没有本质的区别，仅仅是观察得更加精确了，但是在实验室里做实验则是一个根本的突破。

但是伽利略并不是第一个实验家，他是对后世影响最大的实验家。历史上做过实验的人很多，比如我们中国就有，生于约公元前480年的墨子就是一个出色的实验家，他做实验当然比伽利略要早得多。墨子确实做过实验，而且通过小孔实验发现了光沿直线传播，还研究了光学的反射规律。所以如果我们从现代实验科学的观点来看，墨子是做过科学实验的，而且很认真地做过，也取得了重要的结果。然而遗憾的是，墨家学派后来彻底没落，并没有在历史上产生重要影响。虽然说墨子本人做过这些事情，但是后来完全失传了，不但西方科学的发展并没有受益于墨子的成就，就是我们中国人今天学习的光学知识也不是来自墨家学派，而是来自西方。有些人说墨子是现代科学的缔造者，比伽利略重要得多，这显然不符合事实。因此，实事求是地说，中国历史上曾经产生过科学的萌芽和科学的思想，也取得过一些重要成就，但是后来完全失传了，并没有对现代科学的发展产生影响，系统的科学并没有在中国产生出来。

至少在墨子之后 500 年，托勒密也做了关于光的反射的实验，所以这反映了墨子在历史上是非常领先的。托勒密不仅仅是个天文学家，他不仅通过观测天文现象来修补他的本轮说，也研究了光的反射和折射规律，所以他也是一个出色的实验家。但是无论是墨子还是托勒密，他们的实验没有成为当时科学研究的主流方法，都随着历史的发展被抛弃了。历史的发展并不是线性的，比如说出现了一个好的思想或者结果，就会沿着这个走下去，不一定！可能昙花一现很快就消失了，也许是因为太超前，也许是因为和当时社会的文化或者政治不符合，总之因为各种原因就没有发展下去，在历史上就消失了。

也许是伽利略生逢其时，那个时候科学大发展的条件恰好成熟了。了解科学和艺术历史的都知道，那个时候恰好是文艺复兴时期，可能人的思想开始全面地得到了解放，可以接受对科学和哲学的"大神"亚里士多德的批评了。所以直到 17 世纪，伽利略的一系列科学实验，就成为牛顿的伟大成就最重要的先决条件，最后引发了科学革命。因此，虽然在伽利略之前有人做过实验，方法也很接近伽利略的方法，和现在的实验方法也有共同之处，但是却对科学发展没有产生影响。但是伽利略以及他开创的科学实验却产生了重大的影响，而且引发了科学革命。

有人说科学革命应该从哥白尼算起，这当然也可以，因为哥白尼的日心说是对亚里士多德的地心说的彻底背叛，从哥白尼到开普勒，再到伽利略，可以说是一气呵成，完成了对亚里士多德的全方位的突破，科学革命从此开始。关于伽利略对科学方法的贡献，爱因斯坦是这么评价的："伽利略的发现，以及他所用的科学方法，是人类思想史上最伟大的成就之一，而且标志着物理学的真正的开端！"

的确，在伽利略之前有零星的科学成就，但是直到伽利略才开始真正影响了科学的发展。爱因斯坦也评价了伽利略的思想突破："伽利略对科学的贡献就在于毁灭直觉的观点而用新的观点来代替它，这就是伽利略的发现的重大意义。"也就是说，直觉并不可靠，通过观察和实验揭示的东西才是更重要的。从这个角度来讲，伽利略虽然推翻了亚里士多德的具体的科学理论，但是却实现了亚里士多德的科学理想，因为透过现象看本质正是亚里士多德创立的形而上学的核心，所以伽利略才是真正的形而上学主义者。

伽利略是怎么做到的？是用了亚里士多德不允许的方法做的。亚里士多德不允许做实验，而伽利略说只有通过做实验才能够透过这些现象找到背后的规律，所以他是以亚里士多德反对的方式实现了亚里士多德的理想，这是非常有趣的。我们前面讲过，亚里士多德对后代人的影响无与伦比，在历史上没法取代。虽然他犯了很多哲学和科学错误，但是哲学和科学最终的发展还是回到了他的设想，回到了他最根本的理念上面：他认为现象的背后有规律，这是所谓形而上学。这就是为什么形而上学至今仍然是最主要的哲学学派之一。

伽利略的物理直觉和洞察力

伽利略做实验的时候，表现出了非常深刻的物理直觉和洞察力，可以给我们很好的启发。比如伽利略的实验包括抛射物的运动和自由落体的运动，这些实验当时都只能在空气中进行，因为当时伽利略显然没有能力来构造一个真空的环境做实验。所以空气的阻力和扰动很显然会影响实验结果，如果就把这些空气中实验所得到的结果去拟合得到各种各样的公式，很可能发现不了真正的规律。当然他也会改进他的实验，使空气对实验结果的影响尽量变小，但是毕竟影响是存在的。尽管如此，他最后得到的抛射物和自由落体的规律却与没有空气阻力和扰动情况下的规律是一致的。

他通过单摆实验发现了单摆的规律，也就是单摆的周期和振幅、重量都没有关系，只和长度有关。他做实验用的材料显然不是理想的材料，而且是在空气中进行的，所以必然会受到材料的性质、摩擦力、空气阻力等各种影响。但是他竟然得到了用理想材料而且没有空气阻力和扰动情况下的单摆的规律。

伽利略的实验中有各种干扰因素，但是他通过实验和计算最后得到的结论竟然都和这些干扰因素没有关系，他能够忽略细节和容忍实验的不精确，从而直接理解了那些看起来复杂的现象背后的本质，这就是我们常常讲的物理直觉和洞察力，可以说伽利略在这个方面达到了最高的境界。

我们今天回头看伽利略取得的结果，居然基本上没有错误，包括他的惯性定律和被牛顿归纳的牛顿第二定律，基本上没有错误。可能唯一有一点错误的，就是他对于惯性的本质认识得不够清楚，因为他认识到地球是个球形，所以他认为惯性运动必须是在球面上的运动。从这一点可以看出来，伽利略还没有脱离柏拉图的作业，还是认为最自然的运动是圆形的运动，所以他认为在圆周运动上面的运动是惯性运动，他还是没有突破柏拉图的理念。

伽利略推翻了亚里士多德的三个标准理论

在这里回顾一下伽利略的三个假想实验。一个假想实验就是他论证了亚里士多德的物体越重下落速度越快的逻辑矛盾，我们前面详细讲过，在这里仅仅简要回顾一下。他说，假设把两个物体捆在一起，按照亚里士多德的学说更重了，应该落得更快。但是其中一个比另外一个轻，那么轻的应该落得慢，应该拉着重的，两个并在一起应该落得慢一些，那么，到底是更快还是更慢？既然不可能更快，也不可能更慢，只好速度不变，所以伽利略就得到了下落速度和物体的重量没有关系的结论，于是推翻了亚里士多德的结论。这就是广义相对论所依赖的等效原理的一种表述。

第二个假想实验是向上抛出物体。亚里士多德说，向上抛出物体很显然会落下来砸中自己，说明地球没有运动。但是伽利略说，如果在匀速运动的船上向上抛出物体，很显然物体落下来仍然会砸中自己，说明亚里士多德对地球没有运动的论证是错误的，因此运动是相对的，我们无法识别绝对运动，这就是狭义相对论所依赖的相对性原理。

第三个假想实验是斜坡上物体的运动。亚里士多德说力是物体运动的原因。伽利略说，假设有一个斜坡，一开始很陡，当上面的球受重力作用开始向下滚动，然后逐渐把斜坡变缓，最后斜坡完全水平，球在运动方向上就不受任何力了，但是球还在跑，不受力的物体会沿着原来的运动方向一直运动下去，这就是惯性定律，也就是牛顿第一定律。力不是物体运动的原因，但是力是改变物体运动的原因，这就是牛顿第二定律。

所以亚里士多德统治了科学界2 000多年的三个标准理论模型，被伽利略的三个假想实验给推翻了，这真是不得了！所以我们可以看到伽利略不仅仅是实验家，他逻辑思维的严密性也非常厉害，在他之后只有爱因斯坦又把假想实验的威力发挥到了登峰造极的地步，难怪爱因斯坦对伽利略的评价远高于科学史上的其他人！

牛顿对科学方法的贡献

从伽利略出发，我们再看看牛顿以及牛顿的理论对科学方法的贡献。前面讲了牛顿在那本书《自然哲学的数学原理》里面，用的就是希腊几何的公理化方法，因为当时普遍接受的逻辑思维方法就是建立公理，然后进行推导。所以牛顿就用这种方法，推导出来了开普勒三定律，这样就彻底消除了学术界对开普勒定律和日心说的怀疑。

从这里我们就认识到了科学理论具有演绎能力的重要性，如果一个科学理论不能用来做推导就不能用来计算，那就没有什么用，不是合格的科学理论，这就是科学方法里面的逻辑化和定量化，因为演绎就是"逻辑+定量"，并不是只有逻辑的论证而已。

更加重要的是，它是从更基本和更深刻的原理出发，演绎推导得到或者解释已有的经验规律或者科学规律，而这种范式就成为当今科学研究的最高追求，所以我们总是希望找到更基本、更深刻的科学理论其实是源于牛顿的做法。

在历史上，是海王星的发现使牛顿的理论成为普遍被接受的理论，这也确立了科学方法必须实证化。

逻辑化、定量化和实证化，是今天我们判断一个理论和学说是否属于科学的关键，这是牛顿本人以及牛顿的理论对科学方法做出的系统的贡献。

关于是否有科学革命

到底有没有科学革命？其实这个问题在历史上有不同的看法。赫伯特·巴特菲尔德（Herbert Butterfield）提出了一种所谓 The Whig Interpretation of History，就是"历史的辉格解释"，也就是历史学家根据过去对今人的文明实践的影响，就是过去的人所做的工作对今天的影响，来评判这个人在历史上的贡献。他反对这么做，他的意思是说，我们对历史人物的评价应该根据他对当时的贡献和影响，即便是他对当时的贡献没有传到今天，我们仍然要承认他的地位。比如说前面讲了墨子，他的工作对后代至少对今天确实没有产生影响，但是从历史上来看，我们仍然可以说他是伟大的人物，并不能因为他对后世没有产生太多的影响就否定他。赫伯特·巴特菲尔德强调对于历史事件要从历史人物对当时的贡献来评判。

但是对于科学史,巴特菲尔德和温伯格都认为必须采取辉格的解释,就是要看过去的那些事情对今天的影响,因为整个科学是一脉相承的。所以对于墨子,从他本人来讲作为一个历史人物的确是很了不起的,但是他对于今天的科学确实没有贡献,因为他的成就和思想最后都失传了。中国古代的很多其他和科学有关的历史人物大致也是如此,虽然中国历史上产生了科学成就和科学思想,但是这些对今天的科学没有贡献,所以我们说中国古代对今天的科学没有重要贡献,科学不是起源于中国。巴特菲尔德和温伯格都说要采取这个方式来看待科学史,实际上爱因斯坦和杨振宁也是这种看法。

比如前面讲了爱因斯坦对伽利略的评价极高,但是其实在他以前世界很多地方也有人做过实验,那些人也是同等重要吗?不是!那些人的实验对后代的科学发展没有产生影响,所以爱因斯坦并不认为他们对于科学史是很重要的。所以对到底有没有科学革命就需要在这个角度上理解,伽利略和牛顿他们的工作确实对后世的科学产生了深远的影响,今天的科学就是建立在他们的基础之上,在哥白尼、伽利略和牛顿之后科学发生了质的变化,这就是科学革命的体现,所以温伯格认为有科学革命。

而从我们东方人这个角度来讲,也正是在这个时期,西方开始全面超越东方,而在这之前东方是长期领先的。即使在希腊化时期,西方的科学和技术已经非常先进了,我们东方这边其实并不落后。中国只是近代才开始落后,而落后的原因也正是由于西方有了科学革命,科学革命带动了技术革命,技术革命产生了工业革命,工业革命彻底改变了战争的方式和中西方力量的对比,使中国开始落后,甚至几乎亡国。所以从这个角度来讲,我们也看到确实是发生了科学革命。

科学革命到底革了谁的命？

那么科学革命到底革了谁的命？这个值得讲一下。

简单地说，一是革了托勒密等地心说学派的命。这导致了人类宇宙观的第一次飞跃，建立了日心说。

二是革了亚里士多德的命。从科学方法的角度上来看，它是科学方法的第二次飞跃，从纯粹的观察自然到了系统的科学实验，而且认识到了天上和地上的现象被同样物理规律支配，万有引力其实背后讲的就是宇宙当中的所有东西受同样的规律支配。在亚里士多德的时候显然认为天上的事情跟地上的事情是不一样的，它们遵循不同的规律。而且亚里士多德物理学被全面推翻，伽利略把亚里士多德的三个重要的物理学理论给推翻了，到牛顿就建立了人类历史上第一个系统的自然科学理论，所以是革了亚里士多德的命。

三是革了宗教和哲学的命。自从科学革命之后，宗教、哲学就和物理学彻底分道扬镳了。哲学跟宗教老早就分开了，在这之前或许物理学和哲学还有一些关系，整体上科学跟哲学在那个时候还有很多联系，但是科学革命之后科学和这些就基本上没有任何关系了。

四是从科学的角度来讲革了数学的命。在这个时候物理和数学明确分离了，物理揭示原理，数学提供语言。

所以我们可以看到这确实是个科学革命。无论是科学本身还是人类认识世界的方法等都有了根本的变化，并不是说科学终结了宗教、哲学和数学，而是和这些有了明确的分离，科学从此走上了自己的道路，并且对现代文明产生了深远的影响，这是"革命"的真正意义。

哲学家开始指导科学研究？

但是在这段时间之后，就出现过哲学家开始指导科学研究的有趣现象。因为科学和哲学已经分开了，哲学家的工作已经不是科学研究了，那哲学家干什么？既然哲学家不做科学研究，哲学家就开始指导科学研究。也许其中的一个原因就是，在16世纪末，亚里士多德的科学理论及其研究方法都受到了严峻的挑战，所以亚里士多德的哲学也开始受到挑战，因为亚里士多德的哲学和科学之间有密切的关系，而伽利略并没有提出新的哲学，所以哲学家就开始总结和提出科学方法了，想看看到底是怎么回事，使哲学的鼻祖亚里士多德的科学理论出现了问题，于是就有了"科学哲学"这个学科。有两个最著名的科学哲学家——培根和笛卡儿，今天被认为是科学哲学的先驱。后世哲学家们对他们二人高度推崇，认为他们指导了科学革命的发生，对科学革命起到了非常关键的作用。

培根最重要的著作叫作《新工具》或者《解释自然的真正方向》，这个题目非常大。他在这本书里面强调的是极端经验主义和实用主义，他不仅否定亚里士多德，也不接纳托勒密和哥白尼，他认为科学发现应来自对自然不偏不倚的细致观察，而不应从第一原理得出。亚里士多德已经认为有形而上学，而培根全面反对，认为根本没有这个东西存在。培根完全是极端经验主义，认为一切只有经验，并没有所谓背后的深刻的道理，没有所谓的第一原理。他反对一切没有直接实用目的的研究，认为所有这种形而上学、这些规律都没有用。关于他的死因有一个说法：他忠于自己的极端经验主义原则，认为理论都是不可靠的，只有实验的东西才是可靠的。有人告诉他，人冻得狠了是要被冻死的，他说没有实验，不能知道是不是一定会被冻死，于是他就做实验冻自己，最后果然把自己冻死了。所以他是极端实用主义、极端经验主义，最后把自己活生生地给冻死了。另外一个说法是，他在做猪肉冷冻实验的过程中，不幸受冷生病，最后去世了。

另一个受推崇的科学哲学的鼻祖是笛卡儿。他的理论是 1644 年出版的著作《哲学原理》，后来又变成了《正确思维和发展科学真理的方法论》，里面有"我思故我在"的著名论断，这是哲学家们津津乐道的正确的哲学。我不思考，世界就不存在，而且也被牵强附会地认为和量子力学有关系，其实并没有任何关系。笛卡儿否认亚里士多德的目的论，从这里可以看到推翻亚里士多德是后来大家的共同追求，不单科学家要这样，哲学家也要这样。笛卡儿主张上帝存在并且进行了论证，提出了一堆东西，但是并没有说服力，后来的人并不接受他的论证。他认为用纯思维能够推导出确切的基本科学原理。

有趣的是，同样是两个被后世哲学家们推崇的科学哲学的鼻祖，培根就认为没有基本科学原理，所有的东西都要试了才知道，不试不知道。"实践是检验真理的唯一标准"，就和培根的这个理念非常一致，也可以说是培根对后世巨大影响的一个表现。但是笛卡儿却认为，纯思维能够推导出确切的基本科学原理，他承认将基本原理应用于特定系统中可能存在不确定性，而且笛卡儿也认为如果不清楚该系统的所有细节，就要进行实验，这部分是和培根一致的地方。

温伯格认为笛卡儿的这一堆思想互相矛盾，看不出来是一套系统的理论，而培根好歹还是系统的，还是坚持了自己的观念以至于把自己冻死了。但是笛卡儿说了一堆东西，温伯格认为逻辑上并不清楚，而且笛卡儿讨论了行星运动的各种假设，也引用了伽利略关于金星的位相的观测。我们知道这个观测导致了日心说的彻底建立和地心说的破产，但是笛卡儿考察的结果，竟然认为日心说是托勒密的理论带来的，得出了这么奇怪的结论。所以温伯格认为笛卡儿的哲学以及他关于自然和人的意识的科学理论，错误非常多。但是笛卡儿的成就也非常大，数学里的解析几何就是笛卡儿创立的。所以温伯格认为笛卡儿的主要贡献，不是哲学家们所评论的对科学哲学方法的贡献，而是他对数学的贡献。

哲学家对科学革命和科学方法有没有贡献？

既然哲学家们认为哲学家指导了科学革命，那么哲学家对科学革命和科学方法有没有贡献？温伯格认为基本上没有。他说尽管培根被哲学家们认为是实证科学方法的提出者，事实上培根之前就有人开始做科学实验了，比如说达·芬奇是艺术家和科学家，尽管达·芬奇本身对科学的贡献可以忽略不计，没有任何科学原理是因为达·芬奇而建立起来的。事实上也没有任何证据表明有任何一个科学家是受了培根的影响学会了做科学实验。而笛卡儿的科学哲学对科学的发展也没有带来任何正面影响，他对纯思维的过分强调也许还对科学的发展带来了严重的负面影响。温伯格的评论可以说是非常绝对和非常肯定，完全否认哲学家们对科学方法和科学革命有任何正面的贡献。

第三次飞跃：从证实的科学到证伪的科学

第三次飞跃就是进入了现代科学，也就是从证实的科学到证伪的科学，这主要是卡尔·波普的影响。他是一个伟大的科学哲学家，其实真正受科学界推崇并且真正影响了科学研究方法的科学哲学家就只有他这一个，其他的科学哲学家很少受到科学界的重视。但是他在正统的科学哲学界却并不受待见，备受争议。他主张放弃传统的归纳，强调经验证伪的科学方法原则，其中最主要的一个理念就是科学理论永远不能被证明是正确的。所谓正确就是绝对正确，卡尔·波普认为不可能通过证实而穷尽所有的可能性来证明一个科学理论是正确的。但是一个科学理论能够被证伪，也就是说用该科学理论做一些预言，这些预言可以被决定性的实验来检验。比如说某个理论预言说某件事情一定会发生，你做了实验证明发生不了或者发生的和预言相反，这个理论就有问题，甚至会被抛弃了。

我在这里举一个波普主义者的例子。我们前面讲了，2020 年的诺贝尔物理学奖的一半是授予了彭罗斯，颁奖词是"因他发现黑洞形成是广义相对论的一个可靠的预言"，而另外一半是奖励莱因哈特·根策尔（Reinhard Genzel, 1952—　）和安德烈娅·盖兹（Andrea Ghez, 1965—　），因他们发现银河系中心的超大质量致密物体。有趣的是，诺贝尔奖物理学委员会并没有说他们发现的是"黑洞"，只说是"超大质量致密物体"。那么问题就来了，难道银河系中心的那个家伙不是黑洞吗？实际上，无论是学术界还是获奖人，在学术论文里基本上都说银河系中心的那个天体是黑洞，因为各种观测结果都和广义相对论预言的黑洞的性质一致，黑洞就是我们已知的最可靠解释！然而为什么诺贝尔奖物理学委员会没有说他们发现了黑洞？原因就是，诺贝尔奖物理学委员会是波普主义者，他们认为无论我们的结果和广义相对论关于黑洞的理论预言如何符合，我们其实无法证明这个理论就是正确的，因为总是有其他的可能性，无论可能性有多小。然而，如果未来有证据表明银河系中心的那个家伙不是黑洞，也就是如果证伪了黑洞理论（也就是在这个地方证伪了广义相对论），我们就能够有更好的引力理论，广义相对论终于可以发展了，当然意义更大！

再回到证伪。具体来讲，波普说如果出现了某个科学理论的预言和实验结果矛盾，应该怎么办？应该尽量避免做出不自然的修改，使其不容易被证伪。但这是绝大部分做科学研究的人做的事情，就是不断地修改理论模型，修改后使他们的理论最后又和结果能对上了。比如说托勒密的本轮说就是这样，不断地修改轮子的参数去符合新的观测结果。哥白尼就意识到这个问题，他认为这是对地心说的不自然的修改，地心说实际上已经解释不了行星的逆行现象了，你就加个轮子，还解释不了就变成偏心轮，偏心轮还解释不了再加点东西，这就是不自然的修改。正是在这个认识的基础上，哥白尼提出了革命性的日心说。而开普勒变日心说的圆周运动为椭圆运动，这也是一个修改，但是这个修改是对日心说的自然的修改，并没有推翻这个理论，只是在日心说理论框架之下做了修改完善。

那么我们修改一个理论的时候，什么时候是自然的修改，什么时候是不自然的修改？其实对当事人来说在当下是很难判断的，这体现的是修改者的科学直觉和科学洞察力（或者科学审美的判断力），也要靠一点运气，最终只能由历史来评判。

科学理论的实证原则

我把波普的证伪的原则和我们科学界通常所用的证实的原则结合起来，叫作科学理论的实证原则。这里面包括两部分，一个是可证实，就是做出可以被实验或者观测检验的预言，每个科学理论都要做这种预言，前面讲过牛顿的理论预言了海王星的存在，广义相对论也预言了很多，这些都是可以被观测证实的，这是我们对于理论的一般的要求。但是更重要的一个要求，尤其是在波普的科学哲学学说里面，就是必须有判决性的预言，就是可证伪。如果说这个理论做不出这种预言来，只能解释已有的现象，那就不行，那就不是一个科学理论。

目前科学界普遍认为可以被证伪的理论才是科学理论。但是，可以被证伪不一定是正确的。地心说是个科学理论，因为它是可以被证伪的，当然最终也确实被证伪了，而且是判决性的证伪。本轮说也是一样，也是一个科学理论，尽管最终也被证伪了，说明不是一个正确的科学理论。而有些理论可以解释所有的已知现象，也可以不断修改去解释新的现象，但是不能被证伪，永远没法证明它是错误的，甚至永远都不可能找到它的毛病（不适用的地方）。玄学就是这一类的东西，永远能够解释所有的东西，但是永远没法证明它是错误的，永远不可能找到毛病，所以这种理论就不是科学理论。

最后引用几个科学家泡利、费米、埃丁顿讲过的话，他们的说法可能不完全一样，但是表达的意思差不多：没法被证伪的理论，"it's not even wrong"。也就是说，它连错误的科学理论都不是，它根本就不是科学理论。

下面举两个例子，第一个是我自己的例子。有一次我参加在德国的一个国际会议，我是这个会议上唯一来自中国的特邀报告人。我到了会场之后，在会议海报上找到了我的名字，是在最下面，因为按字母排列的，Z 在最下面（图 2-1）。我立刻注意到我的单位写的是 University of Beijing，我就问会议主席，说你怎么把我的单位写成这个了？他解释说你是中国来的唯一特邀报告人，中国最好的学者肯定在北京，北京最好的大学肯定是北京大学，北京大学写成英文是 University of Beijing！有没有道理？很有道理，很合理，对不对？但是不正确，因为被证伪了，所以这是很好的一个理论，但是可以被证伪。第一，北大的英文是 Peking University，这是他们完全没有预料到的。我跟他说这个大学的确很好，但是叫 Peking University。他说想起来了，说我听说过 Peking duck，但是他完全没有预料到北京大学的英文并不是他想象的那样。第二，我来自中国科学院高能物理研究所，也不是来自这个 Peking University。所以合理的、有道理的不一定是正确的。

第二个例子是白羊理论,这个是做科学哲学的人特别喜欢用的一个例子,由于这个例子有点抽象,所以我先用了前面 University of Beijing 的例子。白羊理论模型说羊是白色的,我们看看可以做出什么样的理论预言,以及可以做出什么样的验证。

首先是可证实的预言,也就是有白羊。那就做实验,如果找到了白羊,就算是证实了理论的预言。但是找到了白羊不能说明所有的羊都是白的,比如我在中国科学院大学的院子里面找到了白羊,难道说明所有的羊都是白的吗?即使在中国科学院大学的院子里没找到白羊,还可以继续找,说不定在 Peking University 校园里面有。所以针对这个预言,无论找到还是找不到白羊都不能说明这个理论是对的。这一类的预言言就属于可证实的预言,不是属于可证伪的预言。

但是对这个理论可以做另外一个预言:没有其他颜色的羊。我们看看有什么可能的实验结果。第一个实验结果是找了,但是没有找其他颜色的羊,在中国科学院大学的院子里找了,在 Peking University 也找到了,都确实是白羊,那还可以继续找,还可以到 Tsinghua University

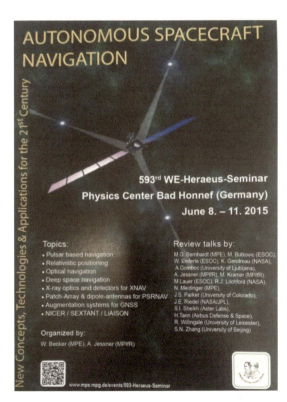

▲图2-1 会议海报

的院子里去找。所以这个结果并没有证伪这个理论。第二个实验结果是找到了一只黑羊。所以第一个结果能够对白羊理论做出一些限制，但是第二个结果就推翻了白羊理论，说明这个预言是一个更好的预言，是可证伪的预言。所以通过这个例子就可以看出来证伪的重要性。

证伪的重要性

从历史上来看，伽利略对金星盈亏的观测证伪了地心说，而水星近日点的反常进动并不是证伪了牛顿理论，而是证伪了牛顿理论的普适性，说明在某一个范围之内，牛顿理论可以用，过了这个范围就不行了。目前我自己的科学研究就是试图证伪狭义相对论和广义相对论，我们至今还没有发现违反狭义相对论和广义相对论的预言的观测或实验证据，可以说几乎所有的预言都没有违反，就连最具挑战性的引力波预言，也已经被观测证实了。但是狭义相对论和广义相对论还可以做出很多其他的尚未被证实的预言，所以还可以继续找证据。当然并不是说找到了就可以把相对论推翻，其实相对论已经不可能被推翻了，因为已经有这么多预言都被证实了。我们的目的是找到相对论理论的适用范围，然后发展出适用范围更广的新理论。事实上，现代科学已经很少发生完全粗暴地推翻现有理论的情况了，主要是找到已有理论的边界，也就是它的适用范围，然后再发展出适用范围更广的新理论。

今天我们面临的有一个重大的科学问题，很可能和广义相对论有关系，就是暗物质和暗能量问题，今天我们仍然不理解，到底是违反了粒子物理学理论，还是违反了广义相对论理论？根据广义相对论理论来拟合天文的观测，发现应该有暗物质和暗能量，但是粒子物理学理论说没有或者至少事先没有预言暗物质和暗能量，所以这是一个很大的问题，未来的研究也许会找到粒子物理或者广义相对论理论的边界，在理解暗物质和暗能量问题的同时，进一步发展我们的物理学理论。

假想实验和纯粹思辨的区别是什么？

最后一个问题就是关于纯粹的思辨和思想实验、假想实验的关系。前面讲了柏拉图认为纯粹的思辨（也就哲学），而且也只能通过纯粹的思辨才能认识自然，这是柏拉图的最基本的理念。但是爱因斯坦说过纯粹的思辨，不能带来任何新的规律和知识。温伯格也有过类似的说法，只依靠纯粹的思辨是不行的。

但是我又特别强调了伽利略以及爱因斯坦的假想实验，那么假想实验难道不是纯粹的思辨吗？之所以说是假想实验，就是因为他们并没有真的做实验，而是用了严密的逻辑推理。结果不但伽利略的假想实验推翻了统治科学界 2 000 多年的亚里士多德的三个重要理论，而且爱因斯坦的三个假想实验更是把假想实验用到了登峰造极的程度。

在前面讲广义相对论建立的时候，讲了爱因斯坦的自由落体的电梯假想实验。实际上他还有和光并跑这个假想实验，这使爱因斯坦产生了狭义相对论的基本思想。量子纠缠也是爱因斯坦的假想实验所推出来的东西，今天也被实验证实了，所以假想实验显然很重要。

因此我留这个问题让大家思考：假想实验和纯粹思辨的区别是什么？

第三节
什么是科学？

本节大部分内容都摘自本人于 2012 年发表在《中国国家天文》杂志上的文章《天文学与现代自然科学》。

普京的两个问题带来的启示

在讲"什么是科学"之前，先讲一个真实的故事。我们知道普京当了一段时间总统，然后因为任期的限制只好当总理，当完总理回来又当了总统。当时俄罗斯和德国在联合开展一个暗能量研究的空间 X 射线天文项目，实际上是用 X 射线观测来研究暗能量，作为俄罗斯总理的普京听取了关于这个项目的汇报。当时在场的一个德国科学家告诉我，普京听了之后非常感兴趣，他说这项目挺好的，我老早就听说了暗能量，非常感兴趣，但是我有两个问题一直很困惑：暗能量有没有用？暗能量危险不危险？他用俄语问了这个问题之后，在场的俄罗斯科学家不知道怎么回答，他们就一心一意研究暗能量，从来没想过这样的问题。场面就有点尴尬了。

这个德国科学家就问俄罗斯科学家，总理问了什么难的问题你们回答不了？因为一般情况下政治家问的问题科学家回答起来应该很轻松，但是这次俄罗斯科学家们回答不了。俄罗斯科学家就用英文重复了这两个问题，说我们的项目建议书里边好像也没有回答这样的问题，因为我们团队从来没有讨论过，所以不知道怎么回答，怕答错了总理不满意。这个德国科学家马上回答说，总理先生，您这两个问题太深刻太难了，我只能回答"不知道"！因为我们真的不知道暗能量有没有用，不知道暗能量危险不危险。但是100年前如果当时的政治家问爱因斯坦这样的问题：相对论有没有用？相对论危险不危险？爱因斯坦也只能回答"不知道"，因为当时的确没人知道相对论到底能用来干啥，就是爱因斯坦本人也不知道。

100年前当爱因斯坦研究相对论的时候，相对论和人类的生活，和当时的技术，和任何想到、用到的东西的确都没有任何关系，根本无法想象相对论有什么用，顶多用在科幻里面忽悠人。但是100年之后，我们知道相对论既有用也危险，有用是因为我们现在的核电站正是基于相对论的质能公式 $E=mc^2$ 才建造出来，才能够发电，所以非常有用。各种粒子加速器包括正负电子对撞机都是依据相对论的原理建造的。现在到医院去做各种检查，都要用到加速器，这是很常见的医疗设备，这也都是相对论的应用。所以相对论非常有用。他同时告诉普京总理，俄罗斯现在也要建卫星导航系统，那么要用卫星导航，不但要修正狭义相对论效应，而且也要修正广义相对论效应，因为在地面上的引力比卫星上稍微强一点，所以地面上的钟走得会慢一点，卫星上的钟要走得快一点。虽然这个差别很小，但是如果你不知道这个效应，你就认为这两个钟是同步的，那会导致一天下来钟的不同步导致的导航误差就是10千米，这就已经很可观了，如果永远都不修正，那么过一段时间你就连地球都找不着了，所以相对论非常有用。

但是相对论也很危险，总理先生您手上就有俄罗斯的核武器的按钮，您一按人类世界就会毁灭，而核武器也是依据相对论的原理造出来的，所以相对论很危险。

因此100年前完全不知道有用没用、危险不危险的科学，今天可以又有用又危险。我们今天当然不知道暗能量有没有用、是不是危险。所有最前沿的科学问题的研究都是这样，我们做研究的时候不知道是不是有用、会不会危险，以后它会给人类带来什么，做研究的时候真的没有人知道。

这给我们带来一个什么启示呢？科学家在研究科学的时候可以只关心科学问题，而科学和技术不是一回事。技术是科学原理的应用，科学研究本身的目的就是发现规律。所以科学家和科学研究本身可以只关心科学规律，而不是关心它是否有用，是否危险。作为科学共同体，这是一个基本原则，因为这就是科学本身的属性。当然科学家个人或者资助科学研究的机构或者私人财团，可以选择他们认为有用或者危险的科学进行研究。在研究的时候目的和应用就比较清楚的一般都是比较不重要的科学，不是特别深刻的科学，不是特别基础的科学，是比较短见的科学。这就告诉我们科学的真正目的是发现科学规律，不是用科学规律干什么事情，干什么事情是技术的事情，技术就是科学的应用。这是科学和技术的本质区别。

从天文学到现代自然科学

我们从科学方法的这个角度再简要地梳理一下从天文学到现代科学发展的过程。我们前面已经讲过了从托勒密的本轮说到哥白尼的日心说，从开普勒三定律到伽利略发明天文望远镜，尤其是强调了伽利略所建立的科学方法非常重要。然后牛顿建立了经典物理学，爱因斯坦建立了现代科学的一部分，也就是相对论这一部分。前面也讲了狭义相对论和量子力学共同作为现代物理学的两大支柱性理论，所以相对论这一部分是很重要的。

从地心学到日心说

我们前面沿着这个脉络讲了近代科学史。在从地心说到日心说的转变过程当中，对行星的逆行的观测起了非常重要的作用。在亚里士多德时代的地心说，也就是旧的地心说中，所有的天体都绕着地球做圆周运动，这是柏拉图的作业题，但是行星的逆行运动就挑战了当时的宇宙观。这迫使托勒密在地心说的前提下，给每个天体加了一个轮子，轮子使天体在绕着地球做圆周运动的时候仍然是做完美的圆周运动。只不过在托勒密的模型里面是两个圆周运动，同时绕着地球的运动和绕着自己轮子的运动，所以仍然是在做柏拉图的作业题。

已经有了一个模型，但是这个模型和新的观测事实不一致了，那么就有两个选择。一个是修改这个模型和观测结果保持一致，这是托勒密做的。另一个是推翻这个模型，建立新的模型解释新的（和以前的）数据，这是哥白尼做的。这两种做法原则上都是可以的，前提就是旧的模型和新的观测结果、新的实验事实对不上了，所以要去修改。哥白尼的修改是直接就把太阳放到太阳系的中心去了，但是根据当时的情况并不能够区分哪个模型更好，两个模型都有一些问题，对数据的拟合都不能完全对得上，而且托勒密的模型由于参数多了很多，实际上和数据符合得还更好一些，所以哥白尼并没有能够说服学术界和社会接受日心说。

从日心说到开普勒定律

开普勒是相信日心说的，他注意到了哥白尼的日心说和观测结果符合得不好的原因，正在于哥白尼仍然坚持做柏拉图的家庭作业，也就是继续要求天体做圆周运动。开普勒定律完全抛弃了托勒密的地心说，在哥白尼的日心说的基础上把天体的圆周运动改成了椭圆运动,这样有了开普勒三定律。

开普勒三定律对太阳系内行星运动的描述就比哥白尼的日心说和托勒密的地心说加本轮说都要精确,但是当时仍然有很多人不相信。由于当时观测的限制,实际上即使用开普勒定律,也不能精确描述天体的运动,因为每个行星的运动不仅受到太阳引力的作用,还受到其他行星的扰动,所以开普勒定律也只是近似的描述,尽管这个描述比以前的模型都好。

在这种情况之下,很多人仍然不相信日心说,说日心说仅仅是玩数学而已。为什么是丑陋的椭圆运动而不是和谐的圆周运动?这明显违反了柏拉图的家庭作业的基本原则,所以很多人还是不相信的。今天我们会觉得这很奇怪,开普勒和哥白尼的模型显然比以前托勒密的模型好得多,为什么不相信呢?所以一个新理论要取代旧理论是不容易的。

伽利略给了地心说最后一击

前面讲了伽利略发明了天文望远镜,然后对太阳系内的行星做了精确的观测,最后就无可置疑地推翻了地心说,证明了日心说的正确性。首先,伽利略发现了木星有卫星,证明了至少太阳系内有天体肯定不是在绕着地球运动的。以前认为月亮绕地球运动,太阳绕地球运动,所有天体都绕地球运动,但是伽利略发现木星的卫星就不可能绕地球运动,它们就是绕着木星运动,那么所有的天体都必须绕着地球运动的基本原则就被推翻了。

伽利略还发现了金星的盈亏和月亮的盈亏很类似,如果要同时解释这两件事情,只有在日心说的框架里面才能够做到。前面讲过,在地心说的框架里面虽然有"满"月,但是无法有"满"金,只有金星绕着太阳转,地球也绕着太阳转,在某种位置处,也就是金星在太阳的另外一面,就可以看到金星面对地球的整个半球都在反射太阳的光,在其他情况下在地球上都不可能看到"满"金。所以金星必须和地球一样绕着太阳运动。

牛顿发现了天体运动的科学规律

即使通过哥白尼、开普勒和伽利略的努力,日心说被建立起来了,但是哥白尼、开普勒和伽利略他们都不理解为什么太阳系内的天体都必须绕着太阳运动。换句话说,他们只是建立了一个现象学的模型,他们得到的仍然是经验规律,这个模型、这个规律听着有道理,看来也是对的,但是为什么?他们不知道!换句话说,他们仍然没有找到太阳系内天体运动的现象背后的科学规律。

我们学物理的时候,尤其是学理论物理的时候,有些所谓第一原理的理论,比如说直接从这个基本物理方程出发去推导,从相对论、从量子力学方程等去推导,建立的理论就是第一原理的理论。但是在很多情况下都推不出来,算不出来,那怎么办?那就建立一些现象学的模型来描述观测或者实验现象。一旦现象学的模型建立得足够好了,我们就认为这个现象学的模型背后一定有更深刻的物理规律,我们就去找这个规律。很多物理规律实际上就是这样找到的,所以现象学的模型在科学研究中也非常重要。前面讲的哥白尼、开普勒和伽利略,都是在现象学的模型的框架之下研究了太阳系内天体的运动,建立了日心说这个现象学模型。

到了牛顿,天体运动的研究才算是真正发现了科学规律,所以前面讲过牛顿的力学理论和万有引力定律是人类历史上第一个系统的自然科学理论。开普勒第一定律在这个框架之下就得到解释了,也就是行星和太阳之间必须有引力作用,只要引力随着距离的平方成反比,就能够推出来椭圆轨道,而且也还能推出来双曲线的轨道,等等。所以椭圆轨道只是一种特殊的情况，但是其他情况也都可能发生，而且确实后来也观测到，比如有些彗星的轨道就不是椭圆轨道，是开放的双曲线轨道。

开普勒第二定律在牛顿力学理论里也可以得到解释。实际上是牛顿第三定律就是动量守恒的表现，利用动量守恒就可以直接推出来开普勒第二定律，也就是单位时间内扫过的椭圆轨道的面积是个常数。开普勒第三定律在牛顿的理论里也可以得到解释，用牛顿第二定律加上万有引力定律就可以得到开普勒第三定律的半长轴和周期之间的关系。

所以我们看到开普勒猜（之所以说"猜"，是因为直接拟合开普勒的老师第谷得到的观测数据很难得到开普勒三定律）出来的经验规律，被牛顿从更深层次的科学理论和科学规律出发得到了完美的解释。所以牛顿的理论解释了已有的数据，理解了已有的经验规律，而且准确预言了新的现象，也就是海王星的发现。这就是为什么牛顿在科学史上有这么高的地位。

相对真理、绝对真理和终极真理

我们说牛顿的力学理论和引力理论是正确的、是真理，但是"正确"和"真理"并不表明就是"绝对正确"。真理有相对真理，有绝对真理，有终极真理，这些都是不同的。简单来讲，相对真理就是在它的适用范围之内是正确的，绝对真理就是在任何时候都是正确的，而终极真理则可以推导出所有其他的绝对真理。

那么牛顿的力学理论和引力理论这个时候肯定是真理了，但是属于相对真理、绝对真理，还是终极真理？今天我们知道它是个相对真理，因为它有一定的适用范围，这是爱因斯坦发现的，因此爱因斯坦就提出了相对论理论。

所以牛顿的力学理论和引力理论既不是绝对真理也不是终极真理。因为它并不能用于所有的情况，在有些情况下会失效，所以不是绝对真理；而且从牛顿的理论出发也得不到很多其他科学理论，比如关于电磁作用和量子作用的物理理论，所以牛顿的理论距离终极真理还非常远。那么有没有绝对真理？既然还没有失效的真理就是绝对真理，那么相对论和量子力学理论似乎就是绝对真理，因为目前还没有发现在任何情况下相对论和量子力学理论失效。有没有终极真理呢？有些学者认为有，有些认为没有，但是至少目前并没有找到终极科学真理。

爱因斯坦发现牛顿理论里面有两个问题

爱因斯坦发现牛顿的理论里面有两个问题。一个是理论问题，万有引力公式还有他的其他力学理论里面，力的传递不需要时间，两个物体作用时，力的传递是瞬时的。比如一个天体，只要稍微有一点改变，宇宙中所有的天体都会瞬时感受到它的引力的变化。又比如我在教室里面一挥手，宇宙当中所有的天体也都要立刻举手响应。所以爱因斯坦说这显然不合理，至少是违反了他的狭义相对论里面信息传递的最高速度不能超过光速这个基本原理。所以爱因斯坦认为牛顿没有搞对引力的本质，就想搞清楚引力的本质到底是什么。

爱因斯坦发现的另外一个问题就是水星近日点的反常进动问题，这个在科学史上很有名，大家都知道单靠牛顿理论解释不了这个问题。很多人于是就牵强附会地在牛顿的理论之外加一些东西，比如说假设天体还带电，太阳系内不同的天体带不同的电，它们的活动互相影响等，试图去凑出来观测到的结果。但是爱因斯坦特别讨厌这种东西，特别讨厌把一个理论搞得非常的肮脏。他说从根上来讲，就该把牛顿的理论抛弃掉，就是说在应用到宇宙的这个尺度、这样的引力场的情况的时候，不能再用牛顿的理论了,也就是爱因斯坦认为牛顿引力理论有个适用范围,水星近日点的反常进动这个问题就已经到了牛顿理论适用范围的外面了。所以爱因斯坦就问:牛顿的引力理论适用的范围可以到哪里?什么时候它是成功的?什么时候它就失败了?

爱因斯坦建立了广义相对论理论

于是爱因斯坦就建立了广义相对论,令人满意而且特别简洁地回答了上面的问题。爱因斯坦建立广义相对论的思想并不复杂,这就是所谓爱因斯坦的电梯假想实验,也称为思想实验。前面讲过爱因斯坦把伽利略发明的假想实验应用到了登峰造极的程度,得出结论:自由落体和自由空间是一回事,落地之后引力和加速度是一回事,这样就得到了等效原理,也就是引力质量和惯性质量相等。有了等效原理就可以建立广义相对论了,所以从假想实验的角度来讲,广义相对论的建立是理性思维的辉煌。

一个科学理论不能仅仅是建立在思想实验或者纯粹思辨的基础上,还得有别的东西,至少还要有数学在里面,因为数学是科学的语言,这对于我们总结什么是科学是非常有帮助的。既然爱因斯坦说了引力质量等于惯性质量,那么就可以把自由落体的参照系等同于局部惯性参照系。因为自由落体在一个小范围之内,实际上是感受不到引力的,但是大的范围内还是会感受到引力,因为在整个自由落体电梯里面不同的地方加速度还是稍微不一样的。在这种情况下,他在1905年发表的狭义相对论就可以应用了,但只不过用的时候要注意到自由落体的参照系毕竟是一个加速运动的参照系,所以你看到的是一个扭曲的世界,因此需要用描述弯曲时空的数学理论,比如说黎曼几何,运用黎曼几何爱因斯坦就把引力场方程给写出来了,这就是广义相对论。所以这又可以说是物理思想和数学工具结合的典范。

证伪的重要性

我们可以看到,从找到牛顿理论失效的地方出发,爱因斯坦建立了广义相对论理论,这种方法在做科学研究的时候非常重要。如果找不到原有科学理论失效的地方,就很难建立新的科学理论。我们千方百计地寻找已有科学理论的问题,挑这些理论的毛病,原因就在这里。找已有理论的毛病,就是找到这个理论失效的地方,这就是证伪,也就是举反例。一个理论被找到毛病了,就是被证伪了,但是这并不是说这个理论全部都不对,而是说找到了它失效的地方,也就是它的适用范围。一旦找到了它失效的地方,找到了它的有效性的边缘,就知道了怎么突破这个理论,怎么找到新的理论了。

爱因斯坦就是找到了牛顿理论的两个很大的毛病,一个是瞬时的作用不合理,所以引力理论必须和狭义相对论一致,因为狭义相对论里面没有瞬时作用,所有的信息的传递不能超过光速。然后是牛顿的理论不能解释水星近日点的反常进动,爱因斯坦建立了他的广义相对论场方程之后,做的第一件事就是计算水星近日点的反常进动,他发现广义相对论的计算结果和观测结果完全一致,表明广义相对论的适用范围比牛顿的理论更加广泛。

广义相对论的进步

爱因斯坦的广义相对论理论比牛顿的万有引力理论进步在什么地方?理论上的进步是认识到了引力的本质是质量导致时空弯曲,这是思想上的一个重大进步。然后通过定量的计算,就可以得到弯曲的时空决定了一切物质的运动,包括光线的弯曲,所以定量计算是非常重要的,也是必要的,并不仅仅是说谁的理念或者思想更先进。观测上的进步就是，虽然在引力场很弱的情况下，这两个理论是等效的（这其实是爱因斯坦对广义相对论的要求，因为大量的证据表明在弱引力场的情况下牛顿的引力理论能够给出正确的结果），但是广义相对论则和所有已知实验或者观测结果一致，即使是在牛顿的引力理论失效的情况下，广义相对论仍然给出了正确的结果，下面我们举几个例子。

水星近日点就是它离太阳最近的那一点，这一点存在进动，也就是它每转一圈，近日点的位置都要变一点。根据牛顿理论也可以对这种运动做出计算，得到每世纪进动 5 557.62 角秒，但是观测到的是每世纪进动 5 600.73 角秒，两者相差每世纪 43 角秒。前面讲了，当时提出来了很多稀奇古怪的理论来解释这个现象，也包括一个比较合理的理论，就是还有一个不知道的天体在水星附近。因为海王星差不多就是这么找到的，大家很自然就想到，既然水星又出现了问题，我们看看是不是还有一个天体藏在水星附近，但是始终没有找到这个"预言"的天体。爱因斯坦就说，找了这么久都找不到，那就是没有这么一个天体，说明牛顿的理论在这里失效了。爱因斯坦在建立了广义相对论之后立刻就计算了水星近日点的进动，得到了一个非常简单的公式，计算出来恰好就是每世纪 43 角秒，和观测结果在误差范围之内完全一致。

引力偏折的天文观测在科学史上非常重要。为什么爱因斯坦当时那么心急火燎地劝大家做引力偏折的观测呢？爱因斯坦深深地知道，虽然他完美地解释了水星近日点的反常进动，但这是马后炮，本来就已经有了这个观测结果，你弄了一个新的理论去解释了旧的结果，虽然符合这个理论，但是也不能证明这个理论是对的，因为可以造出来很多种不同的理论都能解释同一个已知现象，这种情况在科学研究中非常普遍。

所以科学方法很重要的一条，就是你需要做出一个以前不知道的，但是有可能被实验或者观测验证的预言。所以爱因斯坦就说，我得弄一件大家以前都不知道的事：既然天体使它周围的空间弯曲（地球绕太阳做轨道运动就是这个原因），那么光线在太阳附近也会拐弯。这样，如果在太阳的视线方向附近有个遥远的天体，那这个天体的光线就被偏折了，看起来天体的位置就和太阳不在那个位置的时候不一样了，这个效应非常简单而且原则上可以观测到。然而，正常的情况下太阳的光线太强了，根本看不到那个天体。但是日全食的时候太阳被完全挡住了，那么太阳的方向附近的那些天体就可以被看到，这个时候看它的位置和太阳不在那里的时候（比如夜晚的时候）那个地方的天体位置有多少变化？根据理论计算这两个位置的差应该是 1 角秒，由于当时的天文观测精度是可以观测到 1 角秒的位置变化，所以爱因斯坦就预言这个引力偏折效应可以在日全食的时候观测到。

于是，爱丁顿就在 1919 年日全食的时候做了这个观测，证实了爱因斯坦预言的这个效应。今天我们知道这个计算很容易，但当时由于还没有很好的计算工具，计算起来不是很方便。爱因斯坦为此还专门请了一个人做计算，最后算出来了，然后爱丁顿的观测就发现了引力偏折效应，当时欧洲和美国几乎所有的报纸在头条都报道了这个消息，说广义相对论被证实了，爱因斯坦的声望立刻就上去了，被誉为推翻了牛顿的科学家。因此，做出能够被实验或者观测检验的预言对于一个科学理论是至关重要的。

和量子力学类似，广义相对论理论也是预言能力极强的一个理论，它不仅仅预言了引力偏折效应，也预言了黑洞、宇宙膨胀、引力红移、引力波。这些天体或者现象在广义相对论被提出来之前，连名词都没有，是由于广义相对论理论计算出来了，大家讨论了很久之后，才正式命名了。比如说黑洞这个名词，从 1916 年的时候就有人做了计算预言了应该有这样的天体，但是直到 1967 年才被正式命名，也就是过了好几十年才正式有了一个名字。上面的所有这些预言迄今为止都已经得到了观测和实验的验证，所以这个理论的预言能力强到了这种程度，所有的预言都被验证了，那么我们就没有理由不相信这个理论真的揭示了自然规律，尽管这个理论不一定是绝对真理，更不一定是终极真理。

现代自然科学的研究方法

以前面天文学的研究为例，可以把现代自然科学的研究方法做一个系统的总结。

古希腊人有了一个宇宙观，我们把它叫作已有的模型。这个已有的模型遇到了新的观测现象的挑战，就是行星逆行的挑战，可以说是新的数据和已有模型发生了冲突，那就需要建立新的模型。一般来讲，是建立唯像模型，包括托勒密的模型和哥白尼的模型都是唯像模型，因为这两者其实都不理解天体为什么做这种运动。

既然做出了一个模型，这个模型就可以做进一步的预言，做了预言就可以得到进一步的验证或者修正，或者预言得到了证实，或者有一些偏差就需要去修改模型。比如说在这个过程当中，尤其是托勒密的模型就不断地修改。但是在修改的过程当中，观测的精度也会逐渐提高，又会发现新的矛盾，最终导致了开普勒三定律的产生。矛盾激化到一定程度，就必须产生出新的模型，在这个时候就已经上升到经验规律了，比一般的模型要好得多。

事实上我们今天知道，如果是单个天体绕着太阳运动或者两个天体组成的系统，开普勒三定律是个精确的经验规律（当然是在不考虑相对论效应的情况下，如果考虑广义相对论效应就需要加一些修正）。两体运动可以精确地被开普勒三定律来描述，所以这已经变成了一个数学规律了。但这是数学和物理的区别，这个时候仍然没有变成物理，仍然是数学，因为它没有机制，没有机理，不能回答为什么天体要遵从开普勒三定律，只是说作为一个数学工具来讲，描述得挺好，但不知道是为什么。

真正到了科学规律的是牛顿的万有引力定律，它真的上升为科学规律了，因为它能够回答为什么是这样，所以这是科学规律很重要的一点。我们做科学研究，虽然在这个过程中，我们可以建立数学模型，可以建立唯象模型，但是最终的目的是要找到背后的科学规律。所以从牛顿万有引力定律出发，能够回答为什么有开普勒三定律，但是仍然不能解释引力的本质是什么。

事实上牛顿在他那本书《自然科学的数学原理》里面，说我不试图回答为什么有万有引力定律，就假设有。他说这个问题太难了，回答不了。他不是不想回答这个问题，而是回答不了。当然大家都知道，牛顿最后说是神、是上帝让它有万有引力定律。他确实实在是没招了，他回答不了这个问题，最后说这算是神的，让神来回答这个问题。

所以作为一个科学规律，可以做出预言，这个预言可以得到验证。比如说，新的行星海王星是一个重要的预言，这个预言是得到了验证。但有些预言得不到验证，比如说水星近日点反常进动，从观测做的预言是还有另外一个天体，就没有得到验证。有些预言得到了验证，说明这个预言是符合这个理论的有效范围。有些预言得不到验证，被证伪了，比如说水星近日点反常进动就被证伪了，要解释水星近日点反常进动必须还有另外一个天体，但是没有找到，这就是证伪的意思。

没有找到，被证伪了，不是说明牛顿理论错了，而是说明牛顿理论在应用到这个地方就超出它的有效范围了，这是爱因斯坦认识到的。因此，我们说牛顿理论被证伪了，不是说彻底推翻了牛顿理论，其实牛顿理论在它适用的地方仍然是正确的。

既然被证伪了，找到问题了，那么我们就需要新的科学规律，这就是广义相对论。广义相对论改进了科学规律。它和牛顿引力理论性质上是一样，都是科学规律，只不过是更深刻的科学规律，它能够解释引力的本质就是质量导致的时空弯曲。尽管目前广义相对论理论和几乎所有的观测以及实验都没有根本的矛盾，但是仍然需要继续检验。

有些人就问，广义相对论都找不到错了，你们干吗还做各种各样的实验，还要去验证广义相对论的各种预言？不是预言已经被验证了吗，怎么还验证？我们想在各种条件下来验证，我们希望总有一天会找到广义相对论失效的地方，找不到就一直找，找的过程、不断验证广义相对论预言的过程，就是我们进一步理解广义相对论理论的过程，不断地理解它的适用范围到底有多大。

爱因斯坦就是神，也不能这么神！一个理论，哪儿都能用，永远找不到失效的地方，我们的引力理论就无法前进了，无法找到更深刻的理论了。我不相信这是一个终极的理论，其实我根本就不认为有终极的理论。人毕竟不是神，怎么会能找到终极的理论？既然不可能找到终极的理论，那广义相对论也不是。还有些人问哥德尔的不完备定理和物理学有什么关系？我认为和物理学的关系就是我们永远找不到终极理论。所以我们就拼了命地去验证它，就是花很多钱也去做实验去验证它。今天没有验证成功，就说明我们还没有把广义相对论证伪，总有一天要把它给证伪了。证伪不是说把它给彻底推翻，而是找到它的适用的边界，就有办法从那个地方下手去发展去提出新的理论了。

科学研究的一般方法

理解了天文学研究的例子，我们就可以总结出科学研究的一般方法。

我们通过观测或者实验积累资料，然后做归纳，就会得到经验规律。既然是个规律就写成数学公式了，我们就可以进行演绎，演绎就可以得到模型。模型很重要，但是我刚上大学的时候，甚至于做研究生的时候，每次说到建立模型我就特别糊涂，为什么要建立模型，精确地描述不行吗？为什么还要建立一个简化的模型？但是看来做物理就是干这个事情，我始终不理解。我就问老师，老师就解释了很多，最后我还是不理解。

现在理解了，其实这个道理就是这样：你没有一个模型就没有办法做预言，没有办法做预言就没有办法去验证这个理论。我们做很多的观测和实验，实际上目的就是想去验证它的预言。验证也就是实证，包括证实和证伪。如果它的预言被证实了，说明这个理论在这儿是适用的，挺好的，可以写一篇文章去发表，但是对于改进科学理论用处不大，或者没有用处。如果被证伪了，那就太好了！终于找到它适用的边界了，那就可以改进这个科学理论了。如果改进也不行，那么就需要推翻旧的理论，这是每个科学家都最希望的事情，也就是推翻以前的理论。比如说日心说干脆就推翻了地心说，但是在那之后就很难再推翻什么东西了，爱因斯坦是改进了牛顿的理论，这就是广义相对论，今后可能改进广义相对论再得到别的理论。这就是我们做科学研究建立模型的目的。

所以推翻是最好的，但是即便是推翻不了，我们也可以对这个理论修改，做一些完善的工作。除非像爱因斯坦这样的神一样的人，他弄一个理论，上百年都没法修改。一般的情况下，理论总是能做点修改的，比如粒子物理的模型从提出到今天，已经很不一样了，中间做了很多修改。但是相对论理论从提出到今天，基本上一点修改都没有，后来的学者们只是做了更多的拓展和应用，丰富了相对论理论，这真是绝了！当然也有很多学者提出了和相对论竞争的理论，只是这些理论在解释观测和实验现象以及预言新的现象方面并没有表现得比相对论更好，我觉得主要的原因是我们还没有真的找到相对论理论失效的地方，也就是还没有证伪相对论理论。进入这个领域的学者，都盼望着证伪相对论理论，也就是哪一天找到相对论理论的毛病，这样就能够去修改它了，但是到现在都没找到。

不管怎么样，这个过程一直要进行，仍然要做预言，要做观测和实验，或者是证实了它，或者是推广它。比如说发现海王星的例子就证实了牛顿引力定律在这种情况下是适用的，水星近日点的反常进动就证明它在这里是不适用的，然后你就需要推广它，就产生了广义相对论。这个过程会一直进行下去，科学研究永无止境就是这个意思。因为我们永远找不到终极的科学规律，所以我们永远要做下去，科学家永远不会失业。

当然相信存在终极科学规律的人，现在找不到还可以继续找，一直找不到就一直找，相信它存在就继续找下去，这是一个信念，也是一个信仰。

什么是科学？科学三要素

我们把从天文学发展到建立现代自然科学这个过程简要总结之后，就真的可以回答这个问题了：什么是科学？我曾经以这个问题作为题目在《开讲啦》和《一席》等平台做过演讲，演讲的视频流传非常广，我收到了很多反馈，既有表扬也有批评。多位同事和朋友转给我几位我非常景仰的老前辈科学家对这个演讲的评论，让我深受感动和鼓励。这里我引用其中的两条。何祚庥院士在 2020 年 8 月 10 日和柳怀祖先生的聊天记录中谈道："这位张双南研究员讲的'什么是科学'的讲演,实在讲得不错。需要播放给每一位做过科学研究的人员和正在做科学研究的人员以及未来打算做科学研究的人员,都来听一下。极好!极好。"胡启恒院士于 2020 年 8 月 11 日和柳怀祖先生的聊天记录显示:"我觉得,这样的内容应被纳入高等教育的基本课程。这是进入近代科学的基础。"

简单地讲,科学就是刨根问底。科学永无止境,那不就是要刨根问底吗!展开一点讲就是科学有三个要素:科学的目的、精神和方法(表 2-1)。

表 2-1 科学的三个要素

要素	内容
1. 科学的目的	发现各种规律
2. 科学的精神	质疑、独立、唯一
3. 科学的方法	逻辑化、定量化和实证化

科学的第一个要素是科学的目的,也就是发现规律,发现各种各样的规律,狭义的是指自然规律,更狭义的指的是物理规律,当然物理学家会说这个世界就是物理的世界,没有什么东西最终不是由物理规律决定的。

也有科学家就这么回答过,比如说费米,有人问他什么是物理,他说当然有两个说法,一个是看看自称为物理学家的人在干的事,那就是物理;另外一个说法就是,凡是我们可以把它简化到了物理学家想做的那种东西就是物理。

再稍微复杂一些的东西物理学家不管了,比如说化学,化学问题无非就是分子的各种反应和作用,而分子是由原子组成的,物理学家研究原子以及原子层次以下的东西。原则上,利用物理学家建立的量子力学,可以计算原子之间的相互作用,计算分子是怎么形成的,也可以计算分子在一起干什么，这时候的研究就成了量子化学。原则上，物理规律应该决定了化学规律。

生物学也是一样，生物细胞是由分子组成的，分子是由原子组成的，所以有物理化学，有化学物理，有生物物理，有物理生物，这些学科都可以有。"物理"放前面和放后面有什么区别？就是主要研究后面那个东西，物理化学是用物理原理研究化学，化学物理是要理解化学里面的物理，生物物理是要理解生物里面的物理，而物理生物是要用物理原理理解生物，当然有时候这些研究是交织在一起的，所以物理化学和化学物理常常也不是那么好区分。

事实上，认为底层的规律完全决定上层的规律，只是有些人的一厢情愿，科学规律并没有这么简单。如果这么简单的话，建立了基本粒子的理论，我们就可以完全描述和理解所有的其他事情了，科学就真的只需要物理学，而物理学也就只需要粒子物理学了。简单来讲，这就是物理学家的还原论（reductionism），只要把最深层次的东西搞清楚了，就能够理解更上面的这些层次的事情。换句话说，既然复杂是由简单组成的，搞清楚了简单，就能够理解复杂。

但实际上并不是这样，很多复杂的现象并不能用最简单的东西来解释，因此化学是一门学科，生物也是一门学科，并不能粗暴地说它们都是物理学的应用。就物理学本身来讲，凝聚态物理就并不完全是核物理和原子物理的简单应用，它也有自己的规律。所以我们需要发现各种各样的规律，这就是科学研究的目的。

而且不仅仅有自然规律，不仅仅是实验室里面物质的规律，科学研究的目的也包括发现人的行为的规律、社会行为的规律，所以我们可以有心理学、社会科学等学科，它们的研究目的也都是发现规律。

科学的第二个要素就是科学的精神，我把它用六个字来表达，就是"质疑、独立、唯一"。

"质疑"其实是最基本的科学精神，也就是对于以前的结果、结论，甚至广泛得到证实和接受的理论体系都需要以批判性的眼光进行审视。但是"质疑"并不完全等同于"怀疑"，更不是全面否定。"质疑"实际上是批评地学习和批评地接受，其目的是揭示以前理论的漏洞、缺陷、不完善、没有经过检验或者不能完全适用的地方。比如爱因斯坦对牛顿力学和牛顿引力理论质疑的结果，是发现了牛顿力学和牛顿引力理论只有在低速（相对于光速）和弱引力场（空间扭曲可以忽略）的情况下才是正确的，否则就需要使用狭义相对论和广义相对论。

"独立"有两层含义，一方面指的是科学研究所发现的规律"独立"于研究者以及研究手段和研究方法，另外一方面指的是科学研究者必须具有独立的思想，科学研究工作也是独立进行的，只有独立做出的科学研究成果才有科学价值。当然这并不排斥学术交流和学术合作，因为交流与合作往往是激发研究者个人的创造力的有力途径，创造力是最终产生高度原创性的独立研究成果的根本原因。需要指出的是，现在学术界有一种令人非常担忧的现象，就是"主流"学者有意识或无意识地压制或者扼杀所谓"非主流"学术研究，似乎"主流"研究是重要和高水平的，而"非主流"研究是不重要和低水平的。事实上，有不少从事"主流"研究的学者常常是人云亦云和随大流，和"独立"的科学精神背道而驰，而从事"非主流"研究的学者则是在开展独立研究。回顾科学史，我们很容易发现，现在"主流"的学说或理论以前可能是"非主流"的，科学的发展历程就是"非主流"不断地取代"主流"的历程，而这正是"独立"的科学精神的具体体现。

"唯一"指的是科学规律的唯一性，不用过多地解释。在这里仅仅引用彭桓武学长 2005 年 4 月 15 日在世界物理学纪念大会上的讲话（来源：《科学时报》）：物质世界虽然千变万化，但却十分真诚，"在同样条件下必然出现同样现象"（当然这是指的平均意义上的"同样"，或者误差范围内的"同样"）。我们常常讲的实验结果必须具有可重复性，指的就是"唯一"，不管谁做这个实验，不管在哪里做，不管什么时候做，都应该得到同样的结果。如果重复不了，就说明实验的结果有问题，或者实验的设计有问题，得到的结果不能反映自然规律。由于科学的目的就是揭示科学规律，离开了"唯一"的科学精神，也就无所谓"刨根问底"，科学的目的也就不再存在，当然科学研究也就无法进行，因为科学研究方法基本上就是通过天文学的研究围绕着科学规律的唯一性发展出来的。

既然科学规律既是"独立"的也是"唯一"的，就不存在所谓中国的科学和外国的科学，也不存在所谓东方科学和西方科学。有人说你们讲的广义相对论、量子力学都是西方科学，中国人不要用，我们应该有中国的科学、有东方的科学。这就违反了科学的"独立性"和"唯一性"，科学就是科学，某个科学规律的普适性越大，说明这个科学规律越强大。也有人说，"质疑"和"唯一"是矛盾的，既然我可以质疑，说明科学规律不是唯一的。这是由于不理解质疑的目的是什么，质疑是为了找到已有理论的问题，进一步发展更好的理论。因为有质疑，所以科学才是不断发展的，所以科学的"唯一"是动态的、发展的。

科学的第三个要素就是科学的方法，包括"逻辑化""定量化"和"实证化"。

科学研究显然起源于哲学，通过学术研究获得的博士学位前面往往加上"哲学"而被称为"哲学博士"，就是这个原因，并不是说你真的研究哲学或者懂哲学。而哲学研究所建立的逻辑化正是科学方法的一个关键内容，这里面的逻辑最主要指的是形式逻辑，包括亚里士多德最早提出来的三段论。你如果学哲学的时候，连这种基本的逻辑都没有学过，那只能说你学的是假哲学。古希腊宇宙观"地心说"的建立是以毕达哥拉斯和亚里士多德等哲学家对当时天文观测的经验进行整理归纳和推理演绎之后得到的。同时地心说也被注入了审美和人本主义的哲学思想，认为地球处于宇宙的中心是最美的和最为合理的，这是地心说统治了学术界大约2 000年的主要原因，直到哥白尼突破了这个哲学思想而建立了日心说。

在使用哲学的逻辑化开展科学研究的过程中，定量化是必不可少的。没有定量化，就无法通过归纳建立模型，也无法对模型进行演绎来做出预言，并被进一步的观测或者实验检验。数学的研究所建立的各种计算方法和工具使科学研究和现在一般意义上的哲学研究开始分道扬镳。而科学研究的定量化又使科学研究的成果能够得到实际应用，这是科学和哲学彻底分离的最显著标志。关于现代科学和哲学的关系，一代物理学大师费曼（Richard Feynman，1918—1988）有一句名言："哲学和科学一般没有关系，当发生关系的时候一般都是哲学损害科学。"当然这是费曼对科学史的解读，而恰恰预言了当代社会一再发生的"哲学损害科学"的现象。

实证化则是最需要被强调的科学研究方法。从天文学的研究带来的人类认识宇宙的几次大飞跃都可以看到，每一次重要的进展都是当旧的模型的预言和新的观测结果矛盾，或者旧的模型完全没有预言的观测结果无法再用旧的模型进行解释时。旧的模型可以被新的观测或者实验所推翻或者修改，但是这些旧的模型也都是科学理论，是追求"唯一"正确的科学理论的历程中所必须经过的阶段。我们前面讲过，实证包括证实和证伪，而证伪却是很多人所忽略的，即使是科学家也常常忽视证伪，而现代科学方法的重要进步正是从只做证实到重视证伪。可以被证伪的理论才是科学理论，但是不一定是正确的，或者不一定是在所有的情况下都是正确的。能够解释已知现象，但是不能被证伪的理论不是科学理论，比如玄学等（我相信读者可以很容易地举出很多例子）。不能被证伪的学术理论或者模型甚至连错误的科学理论或者科学模型都算不上。

现在有不少科学研究都忽视了实证化，尤其是忽略了证伪。做模型、建理论、写文章的动机和结论都局限在解释已有的观测数据或者实验结果，而很少甚至完全不考虑模型或者理论能够做出什么预言、这些预言如何被进一步的观测或者实验检验。我本人就曾经犯了这样一个错误。我在一篇文章中建立了脉冲星磁场演化的一个唯象模型，这个模型成功地解释了过去几十年积累的所有有关的脉冲星的观测数据，但是文章的初稿中没有做出明确的能够被未来的研究检验的预言。审稿人的一句话使我如梦方醒："Can you make a prediction？"我自己很得意的模型差一点成为连错误的科学理论都算不上的模型！我们前面已经谈到，科学巨人爱因斯坦在建立了广义相对论理论之后，不但解释了水星近日点的反常进动，而且预言了光线的引力偏折将是区分广义相对论和牛顿引力理论的关键。爱因斯坦的科学素养给我们树立了一座丰碑，值得我们永远认真地学习。

有些人说文科是不是就不需要用科学方法了？当然很多文科的研究的确是不用科学方法的，也许只用到逻辑化，而且用的那个逻辑很可能还不是形式逻辑，甚至都不知道亚里士多德的三段论逻辑，那这种研究还是否是科学就难说了。

但是很多人的社会科学的研究，实际上用的统计学模型很复杂，既做社会调查也做各种各样的验证，所以是完全满足科学方法的。有些研究，比如人类进化，我们现在没法做实验了，也没法做社会调查了，但是仍然可以用科学的方法。比如戴蒙德关于人类进化的研究著作《枪炮、病菌与钢铁》里面,就把科学方法应用到极致,既做证实也做证伪,真正用科学方法来研究人类进化,得到了很多重要的结论。我参加了2017年中国科学院举行的科学研究前沿发布会,科学院的地质与地球物理研究所的翟院士做了一个报告,他是研究地球古地质演化的,他说一个很重要的研究方向就是研究地球上的生命的进化和环境的关系。因为地球本身的环境有很复杂的变化,这个变化对于地球上面的生命的进化,当然也包括人类社会的进化、进步产生了什么关系?他认为是很重要的一个研究方向。

戴蒙德就是做了这个方面的研究,他用科学方法对人类进化和环境的关系做了非常好的研究。具体就是做对照实验,比如他考察同一批人一开始在某一个地方,这时候他们是完全一样的。他们后来分开了,移民到两个不同的地方去了,而这两个不同的地方的环境完全不一样,他们在这两个地方构建了完全不同的社会形态。出现了这种情况,戴蒙德就认为是环境导致的变化。因为原来是同一批人,人种各个方面都是一样,不存在智力的差异,也不存在基因的差别,但是过了一段时间,有的是上千年,有的是几百年,社会形态有很大的变化,那只能是环境引起了变化。所以他说,人类社会的变化主要是由于环境的变化,在不同的环境下产生了不同的社会形态,然后他又基于这样得到的结论做出了一些预言,去找到更多的例子来检验,所以他的研究是用非常严格的科学方法做的。

而戴蒙德本人是个生物学家,不是个传统意义上的历史学家,也不是传统意义上的人类史学家。传统意义上的历史学家、人类史学家就是去收集各种资料,把人类的活动、社会演化的片段弄齐了。但是为什么是这样的?很多的研究都回答不了,只能做一下猜测,所以就有了很多不同的说法,很多说法还是相互矛盾的,但是谁也说服不了谁。但是戴蒙德可以回答这个问题，就是用科学方法你能够回答为什么是这样的，而不仅仅是像做考古那样把东西给堆在那个地方，做一堆无法检验的猜测。

有人问考古是不是科学？这取决于你的目的是什么，取决于你怎么做，你可以把它做成科学，你也可以不把它做成科学。如果你的目的是发现规律，如果你也遵循了科学方法去做研究，你的考古就是科学，否则你的考古就不是科学。所以各个领域的学术研究可以是科学，也可以不是科学，取决于你的目的是什么，取决于你是怎么做的。

科学与技术的关系

既然科学的目的是发现规律，那么运用科学规律做什么？这就是技术层面的事情，技术就是利用经验或者科学规律做出各种各样有用的东西，比如利用无线电的科学原理（也就是电磁波理论、半导体理论等）可以做各种通信设备，利用空气动力学原理做飞机，利用力学和各种科学原理做高铁、火箭等。这就是科学和技术的区别，科学是关于规律的，技术是关于应用的。我们中国人发明了一个词，叫作科技，其实这是把两件不同的事情（科学和技术）搅和在了一起。现在很多大学叫科技大学，自己也不知道自己是干什么的。在合肥的那个著名的大学叫中国科学与技术大学，你如果说它是科技大学，他们会非常愤怒，我们不是科技大学，我们是科学与技术大学，简称"科大"！科学是本，技术是应用！所以最好把科学和技术分开说。

我曾经问过很多人：科学的目的是什么？有些人就回答是造福于人类。现在我们知道了，科学的目的是发现规律，利用科学规律做什么是技术的事情，我们既可以利用技术造福人类，也有人想利用技术毁灭人类。由于不理解科学和技术的区别，经常有一些哲学家或者科学史家就变成了坚定的反科学主义者。他们说科学给人类带来了多少灾难，以后还可能使人类毁灭，所以要警惕科学。其实他们指的是要警惕技术，科学是规律，警惕它干啥？你不了解它当然就不会去用它，干好事干坏事都不行。你了解了它，然后决定用它或者不用它，这才是对待科学的正确态度。从这个角度讲，只有掌握了科学规律，我们才可能拥有真正的自由。所以也可以说科学研究、理解科学就是人类对自由的追求，科学让我们知道自由的可能边界，而技术就是我们自由的实际边界。在2019年春节的拜年帖上（图2-2），我简述了我对"自由"的理解：

▲图2-2　2019年春节作者拜年帖

　　人类的边界决定我们的自由

　　允许的边界≥行为的边界

　　在边界内行动才是有自由

　　科学技术给人类带来大自由

　　科学不断拓展允许的边界

　　技术一直扩大行为的边界

　　身体健康心情愉快才有自由

　　身体是您获得自由的本钱

　　心情给您带来自由的体验

科学和其他学术研究的关系

　　自从亚里士多德开始，学术研究就开始分科了，一开始科学从哲学里面脱颖而出，当然文学、艺术是一直都有的。过去的一二百年，科学的发展深刻地改变了现代文明，可以说现代文明和古代文明的主要区别就是科学与技术的进步所带来的人类认识自然和生产力的进步，我们的现代社会可以说就是科学社会。因此，"科学"就成了"先进""进步""正确""合理"等"好"事情的代名词，几乎所有的学术研究、学术思想、学术理论、技术、工程、文化、艺术，也就是各种"学问"和"能力"都要把自己变成"科学"。但是，从我们前面讲的科学的三要素就可以知道，并非所有这些都是科学，不是科学也并不意味着不好，也不一定不先进，也不一定不正确，也不一定不合理。我们前面已经讨论了科学与技术的关系，在这里也不展开讨论科学和所有的学术研究的关系，只举几个例子，以此进一步理解什么是科学。

首先是科学和哲学的关系。如前所述，现代科学的确起源于哲学，科学的方法包括逻辑化、定量化和实证化。哲学的逻辑化是科学研究方法的重要内容，但是我们现在一般意义上的哲学研究不但缺乏定量化，而且哲学理论的实证化也几无可能。实际上，我们很难说哲学研究的目的是揭示什么唯一的规律，哲学更多的是提出问题，但是几乎很少给出问题的答案，即使某个哲学家给出了自己的答案，也不会被所有哲学家所认可，更不会被所有人都接受，所以在"独立性"和"唯一性"方面和科学的精神是很不一样的。我们今天所掌握的各种科学规律，可以说没有一个是哲学研究发现的，尽管对有些科学规律的研究，一开始有可能是受到了哲学家提出的问题的启发，但是今天绝大多数科学问题都是科学家在科学研究的过程中提出来的，已经和哲学没有任何关系了。所以哲学的目的、精神和方法都和我们讨论的现代科学有很大的差异，因此严格地说，哲学并不是科学。但是这并不是说哲学不重要，哲学的质疑精神和思想的深刻，对于人类都极为重要，对于科学家也很重要。

数学和科学的划分则困难得多。其实国外在正式的场合常常把我们国内所称的"理科"写为"Science and Mathematics"，也就是把科学和数学并列，说明数学不能被简单地列为科学的一个分支。很多大学的数学系被写成"Department of Mathematics"或者"Department of Mathematical Science"，后者很显然是希望强调数学的科学性质。事实上，也许数学和科学的唯一区别就是实证化。数学是定量化的逻辑推理，只要推理过程没有错误，就是正确的数学理论，原则上并不需要通过观测或者实验进行检验。所以实证化和我们前面强调的证伪问题对于数学研究并不是最重要的，尽管科学研究的证伪几乎总是需要进行数学计算的。因此严格地讲，数学不是科学，但是和科学关系非常密切，至于应用数学的一个分支——数学建模和科学的关系则更加密切。实际上，应用数学的很多分支已经成为科学研究的一些重要研究领域。因此广义地把数学列为科学的一个领域也未尝不可。很多大学的"School of Science"里面设有"数学系"以及很多国家的科学院里面设有"数学部"大概就是这个原因。

我自己最佩服的两类学者就是哲学家和数学家，我觉得做哲学家和数学家需要很高的智商，他们的学术水平和思想的高度都远超过我自己，我如果当年选择了研究哲学或者数学，多半不会有什么成就。尽管哲学和数学在严格意义上都不是科学，但是哲学和数学也都是严肃的学术研究，而且显然是非常重要的学术研究。我们并不能说科学比哲学或者数学重要，它们之间没有高低贵贱之分。学术研究不一定都是科学研究，比如历史、文学、艺术、工程技术等学科都是很重要的学术研究，但是严格地讲都不是科学。事实上，很多学术研究在不少层面上可能都比科学研究更加重要。但是，科学研究并不是局限在"理科"，传统意义上的一些"文科"学术研究由于引进了科学的研究方法,也已经成为科学研究的重要领域,比如心理学、行为学、精神学、社会学、经济学等学科,甚至我们前面讲的戴蒙德所做的人类发展史的研究也是很"正规"的科学研究。

关于中国古代"科学"的讨论以及李约瑟难题

中国古代四大发明是科学吗?

在谈到中国古代的造纸术、指南针、火药和活字印刷术这四大发明的时候,通常都说是四大科学发明或者四大科技发明。实际上,这四大发明尽管非常伟大,是中国对人类文明的重要贡献,但是它们都不是科学,而只是技术。由于我们的祖先没有刨根问底地去研究这些技术背后的规律,因此不但没有发展出化学、电磁学、地球物理、自动化等科学学科,当时先进的技术也逐渐被西方超越。北京大学的饶毅教授最近引用了美国一个科学家对于中国古代没有研究科学的后果的评论,说明美国人很清楚中国为什么落后,当然也很清楚他们的发展方向。我把饶毅教授的这段文字抄录如下(摘自2012年6月8日《文汇报》,6月2日下午北京大学生命科学院院长饶毅做客第54期文汇讲堂,主讲《海归能推动中国科研改革吗?》):

1883年,美国科学家罗兰在美国《科学》杂志上撰文,有几句话非常刺激。他说:"我时常被问及,科学与应用科学究竟何者对世界更重要,为了应用科学,科学本身必须存在,如停止科学的进步,只留意其应用,我们很快就会退化成中国人那样,多少代人以来他们都没有什么进步,因为他们只满足于应用,却从未追问过原理,这些原理就构成了纯科学。中国人知道火药应用已经若干世纪,如果正确探索其原理，就会在获得众多应用的同时发展出化学，甚至物理学。因为没有寻根问底，中国人已远远落后于世界的进步。我们现在只将这个所有民族中最古老、人口最多的民族当成野蛮人。当其他国家在竞赛中领先时，我们国家（美国）能满足于袖手旁观吗？难道我们总是匍匐在尘土中去捡富人餐桌上掉下的面包屑，并因为有更多的面包屑而认为自己比他人更富裕吗？不要忘记，面包是所有面包屑的来源。"

李约瑟难题

事实上，中国古代的天文观测非常发达，在有些方面也比西方先进，留下了很多非常重要的观测记录，至今对于天文学的研究还很有用，但是在我们前面所讲的人类认识宇宙的七次飞跃中都无所作为。在理论方面中国古代的天文发展成了占星术，但是没有发展成为现代意义上的天文学。在技术方面中国古代的天文主要是服务于农业，但是没有产生现代科学。因此就有了著名的李约瑟难题："中国古代的文化和技术都远远比西方发达，但是为什么没有产生现代科学？"

对李约瑟难题的研究直到今天都一直很多，我本人并没有系统地研究过这个问题，在这里仅仅从以下三个方面进行简单和初步的探讨。

两个和天文有关的古代寓言故事

在"文革"期间的"批林批孔"的运动中，我在课堂上知道了"两小儿辩日"的故事：孔子东游，见两小儿辩斗，问其故。一儿曰："我以日始出时去人近，而日中时远也。"一儿曰："我以日初出远，而日中时近也。"一儿曰："日初出大如车盖，及日中则如盘盂，此不为远者小而近者大乎？"

一儿曰:"日初出沧沧凉凉,及其日中如探汤,此不为近者热而远者凉乎?"孔子不能决也。两小儿笑曰:"孰为汝多知乎?"

到底是早晨还是中午太阳离人近,肯定只有一个答案,但是这个故事没有得到这个答案就结束了,而且这个答案中国人始终也没有得到(我的意思不是现在中国人仍然不理解这个问题。我想说明的是,直到西方科学传到中国之前,中国人一直没有认真地研究并解决这个问题[①])。至于故事里面谈到的现象,本来是严肃的地球大气科学、光学、测量学等科学问题[②],但是2 000多年以来在中国一直没有作为科学问题进行研究,反而作为孔子的笑料[③]。这是一个典型的以诡辩代替刨根问底、以赢得辩论代替追求真理的案例。

"杞人忧天"的寓言故事在中国则是更加深入人心,已经成为脍炙人口的成语:杞国有人忧天地崩坠,身亡所寄,废寝食者。又有忧彼之所忧者,因往晓之,曰:"天,积气耳,亡处亡气。若屈伸呼吸,终日在天中行止,奈何忧崩坠乎?"其人曰:"天果积气,日、月、星宿,不当坠耶?"晓之者曰:"日、月、星宿,亦积气中之有光耀者,只使坠,亦不能有所中伤。"其人曰:"奈地坏何?"晓之者曰:"地,积块耳,充塞四虚,无处无块。若躇步跐蹈,终日在地上行止,奈何忧其坏?"其人舍然大喜,晓之者亦舍

---

① 苏定强院士在给本文作者的信中指出,南京大学戴文赛先生研究过这个问题并发表在《南京大学学报》(大概是1955年第一期上),结论是:太阳有时早晨近,有时中午近,但差得不大。

② 苏定强院士在给本文作者的信中对有关问题做了精彩的评论,现摘编如下:"中国古代这个故事流传了两千年,如果量一下太阳的角直径就会知道,水平方向早晨和中午相同(微小的差别古代人是量不出的),垂直方向早晨的角直径小一点(太阳升起时是扁的),也就是太阳早晨的视面积比中午小一点,得到的结论应是太阳早晨远,然后就会联想到,看起来早晨近(大)是视觉错误。但太阳早晨的视面积比中午的小得不多,不至于引起早晨比中午凉那么多,于是会猜想地面可能存在大气,大气会吸光,早晨凉主要是阳光穿过大气的路径长,太阳形状扁很可能也是大气造成的,会得到好几个科学结果和猜想。如果更进一步,一年四季频繁地测太阳角直径,就会发现地球绕太阳的轨道是椭圆,太阳在椭圆的一个焦点上,甚至测到运行时相同时间扫过相同面积。如果这种测量在开普勒之前,那就对地球(一颗行星)比开普勒更早得到了开普勒第一和第二定律,有了这样的结果就很容易推广到其他行星。"

③ 至少在"文革"期间的"批林批孔"运动中,我的老师们在课堂上就是这么解读这个寓言故事的。

然大喜。

气、日、月、星宿和地为什么不塌，都是严肃的地球大气科学、天文学、力学和地球科学的科学问题，但是 2 000 多年以来在中国仅仅作为嘲笑"不切实际"的人的笑料广为流传，没有作为科学问题进行研究。这是一个以自圆其说代替刨根问底、以实用主义代替追求真理的典型案例。

中国传统思想和实用主义

请读者想想在我们身边是不是还在不断地发生着类似上面这两个寓言故事的事情：以诡辩或者自圆其说代替刨根问底、以赢得辩论或者实用主义代替追求真理？出现这种现象的原因在于中国的传统思想和实用主义对中国人的思维造成了根深蒂固的影响，是科学没有产生在中国以及中国传统文化中严重缺乏科学精神的主要原因之一。

中国并不缺乏思想家，也不缺乏对整个宇宙的思考，也曾经产生过杰出的科学家，比如墨子、张衡、郭守敬、祖冲之等人。但是中国传统文化强调的是人和自然、人和宇宙的关系，并不重视探索统治自然和宇宙的规律，更不重视研究可以定量实证、可以做出定量预言的规律。中国的传统思想家满足于形成一套可以自洽的思想体系，而不重视思想体系对自然现象的解释、应用，以及预言新现象。因此这些思想体系不能也没有被发展成为真正的科学理论。所以中国传统文化中缺少基本的科学理念，也就是任何现象都受基本规律的制约。毋庸置疑，中国古代的技术曾经领导世界，对整个人类文明做出过辉煌的贡献。中国古代的农学、药学、天文学、数学等都曾经世界领先，但是在这些方面强调的是实用性，都是在总结经验的基础上产生一些实用的知识，而没有对这些知识做出进一步的理性和系统的整理和抽象概括，探索其内在规律成为系统的科学理论。

因此中国古代科学发展落后或者中国古代没有产生科学理论的一个重要原因在于中国古代的技术极端强调实用性。但是实用性眼光不够远大，设定的发展空间极小，一旦现实不提出直接的要求，它就没有了发展的动力。这一点和源自古希腊的西方文明所开创的科学体系完全不同：不以实用为目的，为追求规律而追求规律，这就为科学的发展开辟了无限的空间，形成了一次又一次的科学革命，而科学革命最终（可能是几十年甚至上百年之后）带来了一次又一次的技术革命，这在天文学以及现代科学与技术的发展历史中都得到了清楚和生动的展示。但是中国在历次科学或者技术革命中都无所作为，甚至是受害者。尽管清朝时中国的GDP已经世界第一，但是仍然没有避免大清帝国的沦落所直接导致的中国近代史上近一个世纪成为半封建半殖民地的社会。没有刨根问底的惨痛教训我们永远不能忘记！

现代版的李约瑟难题：钱学森之问

近代中国的科学与技术远远落后于发达国家，改革开放40多年来我们取得了巨大的进步，和西方发达国家的差距明显缩小，但是仍然在很多重要方面处于被"卡脖子"的困境，造成这种现状的原因是多方面的，但是我们前面讨论的中国社会普遍缺乏科学精神应该是一个关键原因，而整个社会的状况则和教育密不可分。任何一个社会在某方面的状况总是由该方面的最杰出人才所代表的。比如众所周知美国现在是世界上科学和技术创新都最先进的国家，技术创新的代表人物就是家喻户晓的盖茨、乔布斯和马斯克，而很多诺贝尔奖获得者都是科学创新的代表人物[①]。中国在科学方

[①] 当然很多诺贝尔奖也授予了具有重大意义的技术创新，比如光纤通信、CCD、全息、综合孔径、激光等重大技术。

面的落后就表现在没有科学大师，而这必然是学校的教育出了问题，因此就有了钱学森之问：为什么我们的学校总是培养不出杰出人才？

事实上，中国的教育还是出现过短暂的辉煌的：条件极差的西南联大培养出了两个诺贝尔奖获得者和一批国际级的科学家和各种学术大师。但是后来的以北京大学和清华大学为代表的中国高等教育培养出了什么大师？再回头看看，经济落后的"文革"前和"文革"期间，中国还是出了一批国际水平的科学成果（包括屠呦呦获得诺贝尔奖的成果）并成就了"两弹一星"的伟业，但是改革开放以后有多少能够比肩的重大科学创新和重大技术成果？

详细解答"钱学森之问"是非常困难的话题，所以我在这里不试图展开讨论。但是有一点很值得我们思考：在西南联大以及经济落后的"文革"前和"文革"期间，急功近利和实用主义不是社会的主旋律。相反，不可否认的是，那是理想主义的时代，是激情燃烧的岁月，但是那样的时代已经一去不复返了，我们不愿意而且也坚决不会再回到那样的时代，所以我们必须探讨在现在的时代中国如何能够继续发展，如何再次领先世界。

中国如何再次领先世界？

本部分内容摘自本人于2012年发表在《中国国家天文》杂志上的文章《天文学与现代自然科学》，只做了极少文字（主要是涉及时间的）修改。今天看来，我当时的观点不但没有过时，而且被10年来的发展进一步证实了。

提出李约瑟难题和钱学森之问的逆问题

关于李约瑟难题和钱学森之问，限于篇幅和作者本人的学识，前面我们只进行了简要的探讨，但是我们认识到中国社会普遍缺乏科学的精神应该是一个关键的因素，而要改变一个庞大的、有着极长（悠久）历史的社会的思维模式和价值观是非常困难的，也是要经过极长周期的。但是我们也可以问李约瑟难题和钱学森之问的逆问题：中国需要先进的科学吗？中国需要大批的科学大师吗？

恐怕大部分人都会回答："需要。"但是在一个普遍缺乏科学的精神的社会，这个回答没有太大的意义。实际上，批评中国社会普遍缺乏科学的精神肯定是不受欢迎的，因为"科学"似乎在中华大地极为深入人心，我们甚至于把所有好的或者有道理的东西都说成是"科学的"，所有不好的或者没有道理的东西都说成是"不科学的"，这在科学的发源地欧洲和科学最发达的美国都是不可想象的。这其实是"泛科学化"的体现，导致"科学"这两个字在中国已经基本上失去了其本来的意义。试问，中国社会上有多少人能够回答出"科学的目的、精神、方法"的哪怕一条或者一条中的一个内容？根据我的经验，这个比例恐怕是惊人的小，而且即使受过高等教育或者从事科学研究的高层次人才也不一定都说得清楚什么是科学。有一次在我以本报告的主题演讲之后，有一位"科学普及"专业的研究生发言，认为我的演讲是反科学的，对于科普工作极为不利。我在和他沟通之后才知道，他对于什么是科学几乎完全说不清楚，而说出来的几乎都是错误的。这就是中国社会普遍缺乏科学的精神的一个真实反映。

但是，从唐朝开始几乎没有科学的中国照样独领风骚上千年，而科学大师极少的中国照样成就了"两弹一星"和最近30年的经济奇迹。同样，我们也应该清醒地看到，没有科学的盛极一时的大清帝国最终输给了科学发达的西方列强，而科学落后的现代中国的社会和经济发展也遇到了很大的挑战，目前我们面临的以美国为首的西方发达国家对我们在科学与技术上的"卡脖子"就是需要我们高度重视的困难。因此我们需要问这样的问题：科学研究仍然落后、科学大师仍然稀少的现代中国，能够再次独领风骚吗？

中国的三阶段创新路线图

我们首先分析一下欧、美、日的科学和技术。我们如果了解一下诺贝尔科学奖的授奖情况就会发现，大部分原理性的科学突破来自科学的发源地欧洲，而大部分具有应用价值的科学发现来自美国。因此普遍地讲，欧洲人深刻地理解什么是科学，但是美国人更加理解科学的应用价值。但是大部分好的高科技产品则来自日本，因此很显然日本人最理解如何制造好的产品。因此若能结合欧、美、日的共同优势，中国必然能够再次领先世界。在这个问题上应该没有争议，有争议的部分，也是我们需要认真研究的，是发展的路线和方向。

目前中国科学界普遍宣扬，中国应该加大科学研究的投入，从而实现"科学落后→科学强大→技术强大→国力强大"的三步跳，也就是通过先进的科学带动先进的技术，而技术强大就会带领和支撑经济的发展和国力的强大。这听起来很有道理，因为科学是技术的源头，似乎科学先进一定会立刻带来技术先进。但是日本的成功并不支持这样的观点。日本的科学的确是比中国先进，尽管最近几十年和欧美的差距在逐渐缩小，但是还是比欧美落后，不过这似乎并没有妨碍日本的高科技产品整体上比欧美先进，尽管这些技术的创新不一定来自日本。我们可以设想一下，如果中国能够具有日本研发和生产高科技产品的能力，那么中国会是什么样？但是正如前述饶毅教授的报告中所指出的，日本在科学方面相对美国的落后，导致了在有些高科技领域受制于人。我认为这是中国在今后长期发展的过程中需要逐步解决的问题，而不是一步登天赶超欧美。

前面我们讨论了，中国社会的现实就是普遍缺乏科学精神和"泛"科学化共存，急功近利和实用主义是社会的主流，我认为在这种情况下盲目高速增加对科学研究的投入不是最佳的选择，不但不会使中国的科学水平迅速赶超欧美，而且有可能在科学的大量投入没有产生期望的产出的情况下，使中国的"泛"科学化变成"反"科学化，这样将会给中国的长期发展带来严重的后果。事实上，中国社会的"反"科学化声音似乎有越来越强的趋势，需要我们十分警惕，我后面还会回到这个问题。

因此我认为大力和优先发展科学不是中国现阶段的主要任务，而符合科学发展观的中国三阶段创新之路，也就是中国的三阶段创新路线图应该如图2-3所示："经济实力→技术实力→科技实力→科学实力"，其基本战略就是尽快摆脱"山寨"① 经济，循序渐进地向日、美、欧学习，这样必然会使得中国再次并且长期领先世界。不可否认，中国改革开放之后的"山寨"经济是中国经济高速发展的一个重要原因，然而这样的经济模式是不能持续发展的。但是有了这个阶段的原始积累，中国已经具备了向日本学习"产品创新"的经济实力，这可以使中国的经济进入"持续发展"的阶段，中国也就具备了类似日本今天的技术实力，中国那时的经济规模和整体实力将能够和日、欧、美平起平坐。我认为中国需要10~20年的时间才能完成这个阶段的转变。

---

① 这里的"山寨"没有贬义，仅仅是一个通俗的说法，在这里泛指引进或外资生产线、代工、贴牌，或者冒牌的生产活动。

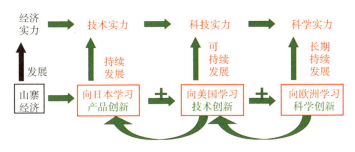

▲图 2-3　中国的三阶段创新路线图

另一个阶段，就是在强大的技术实力的支撑下向美国学习"技术创新"，从源头上掌握和控制产品创新，这又可以回过来促进和提高产品创新的能力，整个经济将进入良性循环的"可持续发展阶段"。完成这个阶段的转变将是十分艰难的，如果能够在 21 世纪后叶实现将是十分了不起的成就，中国将在经济、技术和军事等方面是世界第一，开始中国在世界独领风骚的新时代。我在 10 年前提出这个观点的时候，中美贸易战还没有爆发，美国对中国的全方位打压还没有全面实施，中国那时候还有很多机会向美国学习"技术创新"，使中美在技术上的差距快速缩小。但是自从美国特朗普总统悍然发动贸易战以来，美国开始在自己领先的几乎所有技术上全面对中国"卡脖子"，这恰好证明了向美国学习"技术创新"的重要性！

最后一个阶段则是向欧洲学习什么是科学和如何开展科学研究，这个时候中国已经达到了国富民强的程度，具备强大的技术创新能力，急功近利和实用主义应该不再是社会的主流，也就是说中国这个时候具备了全面发展科学的经济条件。如果科学精神能够深入整个社会的思维模式，也就是追求科学规律的理想主义有可能会普遍地得到认可和实践，那么中国完全可以在科学方面也成为世界第一，从源头上控制技术创新，进入整个社会和经济的"长期可持续发展阶段"。这样就可以保证中国不但能够在世界上独领风骚，而且可以长期持续地保持领先地位。

当然上面的三个阶段的划分在时间上不是绝对前后的关系，而应该是三个阶段同时进行，但是国家应该制定明确的发展战略，在不同的时期发展的重点有所不同而侧重于某一个阶段，以保证资源的最佳使用和社会的逐渐进步。尽管我们希望中国最终成为世界上科学研究领先的国家，但是如上所述，这需要极长的过程。"大跃进"的模式不但不能搞生产和建设，实际上更不能发展科学，因为科学的发展不仅仅需要物质的条件，更需要适合科学发展的价值观和社会文化，价值观和社会文化的形成则是在一定的物质基础的条件下需要长时期的沉淀。在一定程度上，把科学说成是象牙塔里面的智力游戏是有一定道理的，穷人一般情况下玩不起，暴发户也不会毫无功利性地玩这个。只有中国社会的主旋律不再是急功近利和实用主义的时候，才会有科学大发展的文化基础。

目前科学研究的一个趋势就是建设耗资巨大的"大科学工程"。但是我非常担心在中国社会普遍缺乏科学精神而以急功近利和极端实用主义为主流的情况下，对"大科学工程"的巨额投入如果不能同时带来技术的进步（也就是产生有用的回报），则会引起社会和政府对大规模科学投入的负面看法，这样就会长期阻碍科学在中国的发展。作为科学家，我们不仅仅要为我们现在的领域、单位，甚至课题组的发展负责，也要有社会责任感，更要从战略上考虑科学在中国的长远发展。

因此在中国的社会现实情况下，我认为目前对科学的投入应该重视对我国技术的带动作用（尽管产生的科学成果不一定有直接的应用价值，或者现在还不能看到应用价值），能够对中国现阶段的经济发展有重要作用达到短期内就回报纳税人的目的，同时获得的科学成果可以弘扬科学精神达到长期回报纳税人的目的，最终在科学研究过程中产生的杰出科学家可以起到榜样的作用达到长期支撑科学的发展的目的。这样做就能够起到"一箭三雕"的作用。同时，在这个发展过程中，始终开展并逐步加强科学教育将非常关键，最后我还会回到这个问题。

回答李约瑟难题和钱学森之问的逆问题

现在我们可以回答李约瑟难题和钱学森之问的逆问题了："中国需要先进的科学吗？中国需要大批的科学大师吗？"

既然中国目前这个阶段的发展重点应该是向日本学习产品创新，所以我认为短时期内中国并不急迫需要先进的科学，至少暂时不需要全面先进的科学。但是能够保持长期持续发展并领先世界的中国最终需要全面先进的科学，因为唐、宋、明、清的时代一去不复返了，中国领先世界必须从"以夷制夷"发展到"以夷治夷"。同样我也认为短时期内不需要大批的科学大师，但是最终全面先进的科学必然能够成就大批科学大师，因为西南联大和"文革"的时代也一去不复返了，那个尽管物质贫匮，但是理想主义为主旋律的激情燃烧的岁月在可以预见的未来不会回到中国了。未来中国的科学大发展必须是建立在国富民强的基础上。

结束语

从古希腊的宇宙观到哥白尼的日心说，人类认识宇宙的第一次飞跃经历了漫长的2 000年。应该说，哥白尼日心说的提出并不能代表现代自然科学的诞生。现在自然科学是从伽利略开始的（尽管牛顿建立了现代自然科学的第一个理论体系），是伽利略把逻辑化、定量化和实证化同时引入了他的研究，伽利略可以说是现代自然科学研究的鼻祖。伽利略400年多前发明的天文望远镜使人类能够看清楚远处的宏观世界，从此人类的宇宙观快速地经历了六次新的飞跃。伽利略随后发明的显微镜又使人类能够把近处的微观世界看清楚。因此真正意义上的科学研究在欧洲已经有 400 多年的历史了，所以他们骨子里面理解什么是科学。中国人接触科学的历史才 100 多年，真正自己动手做科学研究只有区区几十年，而也仅仅在最近 20 年才开始成规模地做起来。因此中国社会普遍缺乏科学精神也是情有可原的。

在 1919 年以 5 月 4 日学生大规模游行作为标志的五四运动中，中国少数先进的知识分子倡导推行新文化运动，打出了"德先生"和"赛先生"这两面旗帜。从科学传播和普及的角度，这可以说是中国的第一次"科学启蒙"。由于当时中国面临着民族存亡的危机，"德先生"和"赛先生"并没有在中国真正落地，这一次"科学启蒙"失败了。然而，五四运动促进了反封建思想的发展，最终诞生了中国共产党，从西方传来的马克思主义在与中国实际相结合的基础上在中国落地生根，开花结果，夺取了革命的胜利，建立了新中国，最终产生了中国特色的社会主义新理论，并开创了今天中华民族伟大复兴的大好局面。

1956 年党中央号召全国人民"向科学进军"，可以说是中国的第二次"科学启蒙"。政府随后制定出了发展科学技术的"12 年规划"和"10 年规划"，催生了以"两弹一星"为代表的一大批科技成果，建立了新中国的工业体系。然而，由于当时中国急需的是国防和工业技术，整个社会实际上都是在"向技术进军"，"科学启蒙"并不成功。

1978 年召开了全国科学大会，邓小平发表了"科学技术是第一生产力"的著名论断，被称为"科学的春天"到来了，这可以说是中国的第三次"科学启蒙"！从那时到现在，对知识的渴望和追求就一直成为中国社会发展的主要动力之一，所以 1978 年的"科学的春天"严格说起来应该是"科学知识的春天"。

这三次"科学启蒙"都对中国的发展起到了关键的作用，有力地推动了社会的进步、文明的发展和国家实力的提升。然而，直到今天中国社会整体的科学素养仍然不高，科学精神仍然十分缺乏，伪科学仍然大行其道，谣言和骗局仍然十分流行，这种情况对建设创新型国家极为不利。面对百年未有之大变局，中国社会迫切需要第四次"科学启蒙"。

2016年习近平总书记在"科技三会"上指出，"科技创新、科学普及是实现创新发展的两翼，要把科学普及放在与科技创新同等重要的位置。没有全民科学素质普遍提高，就难以建立起宏大的高素质创新大军，难以实现科技成果快速转化。"这是首次把"科学普及"提到了前所未有的高度，吹响了中国第四次"科学启蒙"的号角。以高度重视"科学普及"为标志，这一次"科学启蒙"的深度、高度和广度都是前所未有的，必将对中国的发展产生深远的重要影响。这次科学启蒙需要使大部分中国人理解什么是科学并且具有科学精神，具体来讲，我认为最重要的是要加强两个方面。

一方面是从正确的"科学"教育开始。我们大多数人接受的所谓"科学"教育实际上就是教我们已有的科学规律是什么和如何使用这些规律，而我们学不到这些科学规律是怎么得到的和应该怎么进一步发展，也就是缺乏科学精神和科学方法的教育。而过多地强调科学的有用性，又使我们不知道科学的真正目的是什么。可以说我们只学到了科学知识，而不知道科学是什么。要改变这种教育现状需要大量的努力和漫长的过程，这肯定需要多代人的努力。从上述的梳理可以看出，了解天文学的发展对于理解什么是科学至关重要，而这也许就是西方国家一直把入门天文学作为基础教育的重要内容的一个原因。而我国的天文教育则极为落后，大、中、小学天文教育的普及程度极差，这从中国很多年只有两所高校有天文系、而至今有天文系的高校还是屈指可数就可以看出来。而欧美的情况则是入门天文教育在中小学十分普及，而且几乎每一个大学都有天文系或者天文方向。尽管中国经历了鸦片战争、五四运动、"文革"以及改革开放，中国的传统思想和实用主义对中国人的思维造成的根深蒂固的影响仍然没有能够显著地改变，中国社会仍然严重缺乏科学精神，天文教育的极度缺乏肯定是一个原因，而且很可能是一个主要原因。

另外一方面就是榜样的力量。早年回国的"三钱"、获得诺贝尔物理学奖的李政道和杨振宁、数学家华罗庚和陈景润等不但激发了几代人的理想主义并使他们投入了科学研究，同时也正面地弘扬了科学精神。今天中国社会的科学家数量虽然极为庞大，但是缺乏取得国际领先科学成就的科学大师，尤其是极为缺乏在中国本土取得突出科学成就的榜样科学家。我个人认为，在目前中国的情况下，与其让大批科学家为就业、为职称、为待遇而忙于通过一般水平的研究制造论文，还不如让这些优秀人才和社会精英去为社会其他方面的发展做贡献，比如投入"产品创新"或者"技术创新"，也就是我们通常说的应用研究。我认为在中国大规模和全面发展科学的时代尚未到来，适度投入的有限的科学研究的资源应该主要用来创造条件让那些真正理解科学、热爱科学、具有科学精神并志在发现科学规律的一些中国本土顶尖科学家"有所作为"，产生一些榜样科学家。

第三章 哲学美学的科学批判

我原来的打算是先把美学史给大家过一遍，然后再做批判。但是我在准备的过程当中，发现把美学史上的每一个美学理论总结了之后，我立刻就想批判，所以不想等到把这些都讲完了再批判，我觉得那样不过瘾。所以就变成了这一章"哲学美学的科学批判"。我分三节来讲，第一节是讲西方古典美学与批判，第二节讲常见审美观念的科学批判，第三节讲西方现代美学与批判。把这一章讲完，我们就讲最后一章，科学的美学。

我们先讲怎么做批判，要批判先讲批判的方法，这就是为什么我前面花了这么长的篇幅给大家讲科学方法，而为了讲清楚科学方法，我又花了那么多时间讲科学史。你一开始或许好奇我这到底是个什么逻辑，前面讲了那么多，到这儿你就应该明白了。尤其读完这一节你就明白了，我讲科学史是为了讲科学方法，讲科学方法是为了批判，把几乎所有的哲学美学理论都批判了之后，我们才建立新的美学，也就是科学的美学。就是这个逻辑。

那么批判的方法就是我前面所讲的科学方法里面最重要的部分：证实和证伪。当然由于哲学不是定量的学科，所以我不会从定量的角度批判，但是还是可以用科学方法的证实和证伪通过举例进行批判。

我一开始就讲过哲学现在已经没法指导科学。哲学指导科学我知道没法做，我在这里给大家讲讲用科学指导哲学怎么做。近代科学的发展对哲学产生了深远的影响，但是反过来哲学对科学的影响非常有限，也许未来的情况会有变化，但是目前就是如此。批判也是指导，指出存在的问题就是指导。具体的做法就是这样，对于某一个美学理论，我们进行实证，实证包括证实和证伪，就这两个办法。其实对科学理论也是一样，我在这里只是以美学理论作为例子来讲，对任何学说的批判都可以这么做。

那么证实怎么做呢？就是尽可能寻找符合该理论的审美的例子，也就是根据这个理论该美就美，不该美就不美，把这些例子找出来。对于某个理论，一般来讲应该至少能找到一个例子，因为这个理论是根据某些观察、某些经验总结出来的，总是能找到符合的例子的，找到的越多，就说明该理论的适用范围越大。但是一般的美学著作，基本上就只干这件事，讲了美学理论之后，就开始举例，甚至用一本书来举出来很多例子，也就是作者认为所有的符合这个美学理论的例子，甚至绝大部分也都只举"该美就美"的例子，连"不该美就不美"的例子都不举，也就是即使是证实也就只做了一半，然后认为该美学理论就确立了。但是如果只这么做，你永远也不能证明该理论适用所有的情况，这是"证实"的局限性，我们前面已经强调过了。我们下面会做证实，看看某个美学理论是不是有适合的例子，能举出多少。当然由于时间的限制，我只能举我觉得比较典型的例子给大家看。我也发现有的美学理论特别难找到一个证实的例子，当然这是比较少的情况，绝大部分理论我们还是能够找到一些例子的，否则就没有理由著书立说，提出这么一个美学理论了。

但是更重要的是证伪，也就是尽可能寻找不符合该理论的例子。如果不去这么做，就永远不知道该理论是不是有不适用的情况，所以要找不符合该理论的例子，即不该美反而美或者该美反而不美的例子。也就是说，按照这个理论某个审美对象不该美，但是我们觉得美，这个理论在这个地方就失效了；或者说按照这个理论某个审美对象应该美，但是我们觉得不美，这个理论也失效了。这就是证伪。那么证伪会得到什么结果？每找到一个这样的例子，或者不该美反而美，或者该美反而不美，该理论就失效一次，每一次失效都缩小了该美学理论的适用范围。需要强调的是，这并不是证明了该理论是错误的，而是证明了该理论不是普适的，就是找到了该理论不适用的地方，把它适用的边界给找出来，这样才能发展出更好的理论，也就是适用范围更广的理论。这就是证伪的方法和目的。其实做科学研究也是一样，我们不是把以往的科学理论连根都掀了，一般来讲不是这样，当然偶尔有这样的。一般情况下都是通过证伪改进科学理论，使新的科学理论适用范围更广。比如说对地心说的证伪的确是连根都给掀了，但是从爱因斯坦批判牛顿的理论到提出了相对论，就不是连根给掀了，而是找到了牛顿理论的适用边界，然后提出了适用范围更广的引力理论——广义相对论。对美学理论也是一样，如果我们对美学理论像对待科学理论那样认真的话。

下面就对每一个美学理论做一下简单的介绍，然后进行证实和证伪。

第一节
西方古典美学与批判

本体论美学

西方美学最开始是起源于本体论的美学，就是问一个问题：美是什么？为什么问这个问题呢？天才的苏格拉底认识到以前大家都在谈美，但是都是举例子，这个画很美，那个风景很美，这个人长得很美，他说你都是举的美的例子，而没有问美的本质是什么，我要问一问美到底是什么，是什么使画、风景和人美。他就开始问这个问题，这个问题一问，就一发不可收，他的学生柏拉图也开始问这个问题，跟他老师来讨论，当然他们的观点是不一样的。所谓本体论的意思就是要回答美是什么，追问美本身的问题，这叫作本体论美学。当然柏拉图的学生亚里士多德也问这个问题，由于这三个哲学家在人类哲学史和思想史上实在是太重要了，而且他们三个人都追问这个问题，后世的哲学家就说提出这个问题是个"天才的追问"！

苏格拉底的美学：适合就是美

苏格拉底的美学，简单来讲可以概括为适合就是美，这个观点今天仍然被普遍接受。他说适合的东西就是美的，反之就是不美的。他还举了例子，他说比如一双对于赛跑者来讲好用的跑鞋是美的，对于赛马的选手来说好马是美的，因为都适合他们。但是对于摔跤者，跑鞋和马跟他有啥关系？他不觉得跑鞋和马美，什么样的跑鞋和马他可能都不觉得美。所以苏格拉底得到结论，他说美是适合的，因此美也是相对的。他进一步说，美就是善，这就推广了，对后世影响很大，我们今天讲真善美，美就是善，美和善是统一的，美善统一的基础就是适合，就是要有功用。根据这个理论，凡是我们用的东西，它有功能有用，我们才觉得是美的和善的。所以功用不仅是美善统一的基础，也是判断事物美善的标准，没有功用就不美，甚至是丑的。这是苏格拉底的观念，但是苏格拉底自己没有留下这方面任何文字的著作，苏格拉底的美学思想是他的学生柏拉图传下来的。柏拉图说我的老师是这个观点，但是我不同意，我有别的看法。

我们下面做一下批判。首先做证实，也就是我们要找到因为适合我们才觉得美的例子。我找来找去，发现很难找到因为适合我们才觉得美的例子。我绞尽脑汁，觉得"珍珠翡翠白玉汤"可能是一个例子，这个梗有几个版本，哪个正确也无所谓，意思都差不多。其中一个版本说的是朱元璋当皇帝之前穷困潦倒，讨饭到人家家里去，人家很穷，也没啥好吃的，就把家里面所有吃的东西，就是那些剩菜剩饭煮了一锅给他端上来，他一吃美得不得了，说这个真是天下最好吃的东西，问人家这是什么饭菜这么好吃，人家不好意思说是残羹剩饭，就说是珍珠翡翠白玉汤，其实珍珠就是馊米饭，翡翠就是烂菜叶子，白玉大概就是豆腐吧。他后来当了皇帝，山珍海味都吃尽了，但是就一直没有找到当初那顿饭的感觉，就特别怀念特别想吃那个东西，但是宫廷的御厨怎么也做不出来那么美味的东西。后来真的把这一家人又给找到，给他按照原来的配方、原来的做法做出来之后，他才发现并没有那么好吃。所以当时他都快饿死了,珍珠翡翠白玉汤适合他,那会儿他觉得美得不得了,后来珍珠翡翠白玉汤不适合他了,就又觉得不美了。

这也许是证实"适合就是美"的一个例子,也就是根据这个理论,"该美就美"的例子,但可能不是一个很好的例子,不过我确实找不到其他因为适合我们才觉得是美的例子,所以从这个角度来讲,"该美就美"的例子大概不是很多。但是反过来,根据这个理论,"不该美就不美"的例子倒是很多,也就是不适合就不美的例子确实特别多,比如鞋不合脚,手机老是down机,也就是不具有该有的"功用",我们肯定不觉得美。所以从反面来讲,苏格拉底的美学理论也还是有一定的道理的,所以我说也算是可以被证实,只是这个理论适用的范围有限,它能让我们判断什么不美,但是很难让我们判断什么美。

下面我们做证伪,这方面的例子就多了。按照他的理论不该美、但是我们觉得美,或者该美、但是我们不觉得美,这两方面的例子都特别多。比如我们说黄山很美,秋色美,秋天的落叶很美,这些东西适合什么、有什么功用?按照他的理论不该美但是我们也觉得很美。再比如,印象派艺术作品,有些人认为很美,但是也不适合什么,也没有什么功用。平常大部分东西都适合某种情况或者用途,按照他的理论应该美,可是我们不认为美。比如说一间教室适合教师给学生上课,很少学生会说这个教室美。如果你觉得教室美,多半不是因为这间教室适合上课,而是因为这间教室里面可能有某个女生很美,然后你在这间教室里认识了这个女生以后,你就觉得教室美了,而不是因为教室的功用很好而美。

所以,对于苏格拉底的美学理论,证实不太容易做到,但是很容易就被证伪了。被证伪了,并不是全盘否定了这个理论,只是说这个理论有局限,而且我们找到了什么时候、什么情况下这个理论失效了,因此需要发展更好的美学理论。这就是用科学方法来判断（批判）一个美学理论的方法和目的，实际上很容易做。但是如果不用这样的科学方法，仅仅是争论和辩论，是永远得不到结果的。但是古人不懂得证实和证伪的科学方法，就只能争论和辩论，比如柏拉图和他老师争论到底美是什么，争论到最后，谁也不能说服谁，柏拉图就把他们的对话（争论和辩论）记录下来，写了一本书，叫作《大西匹阿司篇》，可能是人类历史上第一本美学著作，到最后柏拉图说了一句话，"美是难的"，这句话很重要，我留到后面再讲。这句话说明柏拉图完全绝望了，师徒二人没有争论出结果。但是用科学的方法来证实和证伪，我们就可以看到证实和证伪都非常有用，能找到这个理论到底在哪里适用以及在哪里不适用，这才能判断一个理论的好坏。

柏拉图美学：美就是理念

那么苏格拉底的学生柏拉图的美学理论是什么呢？他的理论其实比他的老师苏格拉底的理论更有名。这并不奇怪，不超越老师，学术怎么能够进步呢？美就是理念，理念就是美，这是柏拉图的观念。他比他老师对于美的本体论坚持得更深，他严格区分美的东西和美本身。美本身他认为就是理念，某种东西的理念，你思想里面的东西，或者用我们今天的话讲，就是本质的东西，他说这个东西才是美的本身，才是美的本体。所以本体论美学最主要是来源于柏拉图对这两件事情的严格的区分。虽然说美是什么，这个问题是他的老师苏格拉底先问的，但是严格地区分美的东西和美本身的，是柏拉图。

他说理念无始无终，不生不灭，不增不减，和我们是没有关系的，它就在那个地方。所以他认为理念这个东西非常好，一切美的事物都以它为源泉，有了它那一切美的事物才称为美。但是那些美的事物时而生时而灭，美的事物可以有可以没有，但这个理念、这件事情本身是始终在那儿的，所以理念本身毫不因此有所增减，所以这个理念、本质才是美。这是他的最重要的观念。所以我读美学史读到这里，就只能说柏拉图的美学很柏拉图，因为你根本找不到"理念"这个东西。我们说我们校园很美，这个理念是啥？反映了一个啥理念？找不到，所以在柏拉图之后对美的本体的寻找更加困难。

我们下面也用科学的证实和证伪的方法进行一下批判。比如说我曾经写过一篇文章，到底什么是最美的科学公式？本书最后还会讲这件事，我的结论是爱因斯坦的质能公式 $E=mc^2$ 是最美的，的确我或者很多人认为这个公式美的原因是它揭示了一个本质，也就是物质和能量转换的本质，所以我们觉得很美。事实上很多的科学之美都与本质有关。我也讲广义相对论很美，引力波很美，有人跟我争，麦克斯韦方程是最美的，但是当大家说这些话的时候，其实都是讲的科学规律揭示了本质，而且很多的艺术之美也是这样，反映了人性，你会体会到这种美，或者反映了自然，你会觉得美，所以这些美确实是有理念在里面。这是从正面证实的例子。

从反面证实的例子也同样可以找到，也是和柏拉图的思想一致的。比如说现在没有谁觉得地心说美了，但是在当年肯定是大家都赞美地心说美，甚至于赞美地心说就等于赞美上帝，就觉得很美。今天谁还觉得地心说美？因为我们已经知道地心说不正确，不反映天体运动的本质了，说明已经不符合理念了，所以大家觉得地心说不美，也就是根据柏拉图的理论，地心说就不该美，和我们的感受一致。所以我们说这些情况也可以证实柏拉图的学说是有一定的道理的。因此我说它是能够被证实的，但是能证实的例子还是很少，找来找去我就找出来这些，说明这个美学理论适用范围很小。

下面我们还是要做证伪。我们日常遇到的绝大部分的美，我们平常说的大部分的美，比如说美女、美食、美景，有什么本质、有什么理念在里面？看一张照片觉得这个女孩很美、这个男生很帅，但是这个女生、这个男孩，和另外的女生、男孩在本质上有啥区别？至少从照片上看不出来有啥区别。关于美食，有人喜欢吃川菜，有人喜欢湖南菜。我是河南人长期生活在北京，就特别喜欢胡辣汤和油条。这反映了啥本质或者理念？实在是找不出来。黄山和离我们教室不远的八宝山相比，都是山，本质上有啥区别？但是没人觉得八宝山美，很多人觉得黄山美。这都和本质或者理念没啥关系，但是有些我们觉得美，有些不觉得美，或者今天觉得美的，明天就不觉得美了，不管是啥本质或者理念反正并没有变啊。同时有些科学和艺术的本质很深刻，深刻得一塌糊涂，深刻得怎么科普也搞不明白，但是你到街上问问就没人觉得美。这些现象都违反柏拉图的美学理论。所以我们可以很简单地把这些例子举出来，这些例子就是柏拉图理论的反例。简单地讲，证伪就是举反例，如果反例很容易找到，就说明这个理论很容易被证伪。柏拉图的理论是这样，他的老师苏格拉底的理论也是这样，都很轻松地被证伪了，所以我们用科学的方法证明了这两个美学鼻祖各自的美学理论都不是普遍适用的美学理论，虽然这些理论里面有很精彩的思想。

亚里士多德的美学：秩序和目的就是美

我们下面批判苏格拉底的徒孙、柏拉图的学生亚里士多德的美学理论。亚里士多德更进了一步，他说既不是所谓的适合就是美，也不是所谓的理念就是美，可能他觉得适合为美有点俗气，而理念又太玄乎摸不着，亚里士多德就说秩序和目的就是美，某一件事情很有秩序，看起来很整齐，或者某一件事情的目的很明确，能明白是干什么的，这就是美。他说美的本体与美的现象统一于一个客观世界，所以这个比柏拉图应该说稍微进了一步，柏拉图是严格区分美本身和美的事物或者美的现象。而亚里士多德说这两件事情是统一的，统一于一个客观世界。我们前面讲科学史时，讲到亚里士多德和柏拉图的区别的时候，就讲到了柏拉图是个诗情画意的哲学家，而亚里士多德重视观察自然，通过观察找到客观规律。他们二者对美学的不同认识，反映了他们对于自然认识的区别。亚里士多德说，你要把客观规律和客观现象统一到一起，这样才能够认识客观世界。所以他说美的本体与美的现象要统一到客观世界里，美的本体表现出来就是有形式的秩序、匀称或者目的明确。很显然这来自亚里士多德仔细观察的结果。亚里士多德主张观察自然，他发现他观察到的自然里面，凡是有秩序的、很匀称的、很清楚的这些东西，他觉得是美的形式的表达，他同时也认为美与善是紧密相连的，所以除了形式之外，同时也要有目的性，所以他说善是一切，是一切事物发生、形成和发展的根本法则和最终动力。

  我们前面讲亚里士多德的哲学观念，也就是他的自然哲学观念的时候，他也强调目的，在这里他仍然强调目的。这个目的就是美和善，所以他说一切事物都有美和善的天然的趋势，这就是目的论。所以美和善体现了事物的目的，任何事物的目的趋势就表现出来了美和善。因此他认为秩序和目的就是美，这是亚里士多德美学最重要的观点。所以我说这非常亚里士多德，亚里士多德主张观察自然，认为任何事情都是有目的、有因的，所以亚里士多德在他的美学里，就把他对自然的认识或者他对科学的认识、对规律的认识都反映出来了。所以对任何事情的认识都反映出自己根本的认识论方面的观点。

  我们看看对亚里士多德的美学怎么进行科学批判。同样首先做证实，也就是举出来符合亚里士多德美学的例子，比如说精美的园林、整洁的花园，的确给我们带来美感，这都是和秩序和目的紧密相关的，既有秩序又有目的，按照亚里士多德的美学，这些都应该美，果然我们觉得美。如果一个园子很乱，我们通常不会觉得美，男生的宿舍一进去就觉得不美，乱得跟猪窝一样。没有人觉得一堆垃圾美，的确是违反了秩序和目的的原则。所以按照亚里士多德的美学，这些乱七八糟的都应该不美，果然我们觉得不美。所以从正面和反面都证实了亚里士多德的美学，证实了亚里士多德的美学的确有适用的地方，而且适用的地方还非常多。

所以从适用的范围的角度来讲，我们可以看到对苏格拉底的美学，我们几乎很难找到任何证实的例子，柏拉图的美学除了一些科学和艺术之美外也找不到太多的例子，然后到亚里士多德的美学，我们就能找到很多的证实的例子了。所以他们的美学思想的发展就体现了美学理论应用的范围越来越广。

那么我们再看看在证伪方面亚里士多德的美学的表现。还是用秋叶，一般的秋叶我们并不觉得美，只是被阳光照亮的落在草地上的金色秋叶我们觉得美，漂浮在水面上的秋叶在蓝天白云的衬托下我们也觉得美。我最近拍了很多这样的照片，发在朋友圈里面，大家都觉得美得不得了。但是这和秩序和目的有啥关系？树叶落下来了，很快就要腐化了，有啥秩序和目的？同样，林间弯弯曲曲的小路，山上波光粼粼的小溪，我们觉得很美，我们到那里去体验自然之美，但是这些小路和小溪既无秩序也没有目的。反而如果你把这些落叶摆得整整齐齐的在路上，老有秩序了，但是就不觉得美了。很多笔直的路很有秩序也很有目的，完全规规矩矩、方方正正很有秩序也很实用（有目的）的建筑，这些都没有人觉得美。所以我们就举出了很多反例来，根据亚里士多德的美学不该美的反而美，该美的反而不美，这种例子非常多，所以亚里士多德的美学也很容易被证伪了。

因此我们得到结论，亚里士多德的美学有一定的适用范围，尽管在很多情况下能够被证实，但是也在很多情况下被证伪了。所以我们用科学的方法，就把他们师徒孙三代的美学都做了批判，把这些理论的很多毛病都找出来了。其实科学研究本质上就是找毛病，就是找到以前理论的毛病，这样才能发展，才能有更好的科学理论。我们如果把美学作为科学来研究，首先就要找到以前的每个美学理论的毛病，我们现在找到了一些，算是一个进步。

古罗马晚期和中世纪的美学：神就是美

然后就到了古罗马晚期和中世纪的美学，基本上就变成了神学的美学了。也就是到古希腊结束之后，对美学的研究基本上停留在亚里士多德那里就没法发展了。我们知道亚里士多德的科学，从亚里士多德一直到古罗马、到中世纪统治着整个学术界。亚里士多德的美学，也基本上统治到这个时候，但统治的时间稍微短一点，到了古罗马晚期和中世纪，他的美学就被神学的美学取代了，神就是美，美就是神，因为实在是没有办法了，也就是到了亚里士多德那里之后实在找不到其他出路了，最后就找了个非常简单的出路，也就是美的根源。这边说适合是美，那边说理念就是美，这边又说秩序和目的就是美，这些东西都很好，都是神给的，终于找到根了，所以神就是美，美就是神，就转不出去了。所以神就是美的根源，来自神明的理式对物体加以组织安排，化为一种凝聚的整体，物体才得到美。你不是说有秩序就美吗？那秩序是谁安排的？神安排的。所以物体的美是神让它美的，神把这些理念、把这些功用、把这些秩序和目的都放到这些物体里面了，所以你觉得美了，这样物体就美了。因此美还是有等级的，最高的美是神的美，当然只有神才有这种美，其次是神放在我们心里面的美，心灵的美，然后才是事物的美。我们也都大致接受美是有等级的这个观念，信神不信神都有这样的观念。我们大部分会觉得人心灵的美比实物的美更重要一点。我们不否认有颜值控，也就是只考虑事物的外在的美、表面的美，但是不考虑或者不太重视心灵的美，这就不太符合这个美学理论了，实际上是对这个美学理论的证伪。

所以总的来讲，神学的美学，也就是神就是美这个理论，就把美分了几类，而且一切真善美都是上帝创造的，所以真善美就和神心中的观念一致，符合神的心意。所以这就给出了理念的来源是哪里，是神把理念放到美的物体里面去的，"真"即与上帝心中的观念相一致、符合自然本性的存在，"善"即与上帝的心智相一致的目的与趋向，"美"即以上帝为原型的完善、和谐和形式。所以一切美都是为了彰显出上帝的荣耀、上帝的光辉、上帝的智慧，一切美都是这样，就找到了终极美学理论。所以这就好办了，你们也不用吵了，把所有这些美都归给上帝，你看到美就赞美上帝。这样问题就解决了，也就不用再进一步去研究了。这是本体论美学的最后阶段，我认为已经发展到绝境，没有办法再往前走了。

我们回头再看本体论美学的发展，苏格拉底提出来美的本体论的观念，到了古罗马晚期和中世纪的时候，宗教开始统治欧洲。到了这个时候，美学发展到了顶峰，顶峰就指的没有办法再发展了，也就等于到了一个绝境，这是这一阶段美学的基本情况。

我们当然也要对神学的美学做一下批判。首先还是证实。假设有某个审美对象，所有人都认为美，那么说美来自神，我们也无话可说，就算是证实了这个美学理论。但是我举不出来一个这样的例子，也就是全世界所有的人都认为美的例子。即使举不出来这样的例子，我们也并不能说这个理论有问题，我们只能说神很多，你认为的美归你的神，他认为的美归他的神。不同的审美观都来自不同的神，虽然否定不了，但这相当于什么都没有说。我们每说一个美的时候，我赞美我看到的美，我赞美我的神，我的神好美。然后你看了之后不吭声，因为你没觉得美，不能因此赞美你的神，你反而是看见另外一个东西很美，但是我又不觉得美，我看了不可能说我的神好美。所以这个美学理论没有办法被证实。

但是证伪我们倒是可以做到，比如你如果相信神的话，你就必须相信所有东西都是神造的，而神是最美好的，那么世间就不会有丑。但是很显然我们认为有丑的东西和事情，这样就证伪了这个美学理论。所以这个理论证实我做不到，因为找不到这样的例子，证伪倒是很容易。所以证伪这个方法通常都比证实更有用，因为按照这个理论不能有丑，是因为神是美好的，所有美好的东西都来自神，所有来自神的东西也都应该美，那就不能有丑。丑和美是对立的，我们当然不认为丑是美的一部分。很显然我们每个人都有认为丑的东西，也有认为美的东西。而且你今天认为它美，明天可能就认为它丑，反过来也会发生，但是神是不会变来变去的。这些都和这个美学理论矛盾，可以说都是这个美学理论的反例，都证伪了这个理论。

我们上面仅仅是在批判这个美学理论，并没有对神学本身说什么。当然你可以说，美属于神，丑属于魔鬼。且不说魔鬼是不是神造的，大家有不同的审美观这件事本身就是一个大问题，这需要大家都有各自的神和各自的魔鬼。而我们审美观会发生变化又是另外一个大问题，难道神和魔鬼还会转化吗？我们不讨论神学本身，既不去证实神学，也不去证伪神学，我们只是在用科学的证实和证伪方法批判这个美学理论，我们发现这个美学理论很难被证实，但是很容易被证伪。

认识论美学

西方古典美学从本体论美学到了神学的美学之后,基本上就停止了,因为确实找不到美本身这个东西了,然后就发展到了认识论的美学。到认识论美学就开始考虑,我们是怎么认识美的,我们是怎么感受美的,开始讨论这个问题了。这个问题其实更接近于我们对美学的理解。

纯理性主义美学

开始讨论这个问题的最重要的一个人物是勒内·笛卡儿(René Descartes,1596—1650)。我们前面讲过笛卡儿是科学哲学领域最重要的人物之一,但我们大部分人对笛卡儿的认识是他的数学理论。他有一句话非常有名,"我思故我在",这就构成了他的美学理论的中心思想。他说,感觉到的东西并不实在,看不到摸不着的思想体才存在。因此"我思"这件事是物质实体和精神实体的依据。如果你不思考,就体会不到任何东西,因为你感觉到的东西不是真的,你思考的东西,思想本身、思想体才是真的,是物质实体和精神实体的依据,所以"我思"非常重要。因此他说,美虽然与主体的感受和判断有关,但是美的根本法则却是理性化的数学原则和逻辑性原则。他是个数学家,也是个逻辑学家,所以他说数学原则和逻辑性原则是美的根本法则。那么这种原则是什么?他进一步说,是彼此之间有一种恰到好处的协调与适中,你就开始感觉到美了。这有一点回到了苏格拉底,但只不过他强调的你是如何判断美的,和苏格拉底强调的美本身就是适合还是不一样的。

在笛卡儿之后,还有一位哲学家尼古拉·布瓦洛(Nicolas Boileau

Despreaux，1636—1711），他继承了笛卡儿的纯理性主义，因为笛卡儿认为美完全是理性。他不但继承了理性主义，而且进一步说，理性的"真"符合人的自然本性，就是理性里面我们看到的那种东西才符合人的自然本性。因此他走了更大的一步，他说真就是美，任何偏离真实的东西都不能称为美。这甚至都被当作古典主义的文学法典。这个法典就是以古希腊艺术作为模板，所以当时所有的艺术都要回到古希腊去，回到古希腊的艺术，这才是真的东西。这是从笛卡儿的"我思"，最后到了布瓦洛的真就是美，而真就是以古希腊艺术做模板。从当时的情况来看，就把艺术变成了死气沉沉的艺术，完全不允许有任何创新，有任何改变，有一点像我们今天的京剧这一类艺术，一定要回到最早的模板，离开了就不是真的艺术了，就认为不美了。所以那个时候欧洲的艺术就只能回到古希腊，追求古希腊的艺术，认为这才是最真的，才是最理性的真，才是真正的美。

下面我们也用科学的方法把笛卡儿和布瓦洛的纯理性主义美学做一下批判。还是首先做证实，很多科学理论和艺术都符合理性和真的美学原则。当然科学是很理性的，追求的是真理，揭示自然的真。我们也常常讲艺术来源于生活，但是高于生活，所以也反映了真，生活的真，这也算是有一个模板。只不过布瓦洛比较极端，他认为艺术的模板一定是古希腊艺术的模板。所以我们可以找到很多符合这个理论的例子，也就是我们觉得美是由于理性和真。欺骗很显然不真实，没谁觉得撒谎是美的，没有人会觉得骗子的行为是美的行为。当然有时候可以有善意的谎言，不过这不是真正的谎言。同时我们可以找到不理性的东西不美，比如战争不理性，我们就没有人觉得战争美。这些例子说明这个美学理论在有些情况下能够被证实，这个美学理论是可以找到一些适用的地方的。

下面做证伪。我们也可以找到一些反例，比如疾病和死亡，既理性也真实，但是不美。同样，波光粼粼的水面和平静的水面相比，波光粼粼的水面更理性更真实吗？显然不是的，但是我们常常觉得波光粼粼的水面更美，这和理性和真实没有什么关系。黄山和你家门口的小山包，哪个更理性更真实？一样理性，一样真实，但是你也觉得黄山更美。所以我们可以很容易找到很多这个美学理论的反例，很容易就把这个理论证伪了。

休谟的审美趣味的普遍一致性

认识论美学的另外一个重要人物是大卫·休谟（David Hume，1711—1776）。他主要是个心理学家和生理学家，他的美学简单地讲就是审美趣味的普遍一致性。他说审美趣味不论存在有多大分歧，但还是有一些普遍的尺度，也就是我们有一些共同的审美观，所以人与人在这方面还是表现出基本的一致性。这些审美方面的一致性，源于人们的生理或者心理结构的某些共同的属性或者性质，比如我们都有两只眼睛、一个鼻子、一个嘴巴、两只耳朵等，或者有一些其他的相同结构；或者我们思想上的一些基本的认识等，导致我们有一些共同的审美倾向。他举例子说，心理功能的缺陷会影响审美趣味，如果这个人心理不健全，他可能就体会不到美，他看到的东西全是丑的。如果心理功能健全的话，人们的感受大体相同，就可以获得完善的美的观念。按照他这个理论，他进一步说，除了心理功能要健全之外，想象力的敏锐性对感觉到美十分重要。你如果有偏见的话，就是你的心理功能不够健全了，就会束缚你对艺术作品的评价，你就体会不到艺术的美。这是大卫·休谟的美学观念，他更多的是从人的生理和心理的角度来讨论人的审美，所以也把这样的美学理论叫作心理美学。他既承认审美趣味的相对一致性，也承认审美趣味的多样性和差异性，而这些多样性和差异性就反映了人有不同的心理功能，有不同的想象力，有些人有偏见，有些人的判断力和理性不行，等等。所以他的美学理论已经比较现代了，对现代很多美学理论都有比较多的影响。

同样我们要做证实和证伪。第一步我们证实人和动物的审美观不同，这和休谟美学理论基本原则没有矛盾。当然这是我猜的，我猜人和动物的审美观不同，我们认为美的东西可能动物不一定认为美，我们喜欢吃的东西，可能动物不一定喜欢吃，反过来应该也成立。认为人和动物的生理结构不同，审美观也不同，这符合休谟的美学理论，或者说与休谟的美学理论不矛盾。但是我们其实不知道这是不是由于人和动物的生理或者心理功能不同造成的。我们观察到了这个现象，可以用休谟的美学理论解释成是动物和人具有不同的心理或者不同的生理结构，但是我们怎么知道两者有因果关系呢？相关性不一定等于因果性。所以这不能算是证实了这个美学理论。其实也无法证实人类的某些共同审美观，是来自人类的共同的生理心理功能。我们中很多人的确有一些共同的审美观，难道是因为我们都有两只眼睛、一个鼻子、一张嘴、两只耳朵或者其他的共同的生理或者心理属性吗？比如说，北京很多人都觉得黄山美，但是生活在黄山周围的人不觉得黄山美，但是北京人和黄山周围的人恐怕没有太多不同的生理或者心理属性吧？这个例子就证伪了这个美学理论。聋子就无法欣赏音乐的美，瞎子就无法欣赏景色的美，但是这能证实休谟的美学理论吗？只能说不矛盾，但是证实不了。比如，具有同样听力或者视觉的人，对音乐或者风景不一定有同样的审美判断。有的人喜欢这种曲调、这样的风格的音乐，有人喜欢另外风格的音乐，他俩的耳朵的功能是一样的。同样视觉的人，很可能就喜欢不同的景色。按照休谟的美学理论，这些都不能发生。因此，对这个美学理论很难证实，顶多说不矛盾，但是证伪起来特别容易，因为反例比比皆是，这就是证伪的方法强大的地方。

鲍姆加登：美学就是审美学

认识论的美学到了德国哲学家鲍姆加登（Alexander Gottlieb Baumgarten，1714—1762），才真正对美学的认识比较深刻了，而这也正是美学作为一个学科形成的时候。在他之前大家都是在哲学的框架里研究美学，而鲍姆加登说我要建立一个专门的学科来研究这个问题，就是研究人与世界的审美关系，他不再问到底美是什么或者什么是美，而是试图理解在审美的时候会发生什么事情，他把审美作为一个过程拿出来进行研究，所以在美的认识上就比较深刻了。因此一般认为美学这个学科是鲍姆加登建立的，所以他的研究对象既不是美也不是审美者，而是人的审美活动。他的研究目的是理解审美规律，也就是如何判断某个审美对象美不美，你审美的判断过程是怎么发生的，因此把研究的目的变成了寻找美的判断过程和判断条件。简单地说，美学就是审美学。

所以到这个地方他正式回答了最早苏格拉底、柏拉图和亚里士多德这些本体论的代表人物所提出的这个问题："美是什么？"他的美学的任务不是回答美是什么，所以正式对本体论美学判了死刑，美学不是回答美是什么，也不能回答美是什么，因为审美之前美不存在，美是"审"出来的。因此"美是什么？"就是一个伪命题，不需要回答，也没法回答。

鲍姆加登完成了博士论文，建立了这个学科。他给美学正式起了一个名字，就是Aesthetics，直译的话就是"感性学"，强调审美的过程就是一个感性的过程，所以和前面讲的纯粹理性主义的美学很不一样。Aesthetic这个词现在用得很广，你如果说某个审美对象很美，直白的英文就说beautiful，但是学究（显得有文化）的表述aesthetic，意思就是具有美好的体验。这个时候美学作为一个学科，就比较明确应该干什么了。

但是遗憾的是，鲍姆加登只是说了美学的任务是干什么的，他并没有发现美的判断条件。

那么我们下面看看在鲍姆加登正式建立了美学这个学科之后，认识论的美学家们又干了什么，是否完成了鲍姆加登所没有完成的认识论美学的任务。

康德的判断力

德国古典美学非常重要的一个人物是康德（Immanuel Kant，1724—1804），康德对后世的影响非常大，他提出了一个观念，叫作判断力，所以他的美学最基本的关键就是判断力。他说自然就是必然的因果关系。我们整天讲的nature，讲的自然，他就说有因果关系，而且必然发生了因果关系，所以自然才出现了。那么判断力是什么呢？他的判断力就是发现因果联系的合目的性，这个听起来非常难懂。简单来讲，其中最重要的一件事情就是合目的性，这就是自由。所以自由的意思就是表现为理解某件事情、某个东西的目的，把它理解了，你就拥有自由了。

这个自由，不是说教师规定大家来上课，但是你不上课，你逃课了，你就有了逃课的自由。这是不对的，因为你没有真正理解自由是什么。你逃课了教师可以惩罚你，所以你没掌握自由。如果你有办法逃课了，而且让教师不惩罚你，掌握住教师的规律了，你才算是拥有了自由，否则你如果没有办法逃脱教师对你的惩罚，你就没有拥有逃课的自由。所以自由的基础是你掌握了这个规律，你用来理解你的目的，这就是合目的性，这就是拥有了真自由。

我们常常问什么是科学，科学就是对自由的追寻，这是吴国盛教授特别喜欢讲的。希腊文化的根本是什么？追寻自由。因此，追寻自由是科学的根。但是我们通常说的自由主义跟很多不好的东西建立了关系，自由主义在我们的语境里面不是正面的词，所以我通常不说科学就是追求自由，这会引起误解，其根源还是我们语境里面的"自由"和康德以及希腊文化的"自由"的含义有根本的不同。我说科学的目的是发现规律，其实和吴国盛教授讲的是一回事。发现规律的目的是什么？是理解并且掌握规律。正是人类对自然规律的认识不断深入，才使人类的能力得到不断增强，我们今天有了通信和旅行的便利，才有了上天入地的自由。这是"自然"和"自由"的本意。

康德在自由和自然之间建立了一个联系，这个联系就是判断力，你要靠判断力来找到自由，来找到合目的性的自由。你如果没有判断力，你就找不到自由，康德的整个哲学的核心就是判断力，所以他把判断力也用到了他的美学里。他认为判断力里面有很多因素，其中最重要的因素就是鉴赏和判断。你要欣赏它，要理解它，对它最后做出一个判断来，他说这就是审美。所以判断力里面一个重要的元素就是审美，这是康德美学带来的一个全新的事情。在这里，自然是认识论的核心，认识论就是要认识自然。而自由又是伦理学的核心，因为我们要理解某一件东西，就要遵循一定的法则。所以康德的美学也就是判断力，也就是审美，他的美学把认识论和伦理学连接起来，所以康德的美学被认为是人类思想史上最深刻、最富有魅力的美学思想之一，站的高度非常高，在人类认识自然和人类行为的规范自由这两者之间建立了联系，这就是康德美学。

我们下面进行科学批判。

首先从证实的角度来看，比如说我们要理解科学之美的确需要利用判断力来认识到科学规律的因果关系，也就是自然是怎么发生的。当然我们也需要理解科学规律本身，科学规律本身前面讲了就是自由，所以康德认为自然就是个因果关系，是必然发生的事情。所以我们欣赏科学之美的时候是需要用判断力的。还举我前面讲的 $E=mc^2$，我认为是最美的科学规律。

这作为一个规律，在哪个地方也都是适用的，在自然界这个事情也是经常发生的，所以我认为它是很美的。但是我如果把这个公式写出来，拿着到一个门卫那里，我说大哥你看看这个科学公式美不美？他肯定说你到一边去，因为他不知道这是什么东西。所以要欣赏这个科学之美是需要判断力的，没有判断力你欣赏不了它的美。对艺术之美的欣赏也是类似的。为什么农民工喜欢听的很多音乐，喜欢看的很多东西，我们会感觉很不一样，这是因为我们的认识不同、文化背景不同，因此判断力也就不同。这里没有什么高低之分，只是大家喜欢的东西不一样。从这个角度来讲我们也算是可以理解康德美学的这个意义，就是你的判断力会起作用。所以我认为康德美学适合于有些科学和艺术的审美，算是能够证实康德的美学。当然在康德他们这些人看来，审美就是艺术的事情。

但是在证伪方面，除了科学之美和艺术之美，大部分的审美活动都和这个理论没有啥关系，大部分的审美现象都既不能证实这个理论，也不能证伪这个理论。其实审美也没有那么复杂，不理解科学之美和艺术之美照样可以欣赏美。所以我得到结论说这个理论看来无法被证伪，如果无法被证伪，我就只能说它不是一个科学理论，不但适用的范围不是很广，而且是自己在那里自圆其说，从概念到概念，并没有带来太多的新的认识和理解。

黑格尔的绝对理念

我们再看黑格尔（G. W. F. Hegel, 1770—1831）的古典美学，他跟康德是同时代的，稍微晚一点。他提出了绝对理念这个观念，他认为美是绝对理念的感性显现，这个看起来很深刻。他提出概念是观念的统一体，我们对一堆东西的一种概括，这叫作概念。而绝对理念是概念与现象、内容与形式的统一，他把这种东西叫作 absolute idea，也就是绝对理念，他认为这是终极真理。找到了终极的真理，所有的内在的东西都归这个东西管，然后他进一步说"真"是普遍理念的对象，普遍理念管真实的东西，而美是理念直接呈现于对象之中，是理念与对象之间的内在融合。

那么艺术是什么？艺术不是用某种事例来解释概念，而是去映现理念的光辉。我们有一种理念了，把这个理念给它体现出来，这就是艺术。所以艺术的美不是来自所表现的事物本身的美。我们欣赏芭蕾舞美的时候，不是去看演员的脸蛋或者身材美不美，而是来欣赏芭蕾舞表现出来的那种美。所以美来自理念的感性显现，它显现出来的东西才是美的。因此黑格尔就对美学的研究对象进一步有了约束，他说美学的研究对象是艺术，美学就是关于艺术的哲学。所以我只能说黑格尔美学的美不是你认为的美。你平时去游山玩水的美，你吃美食的美，这些和黑格尔的美没有什么关系。

我们当然也要对这个美学理论做一些批判。从证实的角度看，同样我们可以把科学理论之美说成是显现了绝对理念，是绝对的自然规律的一种体现。而艺术之美也可以说是作者要表达的思想，这种思想显现了和审美者共鸣的理念，你作为审美者才有美的感觉。而很多艺术品别人觉得美，你怎么看也不觉得美，很可能是你在看的时候，这个理念没有对你显现出来，你没有体会到艺术品到底要表达什么东西，很多印象派作品就是这样，我们看来看去也看不出来美在哪里，一头雾水。所以根据这个理论，该美果然美，不该美果然就不美。所以在这些情况下这个理论可以被证实。

但是这个理论证伪起来也很容易。比如，对某个艺术品，你体会到了作者或者表演者所要展示的绝对理念，但是你也不觉得美，因为和你的喜好、文化背景，甚至价值观矛盾，这个反例就是该美不美的例子。另外，绝大多数的美景、美食、颜值都显现不出来啥理念，但是我们也觉得美，这也是反例。更普遍地讲，既然美是绝对理念和终极真理的显现，那么终极真理的显现对所有人应该都是共同的，那么所有的人都应该有共同的审美观，但是很显然不是这样的，不用举例大家也同意。所以我说从证伪的角度来讲，如果我们想把黑格尔美学推广到艺术以外就不行，如果就局限在艺术里面，我觉得还是可以的，可以作为艺术理论的指导，尽管在艺术领域我们也可以找到很多反例。所以我们用证伪的方法就发现黑格尔的美学有很大的局限性，这就是我们做科学批判的目的。

西方古典美学总结：从绝境到绝望

最后对西方古典美学做一下总结，用几个字就是"从绝境到绝望"。本体论美学从苏格拉底开始，他认为适合就是美，柏拉图的美就是理念，就是本质，亚里士多德进一步认为秩序和目的就是美，最后一直到古罗马晚期和中世纪，神就是美，美就是神。这一路走下来，美始终也没找到，就给神了。所以到这里，我就说本体论美学进入绝境了，没法往前走了，出不去了。

然后就到了认识论美学，是笛卡儿开始提出符合数学和逻辑学的原则就是美，休谟进一步发展，认为是生理或者心理结构导致我们审美趣味的普遍一致性。到了鲍姆加登建立了美学，他说美学其实就是感性学，就是审美学。康德在自然和自由之间建立了一个联系，这个联系就是判断力，而判断力最重要的部分就是审美能力（审美观），所以他认为美是自然和自由之间的一个桥梁，所以康德美学的层次非常高。到了黑格尔，他认为美是绝对理念的感性显现，但是他的美学的美只是艺术的美，和你平时说的美没有什么关系。所以我说研究到了这个地步，认识论的美学就陷入了绝望（图 3-1）。

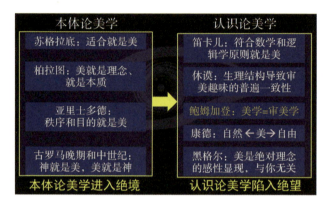

▲图 3-1　西方古典美学的本体论和认识论总结

所以西方古典美学的本体论和认识论美学到最后都没有出路了，一个进入了绝境，一个陷入了绝望，这是我们用科学批判的方法，主要是用证伪的方法得到的结论。

我们再回到最开始本体论提出来的"美是什么"这个问题，复旦大学朱立元教授做过一个回答，我在他的美学课程的讲义里找到了。他首先说，我自己觉得还没有办法回答这个问题。他接着说，柏拉图就曾经在《大西匹阿诗篇》最后回答说，"美是难的"。朱教授说，这是千真万确的至理名言，因为从古到今有多少人，包括许多许多大美学家下过无数个美的定义，但是没有一个是成功的，没有一个为大家所公认，因此美是难的，这个结论到今天很多美学家还接受，当然包括复旦大学的朱立元教授。

西方古典美学科学批判总结

最后我们把西方古典美学的科学批判做一下总结。

总的来讲就是一直使用证实和证伪这两个方法。从证实方面，我们发现有些理论能够在部分情况下被证实。这当然并不奇怪，因为这些理论是根据一些例子总结归纳出来的，当然能找到一些例子符合这个美学理论。能够举出的例子越多、范围越广，就说明这个理论的适用性越强，我们对这个理论的信心也就越强。但仅仅是用证实的方法，我们不能证明该理论在所有情况下都是正确的，因为我们永远无法穷尽世界上的所有情况。

但如果用证伪的方法就不一样了。大部分理论都被证伪了。证伪的意思是说找到了不适用这些理论的例子，也就是找到了这些理论适用的边界。而且我们发现有些理论的适用范围特别窄，有些理论只适用于很少的情况。但是也有理论完全无法被证伪，不是说不能够被证伪，但是还没有被证伪，而是我认为从原则上就没有办法被证伪，也就是不可能找到这个理论适用的边界，当然也就无法进一步改进和发展这个理论。

需要强调的是，不可证伪并不是一个理论的优点，而是一个理论的根本缺陷。对一个美学理论证伪的意思是，根据这个理论该美的地方我们觉得不美，或者按照这个理论不该美的地方我们反而觉得美。很显然我们每个人都有自己的审美观，我们都能够判断某个审美对象美或者不美（尽管不同人的结论不一样）。一个美学理论不可证伪，表明我们根据该理论不能确定某审美对象应该美或者不美，所以无法和我们的审美结论做比较而被证伪，那这样的美学理论算什么？只能说连一个错误的美学理论都不算！而一个理论被证伪了并不是说这是错误的理论，而是表明该理论部分失效，在被证伪的这些地方不能用,这个理论需要进一步改进和发展。

最后总结西方古典美学的科学批判,我们得到结论,西方古典美学有一些很好的思想,但是距离真正的审美学还很远,还没有找到比较普遍适用的审美规律,否则我们就不会有现代美学理论了,也就不会感叹"美是难的"了!

第二节
常见审美观念的科学批判

这一节讲常见审美观念，这当然是属于现代美学的内容，但是也很难说是属于西方现代美学还是中国现代美学，也很难说是属于哪个学派，总而言之是大家比较常见的一些美学观念，我把这些都收集到一起来讲，而且还会用前面的科学方法对每一个审美观念做批判。

有些人很不习惯甚至很反感用科学方法批判美学理论，认为既然美学属于哲学，你就不能用科学方法去批判，科学方法能适用于哲学吗？人家本来是哲学，你在前面说哲学不是科学，我虽然很不满意，但是也忍了，但是现在你又用科学方法去批判人家，就很过分！

其实科学方法适用于任何东西，因为这是一种行之有效的思维方法。我们说批判并不是说它是错的，大家一听我要批判什么东西，直觉反应就是这个东西是错的。并不是这样。批判的意思是说我们来评估它、评价它、理解它，最后改进它、发展它。我们用科学方法对它进行评估、批判的主要目的是找到它的问题，所以我们用批判这个词，这是很正面的。

也有人认为，张老师你批判也可以，但是有点太草率了，人家那么著名的美学理论，甚至影响了 2 000 多年，至今还有很多人尊崇的美学理论，很多都是大部头的著作而且不容易读懂，你怎么三言两句就给人家总结了，然后就否了？其实只要把一个理论的要点找出来，我们就能够举例了，而且我的主要目的也不是证实，因为用证实这种办法永远也不能证明该理论适用于所有情况，那我也就没有必要举那么多例子了。我的主要目的是证伪，一旦找到一个反例，就证伪了该理论，也就说明了该理论不是在所有情况下都适用，所以我也不需要举很多的例子。这也说明科学方法能用来理解哲学问题，其实在生活中哪里都能用科学方法。我们所讲的科学素养，就是能否正确而且随时随地使用科学方法分析问题，当然最好也能够用科学方法解决问题。

这些常见的审美观包括对称美、简洁美，也有不对称美和复杂美，也有真实美和自然美，更有距离产生美，"情人眼里出西施"，还有残缺美、缺陷美，等等，这都是常见的美学观念。其实从我们大众审美的角度来讲，这些观念对大众的影响远远超过了正统哲学的美学理论。比如我前面讲的那些古典美学理论，后面还会讲的西方现代美学理论，这些美学理论可能对艺术界的人有些影响，但是对我们大部分人其实没有什么影响。

对称美、不对称美、自然美、真实美

我后面会大量使用百度的东西，因为现在百度还是比较智能的，而且使用起来非常方便。比如，我在百度图片输入"对称美"，就出来这些图片（图3-2），大家看是不是都很美？至少百度认为是很美的。这里确实有很多对称美的例子，当然也不一定是绝对的对称，但是这些图片是以对称为主，目的是突出对称美。你到百度上面去看，有很多这样的例子，有好多页都还没完，我就是弄出来其中的一页给大家看，这说明对称美这个观念对我们的影响非常大，而我们平时自己出去拍照片，也很喜欢拍这一类照片，拍出对称美的照片，尤其是这种倒影的照片，大家拍得很多，或者在某一个建筑物前站着拍照留影到此一游的时候，也是站得尽可能对称一点，其实追求的就是这种对称美。所以对称美的例子很多，从证实的角度来讲能找到很多证实的例子。所以追求对称美的美学家，他讲对称美讲一天也没问题，因为他可以给你举出无数的对称美的例子，最后得到结论：对称为美。

▲图 3-2　百度图片——对称美

既然对称为美，就应该说明对称是美的本质，那么不对称就不是美，所以这些照片证实了对称美，当然也就证伪了不对称美，而且也证伪了自然美，因为这里面极少是纯自然的东西，都是人造或者精心选出来的，并不怎么反映自然的状态。其实只有人造的东西才能达到真的对称，我们看到的真实的、自然的东西都不是完全对称的，另外，对称有时候也不美，我看照片上的这俩人就挺对称的，牙的左右数目都一样多，连皱纹都是精确得一样，不过这是评出来的最丑的照片（图3-3），至少很多人认为很丑。这很真实，这俩人就这样也没化妆，是很真实的照片，不是那种化了妆而且用了深度美颜的"照骗"。既对称又真实也不美，就同时证伪了对称美和真实美。

▲图 3-3 对称也真实，然而很丑

在百度输入"不对称美学"，又出来了这么一大堆想展示不对称美的照片（图 3-4），比如说某演员的脸，他们精确地测出来了，发现她眉毛一边高一边低，不对称，但是很多人觉得她很美。实际上有很多美女化妆或者穿衣打扮的时候，都故意制造出一些不对称。像这种图案也故意弄得不对称，这些衣服也都很不对称，所以这些不对称的美，就证实了不对称也是美，但是同时就立刻证伪了对称美。

▲图 3-4 百度图片——不对称美

因此，我们通过证伪的方法，就说明了对称、不对称、真实和自然，这些都不是美的本质，只是美的不同表现形式而已，只是表观现象而已，对称、不对称、真实和自然可以美，也可以不美，甚至丑。

简洁美、复杂美

在百度输入"简洁美"，也出来很多这种照片（图3-5），的确是挺简洁的，当然不一定我们都觉得美，但是至少有人觉得符合简洁美，算是证实了简洁美。那么对称吗？都不对称，所以就证伪了对称美，当然也立刻证伪了复杂美，因为复杂和简洁很显然是互相排斥的，不可能某个东西既简洁又复杂，当然不排除某个东西有时候表现出简洁，有时候表现出复杂。

▲图3-5 百度图片——简洁美

这是我画的鸭蛋（图3-6），我的艺术作品，既简洁又对称，而且也真实（不是剽窃的，真的是我画的），我想没人觉得美（除了想让我开心、担心伤了我的自尊的善良读者），所以简洁、对称、真实都不是产生美的充分条件，当然也不是必要条件，因为我们知道，很多复杂、不对称和不真实的审美对象其实也会让我们觉得美。

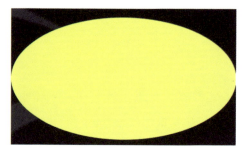

◀图 3-6 我的作品——对称、简洁、真实，然而不美

在百度输入"复杂美"出来的照片也是多得不得了（图 3-7），比如这个女生的辫子就很复杂，被用作复杂美的例子，可以证实复杂美，但同时就证伪了简洁美。有人追求复杂美，也有人追求简洁美，这说明简洁和复杂都不是美的本质。

▲图 3-7 百度图片——复杂美

有同学认为这些垃圾堆的照片美吗（图 3-8）？好像没有。真实不真实？很真实。复杂不复杂？很复杂。很复杂，很真实，但是不美。同样，

战争、犯罪、疾病、死亡、各种苦难都很真实，但是不美。因此，我们通过证伪也说明了简洁、复杂、真实都不是美的本质。通过这些例子，大家应该理解了证伪到底是怎么回事，为什么证伪很厉害！

▲图3-8　百度图片——垃圾堆，真实但是不美

再用一个前面用过的例子，就是黄山（图3-9）。黄山的照片很美，要不然我们也不会在节假日的时候那么挤，还要跑到那里去，当然门票也不便宜。为什么黄山美？坚持自然美的美学家就说是因为黄山是自然的，特别喜欢用黄山作为例子证实自然美。坚持真实美的美学家也以黄山为例，说黄山体现了真实美，因为的确是真的啊，谁敢到黄山去造假啊。所以同时证实了真实美和自然美。但是坚持对称美的美学家绝对不能去黄山，到那里就会崩溃了，因为那里根本找不到对称的例子。简洁美派的也不敢去，因为黄山复杂得一塌糊涂，没有一个简洁的东西。这就证伪了对称美和简洁美，因为黄山既不对称也不简洁，然而很美。但是你家后面的小山坡（图3-10），真实的程度和黄山一样，自然的程度也和黄山一样，怎么没有什么人围着拍照到此一游呢？同样真实和自然，然而不美，也就证伪

了真实美和自然美。

▲ 图 3-9　百度图片——黄山

▲ 图 3-10　你家附近的小山坡，真实、自然，然而不美

距离产生美

我们来考察距离产生美。很多东西在远处看,你觉得确实很美,这样的例子能找到非常多,像这样的例子就证实了距离产生美(图3-11)。在距离产生美的美学著作里,这样的例子也非常多。我们国家近代最重要的美学家之一是朱光潜先生(1897年9月19日—1986年3月6日),距离美就是朱光潜最重要的美学理论之一,我们后面会讲到这个理论最初不是他提出来的,但是他在中国把这个理论发扬光大。

▲图3-11 距离产生美

我读过朱先生的美学著作,对为什么距离产生美,朱先生的解释非常有意思,也很原创。比如朱光潜说,你现在看到这个美女的照片觉得美,体现的是你的心飞到了美女的身边去了,就感觉到她的美了,距离越远飞的时间越长,你经历的美感越多,就有了距离产生美。非常有道理!但是如果距离产生美的话，那情人就不会在一起了，情人就整天站得远远的多好，这样就可以感受更多的美对不对？怎么还要待在一起呢？我们看到的所有的例子都是情人要靠得很近。当然朱先生说，太远了也不行，感情飞不过去了，还得有一个范围。但是人家一定要拉着手，一定要拥抱在一起。所以这些照片告诉我们，在很多情况下追求的是近，而不是远，越近才越觉得美。这就证伪了距离产生美。朱先生一辈子费尽了心思研究的距离产生的学说，就被这几张照片很容易证伪了（图 3-12）。

▲图 3-12 越近越美

又比如，这都是显微镜下的照片（图 3-13），近得不得了。现在有一些科学家到处去讲科学之美，就拿这些照片，很多科学的照片，也包括天文望远镜拍摄出来的照片，高精度的清晰照片，或者高速摄影机下拍下来的各种各样的镜头，就说你看科学有多美，如果没有这些工具，没有显微镜，没有天文望远镜，没有高速摄影机，我们就没有办法身临其境看清楚，就体会不到科学之美。这些恰好是越近越美，你要尽可能看清楚这个东西才觉得美，你如果待得远远的看到模糊一片，就不觉得它美了。刚才说两个人拉手拉在一起感觉美，你可能说这样是因为有了感情的交流才感觉到了美，但是这些科学的照片有啥感情交流？但是你也觉得美。

▲图 3-13　显微镜下的照片

这是沙滩上的照片，重点是看这些垃圾，整个沙滩上铺满了垃圾。我们现代人肯定不觉得这些堆满了垃圾的沙滩美（图 3-14）。按照朱先生的理论，太近了你就被这些垃圾袋恶心了，肯定感觉不到美。那就远一点，

▲图 3-14　沙滩上的垃圾，多远看都不美

这样不会被它恶心，按照朱先生的美学理论你的情感还能飞过去。远一点看变成这样，仍然不美，那就离得再远一点，变成这样，还是不美，直到最后看不见了你也不会觉得美。所以无论什么距离看堆满垃圾的沙滩也不会产生美，这也证伪了距离产生美。

由于距离产生美这个理论太重要了，我就多讲一下，为什么有时候真的会距离产生美呢？看这个例子，近了一看瞧你那熊样，立刻就觉得不美了，远一点看不清不知道是谁，如果恰好心情好，误以为是某人了，说不定会感到美（图 3-15）。

▲图 3-15　越近越不美

所以我们就用科学的证伪方法说明了，美不美距离并不是原因，只是一个表面的现象。

"情人眼里出西施"

这是情人眼里出西施的一个例子。她很显然特别喜欢他，所以当他问她觉得自己帅不帅时，她怎么看也觉得他帅。所以证实了"情人眼里出西施"。当然这是漫画，我们看不出来到底他帅成啥样，但这是这个漫画想表达的意思（图 3-16）。

▲图 3-16 "情人眼里出西施",怎么看怎么帅

我再举另外一个例子,这是大家都知道的扎克伯格。他要到中国和中国的网友对话,欢迎大家给他提问题,网友们给他提的一个问题是:"为什么你老婆这么丑你还爱得不得了?"扎克伯格的老婆是华人,外貌不太符合中国人认为的美女。比尔·盖茨就好心地劝说扎克伯格,这个问题你千万别回答,这是一个陷阱,回答完了之后回家还不得跪搓板。扎克伯格当然知道这个问题是陷阱,他见多识广,什么样的人、什么样的场面没有见过?但他是真正的男人,我很佩服。他回答了,他说因为她太好了,比自己聪明,比自己能干,又爱自己,各个方面她实在太好了,他觉得她美她就美。这就是"情人眼里出西施"!(图 3-17)

▲图 3-17 在扎克伯格眼里,他老婆最美

马云也是我特别敬佩的企业家。崇拜马云的人很多,认为马云很厉害的人很多,但是我觉得不管你有多么喜欢他,也不会觉得他帅,所以"情人眼里出西施"在马云这里大概很难做到。有一次凤凰卫视许戈辉采访我说,你如果遇到外星人,最想问外星人什么问题?我提了10个问题,其中的一个问题是:"马云是不是你们派到地球来卧底的?"如果以外星人的标准,马云说不定还是很帅的,但是以我们地球人的标准,你就是崇拜他到任何程度,也做不到认为他帅,这违反了"情人眼里出西施"!当然这里的"情人"是广义的说法。

大家仔细看看这些照片,这是一大堆美女美男的照片(图3-18),是我在百度输入"美女美男"出来的。这些人跟我们一点关系都没有,绝对谈不上情人,也没有任何感情纠葛,然而我们也觉得他们美。不是情人难道就不美吗?不是情人也可以美。确实有"情人眼里出西施"的很多例子,可以证实"情人眼里出西施"。但是按照"情人眼里出西施"该美的也有不美的,不该美的也有美的,也很容易证伪"情人眼里出西施",证明这不是个普遍的规律。

▲图3-18 不是情人、完全无关,也觉得美

残缺美、缺陷美

还有一个美学理论就是残缺美、缺陷美，影响力非常大，可能是我讲的这一堆常见美学观里面最厉害的，尤其是艺术界对这个美学理论佩服得一塌糊涂。

最重要、最经典和几乎人人皆知的残缺美的例子就是断臂维纳斯。前一段有一个移动互联网产品是果壳网旗下的"分答"，你可以花钱向别人提问。我就花了1 000多元去问一些艺术家，断臂维纳斯为什么美？绝大部分人回答说是因为她少了一只胳膊才美，符合残缺美。这个产品还允许你再反问一个问题，所以我就反问，我怎么没见过任何一个美女为了追求更美而把胳膊给搞断了呢？大部分艺术家就不理我了，拒绝回答，不过还是有艺术家回答说，是因为她没有疯。同一个艺术家，前面回答是因为她断了胳膊才美，我反问之后他就说是因为那个人没疯。难道断臂维纳斯是个疯子吗？或者说做出来雕塑的艺术家是个疯子吗？难道我们审美的人都这么没有同情心吗？我们难道以人家的痛苦作为快乐吗？

还有另外一个重要的例子，是以一个老妓女作为原型做的这个雕塑，也是作为残缺美的一个例子，根据一般的认识和价值观，老妓女肯定有缺陷。这个雕塑放在艺术博物馆里，大家觉得美得不得了，也作为残缺美的重要代表。

这么重要的理论，西方有经典的例子，我们中国的艺术家们也得找到残缺美的例子，经常用的就是中国宋代的汝瓷有裂纹，它的裂纹是缺陷，因为有残缺所以带来了极度的美感（图3-19）。

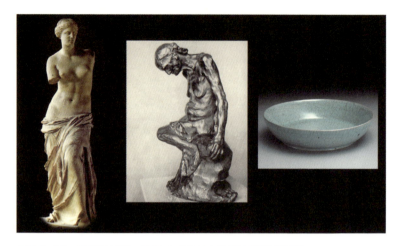

▲ 图 3-19　断臂维纳斯、罗丹的《老妓女》和有裂纹的瓷器

我们下面对缺陷美、残缺美用科学方法做证实和证伪。我上面已经举了这几个经典的例子，算是证实了这个美学观念。上面讲的分答提问的例子，没有哪个女孩为了追求残缺美去断臂，就证伪了这个美学理论。为什么要去整容和美容，就是觉得哪里有点缺陷，去掉缺陷是整容和美容的目的，没见过整容和美容故意造出来缺陷让自己变美的。为什么要化妆，化妆的目的就是掩盖缺陷，让眼睛显得更大，眉毛不乱，皮肤看起来更白、光亮，让气色更好，把痘痘盖住，就美多了。有些女生觉得脸太宽了是缺陷，可以选择合适的发型显得脸窄一点。个子矮、腿短是缺陷，合适的鞋和衣着可以弥补。美颜相机通过什么美颜？就是要起到化妆的作用，甚至比化妆还厉害，比如可以调整脸型甚至身材，千方百计地弥补甚至去掉我们想避免的缺陷。差不多我们平时追求美都是去掉缺陷和掩盖缺陷的过程，这些例子都证伪了缺陷美。

"双 11"很多喊着"剁手"但是剁不下来的朋友们订了很多东西，你订的精美的盘子终于送到了，你迫不及待地打开一看，满是裂纹，很显然运输的路上出问题了，你会高呼缺陷美吗？不会！你会立刻给客服打电话退货！那么你家的盘子上面有裂纹咋就不美了？如果缺陷造成的裂纹给你带来极度的美感，你应该开心，你本来买的是普通的盘子，现在免费变成珍贵的艺术品了。很显然并不是盘子有裂纹的缺陷就会带来美感。

从我刚才举的那些例子可以得到结论，绝大部分的美都是没有缺陷的，而且我们特别追求没有缺陷，而不是追求缺陷、追求残缺。按照残缺美的理论有残缺了就该美、没残缺的就不美，但是大部分情况都相反，只有少部分情况下好像是那样子的，所以对这个美学理论证伪就特别彻底。完美无缺什么意思？就是完全没有缺陷才是美，与残缺美、缺陷美完全相反。

常见审美观念的证实和证伪总结

下面我们就对常见的审美观念的证实和证伪做一下总结。

常见的审美观念，有对称美、简洁美、不对称美、复杂美、真实美、自然美、距离产生美、"情人眼里出西施"、残缺美、缺陷美，等等。这些观念对大众的影响远远超过哲学的美学理论，认可甚至追崇这些美学观的人特别多，学术界也是如此。比如科学界特别追崇对称美、简洁美，当然也有学者追崇不对称美、复杂美。而艺术界追崇自然美、真实美、残缺美、缺陷美的特别多。

从证实的角度来讲，所有这些观念都是根据具体的例子总结的，所以都能够举出一些证实的例子，有些审美观可以证实的例子很多，但是有的审美观可证实的例子非常少，比如说残缺美、缺陷美，特别难找证实的例子。

但是从证伪的角度，我们可以很容易找到大量符合这些观念，但是我们觉得不美的例子，也可以找到很多不符合这些观念，但是我们反而觉得美的例子，而且这些观念很多其实也是相互矛盾的，所以很容易证伪所有这些观念，而且可以证伪得非常彻底，说明这些观念都不是普遍的审美判断条件。我们不是说这些观念没有任何价值、在哪里都不适用，我们只是得到结论，这些观念都不是普遍的审美判断条件，而我们前面讲了美学的主要任务，就是找美的判断条件，但这些很显然都不是，这些常见的美学观念都没有抓住我们判断美的本质。

经常有人争吵，有人说对称美，有人说就是不对称美，双方都能举出证明自己观点的例子，谁也不能说服谁。原因就在于双方都是只做证实，不做证伪。一旦我们做了证伪，就会觉得实在是没有意思，有啥可争的，双方都不对，不做证伪只做证实其实和诡辩没有什么区别。这就是为什么我们强调用科学的方法来讨论学术问题（也包括哲学、美学），这样可以找到问题在哪里，就不会陷到诡辩里。通过证实可以知道在哪里和如何使用一个理论，而通过证伪找到了问题（也就是反例），学术思想和理论才能改进，才能发展。

第三节
西方现代美学与批判

我们前面讲了西方古典美学理论和一些常见的美学观念,重点是对这些美学理论和美学观念用科学的方法做了批判。有人会对此表示不理解甚至质疑,认为这些不管是经典美学理论还是大众审美观,都已经这么长时间了,大家都接受了,怎么现在还要批判。其实所有新的学说都是建立在对旧的学说的批判的基础上的,要理解就要批判,没有对旧的学说、旧的理论的理解和批判,就建立不起来新的学说。

审美观和审美规律

我们在"西方古典美学理论与批判"那一节讲了,鲍姆加登正式建立了美学这个学科,给美学正式起了一个名字 Aesthetics,直译的话就是"感性学",是研究人与世界审美关系的一门学科,研究对象就是审美活动,研究的目的就是理解审美规律,审美规律就是我们到底是怎么判断某个审美对象美或者不美。因此,可以说美学就是审美学。前几天我在朋友圈里面发了一堆东西,就是关于美学的一些感慨。然后我朋友圈里有一个朋友,北京大学著名的生物学家饶毅教授,我非常尊重的学者,他在我的那个微信下面做了一个评论，说美有学吗？应该是"感"。我回答说有美学，但是美学就是审美学，和他解释的并没有矛盾，实际上我们的理解是一致的。所以对做自然科学研究的人来讲，很容易理解这个问题。

尽管鲍姆加登建立了美学，也说清楚了美学的任务就是理解审美，但是又留下了一堆没有回答的问题，比如，美的判断条件是不是存在？如何来发现美的判断条件？如果美的判断条件存在，条件是不是唯一？为什么有这样的条件？因此鲍姆加登仅仅是开了个头，上面的问题他不但没有回答，实际上他根本就没有提出。

我们这里暂时先不讨论上面的几个问题，先澄清两个概念，一个是审美观，一个是审美规律，因为我们常常把两者混淆起来。

尽管审美规律应该是美学研究的最终目的，但是美学界不太提这件事情，反而是审美观提的比较多，那么审美观说的是什么呢？说的其实是两件事：①什么是美？②美是什么？这看起来很绕，怎么就把审美观分成两个问题呢？这两个问题难道不是同一个问题吗？实际上，我们平时基本上不区分这两个问题，因为这两件事情都涉及审美对象的客观性质，和审美者应该是基本上没有关系的。

比如我们前面讲的真为美，也就是某个审美对象本身或者某个性质是真的，我们就觉得这个审美对象美，这就是对"什么是美"的回答。换句话说，真是美的充分条件，只要是真的，就肯定美。我们也常说，美就是真，也就是说我们觉得美的东西或者事情，必须是真的，这就是对"美是什么"的回答。换句话说，真也是美的必要条件。因此"真"就是"美"的充分必要条件，真的肯定美，美的必须真，"真"="美"，这就是审美观，我们前面讲的常见审美观都是这样的，而且我们也用科学的证实和证伪方法证明了，这些审美观尽管都有很多可以证实的例子，但是也都有很多反例（也就是被证伪了），而且不少审美观还是相互矛盾甚至完全相反的，这说明它们的适用范围都很小，所以不可能反映审美规律的本质，更不可能是审美规律。

前面讲了审美规律就是美的判断条件，美不美这个判断是人做出来的，所以审美规律讲的是主观对客观的判断，既和审美者有关，也和审美对象有关，而审美观都是审美对象的客观性质，所以审美观和审美规律不是一回事。对于同一个审美对象，不同的审美者会得出不同的审美结论，因此美不美在"审"之前是不知道的，美不美是"审"之后的结果。为什么不同的审美者对同一个审美对象会有不同的审美结论？为什么同一个审美者对同一个审美对象在不同的时间、不同的情况下也有可能得到不同的审美结论？这就是审美规律需要回答的问题。换句话说，美学需要回答的是，到底审美者如何以及做了什么判断导致审美者得到了某个审美结论？

如果某个审美规律比较深刻，反映了主观对客观的判断过程以及判断条件，那么如果我们对它也进行科学的证实和证伪，就应该发现证实的例子（该美就美，该不美就不美）非常多，而证伪的例子（该美不美，该不美反而美）非常少，换句话说，该审美规律适用的范围非常广。我们前面已经证明了，前面所讲的所有西方古典美学理论和所有的常见审美观，都离令人满意的审美规律甚远。

比如我们今天知道的最好的物理理论就是广义相对论和量子力学，然而广义相对论用不到原子里面，量子力学不能应用到大范围的引力，所以我们知道这两个理论都是有适用范围的，也就是说我们还没有找到终极的物理规律。但是在广义相对论适用的所有范围（原子以外），我们没有找到一个反例，所以这是它的势力范围。在微观世界里面，量子力学规律目前看来都是适用的，包括诡异的量子纠缠，都已经被证实了，说明在这个世界里面量子规律是成立的，但是你不要扯到引力那里去。

很多人还是想找到更好的物理规律，这样的物理规律适用在所有的范围，我们叫作终极物理规律，有没有呢？我们从科学方法的角度讨论过，我觉得可能没有，这么一个理论也许是找不到。但有人认为能找到，所以这就是不同的观点问题。但是从科学方法的角度来讲，我们所做的事情就是希望这个规律证实的例子尽可能多，证伪的例子尽可能少，如果我们能找到这样的审美规律，这就是一个科学的审美规律。如果只做证实，你永远不知道这个理论哪里不能用，所以需要做证伪。但是如果只做证伪，你也不知道这个理论哪里能用，所以也需要做证实。因此证实和证伪是科学实证化的两个方面，缺一不可。但是平时我们比较习惯的是证实，而不是证伪，甚至我们对证伪我们非常喜爱的美学理论非常不适应，甚至非常反感，有的人甚至极为愤怒，这就是因为我们没有体会到科学方法的重要性，或者认为不应该用科学方法去研究（也就是批判和理解）哲学和美学理论。

批判的目的主要是理解一个理论什么时候适用，什么时候不适用，既不是抛弃这个理论，也不一定是要建立一个新的理论。有人很理直气壮地说，你也不是美学家，也没有提出过啥像样的美学理论，甚至都不是学文科的，凭啥批判人家的那些如雷贯耳的美学理论？会批评别人的，并不是自己一定会干什么，比如，运动会上的裁判员给你打分，他能跑得很快吗？他做体操做得一定更好吗？篮球场上裁判会扣篮吗，会比乔丹更牛吗？一般不会的，但他仍然是裁判。只要你掌握了规则（咱们这里就是科学方法），你也可以做裁判（就是科学地批判），但是你不一定建立新的理论。就像文艺批评家可能也写不出来什么好的作品，也没获得诺贝尔文学奖，也不是著名的导演，但是他打分也很管用。诺贝尔奖各种评审委员会的成员，有几个人获得过诺贝尔奖？不一定获得过，也不一定有那个水平，但是他可以做批判，他找你的毛病找得很准，因为他理解诺贝尔奖的标准，他掌握了诺贝尔奖评判的原则，所以诺贝尔奖有很高的信誉，获得诺贝尔奖是最高的学术荣誉，尽管现在有很多奖的奖金都比诺贝尔奖高，甚至高好几倍！

西方现代美学的出发点

现代美学当然是建立在西方古典美学的基础之上的，实际上是看到了西方古典美学的问题。我们前面把西方古典美学讲完之后，得到结论，西方古典美学进入了绝境和绝望。就是本体论美学进入了绝境，因为最终所有的美都归于上帝了，终极的永恒的美就是神，就是上帝，就不再也不能去寻找别的美了，所以本体论美学进入了绝境。尽管有鲍姆加登开创了认识论美学，告诉我们美学的研究任务是研究审美规律，但是不仅他最后没有找到审美规律，整个古典美学也都没有找到，所以他们不再关心那种既定的抽象的人的审美能力了。本来是要研究审美过程，但是他们把审美弄成了一个普遍的抽象的人的审美来进行研究，最后也找不到这个规律，实际上最后就放弃了，所以认识论美学就绝望了。所以西方古典美学的本体论和认识论美学最后都结束了，当然也不是一无所获，还是留下了很多很精彩很深刻的思想，推进和发展了艺术，促进了艺术的繁荣，这些我们在前面也都讲过了。

西方古典美学结束了，就进入了现代美学，现代美学一个主要的发展方向就是语言学。古典美学的绝境和绝望，实际上也是古典哲学的绝境和绝望，因为西方美学基本上都还是哲学的一个分支。我们前面讲过，西方古典美学和西方古典哲学的登峰造极者黑格尔，就把美学定义为关于艺术的哲学，所以西方古典美学是和古典哲学一起终结的。

西方的现代哲学主要是分析哲学，而分析哲学主要的方法就是分析语言学。当我们表达各种概念的时候,我们的语言在里面起了什么作用?有时候哲学家的争论可能是由于大家语言的表达不一样,各个学派的争论可能是我们说的是同样的词,其实背后的意思是不一样的。驴跟牛在吵架,吵不清楚是什么,所以是语言的问题。所以他们就开始分析语言,而这种语言并不是我们日常的语言,而是所谓广义的语言。这种广义的语言不仅仅是传情达意的工具和手段,主要是人的存在方式、感性活动方式、人和世界存在意义的生成、显现、保留、持续方式。因此,所谓广义的语言,其实是我们的一种思维,是我们的一种理解,是我们对世界的一种感知,只不过不同的人、不同的民族在不同的时代把它变成了实际的语言,在这个过程当中就有了很多的分歧,有了很多的误解。他们希望能够从广义的语言上来理解,这种语言既是符号也是本体,既是我们书写出来的东西,实际上也是我们讲的广义语言这件事情本身,所以语言学在现代哲学里占了很重要的地位。

自从维根斯坦提出了分析哲学这个学科,他就特别彻底地提出要抛弃古典哲学,要进入新的哲学,就是所谓分析哲学,也就是语言哲学。从这之后,语言分析哲学就变成了主流的西方哲学,而分析哲学里面的一个流派就是分析美学,因为哲学家们一直把美学作为哲学的一个分支,所以有什么样的哲学观念就有什么样的美学观念。所以有了分析哲学,就有了分析美学。当然西方现代美学并不只有分析美学,而是有非常丰富的美学理论,我们下面就挑选一些比较有代表性的理论进行简单的介绍,当然重点还是要做科学批判。

叔本华的美学:意志和表象

叔本华(Arthur Schopenhauer,1788—1860)是现代西方哲学最主

要的开创人之一,他的代表作是《作为意志和表象的世界》。这本书大家有工夫可以看一看,如果时间不多,看前面一两章就够了,后面是对他前面一两章的反复解释。他后面又写了很多著作,也是对这本书的解释,因为他觉得这件事情太深刻了,不是一时半会儿能说得清楚的,但是他的基本意思是很清楚的。所以他的美学反映了他的哲学思想,也就是意志和表象。

叔本华的哲学标志着古典哲学到现代哲学的转变,叔本华的美学实际上也标志着美学史上从古典到现代的转变。因为这门课主要是讲美学,所以对哲学只是稍微涉及了一下,绝大部分情况下就不讲了。实际上中国近代才开始了解西方美学,才知道有美学这件事情,中文"美学"这个词儿也是非常好,我觉得比英文"感性学"更好。中国人最早了解有人研究美学这件事情,主要是从叔本华来的。

叔本华的基本美学观念是,理性是不能认识世界的真正本质和提供真理的,这和我们前面讲的古典的哲学美学很不一样,古典美学特别强调理性,尤其是到了黑格尔的绝对理念就特别强调理性,康德还提出了判断力,这也主要是理性的。所以古典哲学发展到顶峰的时候,康德和黑格尔对理性的强调达到了一个极端,然而到叔本华这里一个大转弯,他认为对世界本质的认识不能靠理性,他认为只能靠艺术。所以他把艺术提升到了一个非常高的地位,认为艺术是一种独立于充足理由律之外的客观事物的一种方式。他认为就是艺术这种感性的东西,比纯理性的东西能够更加深刻地认识到更本质的东西,能够认识真正的真理。

他又把艺术分了几个等级,从低级到高级的艺术有建筑艺术、造型艺术、诗歌和音乐。我们平常见得最多的是建筑艺术,是最低级的艺术,也是最实用的,再高级一些的都是没有太多实用价值的。造型的意思就是纯粹造出来,让人体验它的美感,让人感觉到造型艺术里面的美,这个层次就比建筑艺术高一些,当然实用性就差多了。层次再高的话就不是以物的形式来表现,就完全没有实用性了。比如诗歌的形式完全是感情的一种抒发,而音乐完全是我们通过听来感受的,他认为这些级别就更高。在他看来,越感性的美级别就越高,也就越接近真理,也就越没有实用性。基于这个观念,他提出来美就是意志活动(也就是理性的那一部分活动)被逐出意识后所感受到的愉悦。美是什么东西?就是感觉,纯粹感性的,不需要理性。就是我们不要再用我们自己的意志了,我们以前所接受的各种意志方面的东西,都不要再考虑了,而在这之后剩下的那种快乐的东西,他认为就是美。

所以叔本华就提出了审美的直观理论,这是他的理论的精髓。他说审美是直观的,一眼看上去就觉得美。实际上我们大部分时候都很少在那儿盯了10分钟之后才觉得美。很显然他是认识到了这种审美经验,一般看第一眼就会说是美,第一次见到就会觉得美,不是你在那里很久,看了很久想了很久之后才推算出来这个是美的。所以他说审美是直观的,是超然的、幻觉的、非功利性的,感觉到美的时候没想那么多事情,和现实没有建立什么关系,是超脱了周围的其他事情的很超然的一种事情,而且是先验的非理性的,当然也没有什么功利,就是感到愉悦。因此审美和很多理性的思考,和我们平时做一些推理计算没有关系。而且审美是先验的,这种观念事先就在你的大脑里面,不是现场教你的东西,而是你到那个地方一下子就感觉到了美,有了愉悦的感觉。最后他说审美是一种自失,是忘我的解脱,就是完全没有自己了,那种体验,那种感觉,给你带来美的感觉。

叔本华根据他的美学理论,最后得到了一个结论:人生苦短,靠艺术解脱。可能那个时候人的生活是很艰难的,可能温饱都不容易做到,艺术给人带来美感的时候,就会让人忘记眼前的状况,有一种超然的、幻觉的、非功利的感觉。根据他的美学，靠艺术也可以解决社会的大问题，各种痛苦就都会忘记了，这样社会就不会有矛盾了，谁感到痛苦的时候让他去感受一下艺术，他就很幸福了，就没有这些问题了，这是叔本华的美学，是很积极的美学。

如果真的是这样，那真的是挺好的，艺术家的作用就比所有人的作用都大，还要什么科学家，要什么工程师？还搞什么经济发展？这些都不需要了，大家整天欣赏艺术就可以了，大家就都处于一种幸福的状态了，这是非常积极的美学，把艺术的地位提升到了从来没有的高度。所以艺术家们就非常喜欢叔本华的美学。

即使对这样积极的美学，我们也要做一下批判，任何美学我们都要做批判，因为批判的目的是理解、是发展。

首先做证实。有很多证实的例子，心情不好的时候去看看风景、听听音乐、看一场电影，确实能够从这些美感中得到缓解，你就感到舒服了，就没事了。正当你感叹人生苦短的时候，你遇到了美，你就感觉一切都变好了。同样按照这个理论，你如果遇到丑的东西，心情就会糟糕。如果本来心情就糟糕了，又看到了丑的东西，说不定连爆粗口的想法都有了，心情就变得更糟糕了。这些审美现象确实符合叔本华的美学理论。

但是我找不到"不把意志活动逐出意识就感觉不到美"的例子，我实际上很难想象什么时候我们体会美的时候，把我们的意志活动给逐出体外了，可能偶尔会有，但是我没有找到。也许你突然看懂了某个公式之后感觉这个公式很美，这一刻难道你的意志不存在了？你如果没有意志活动，你的意志或者意识如果真的被逐出去的话，你大概很难理解这个公式到底妙在什么地方，也就无法体会这个公式的美。所以你是做了一个理性的思考才体会到了这个公式的美。也许你经过艰难的思考，终于体会到了这个公式的妙处，体会到了这个公式的美，你就非常激动，就狂欢，就忘我了，或者跟朋友去喝一杯庆祝，庆祝那会儿是非理性的活动，这倒是有可能的，但是我还是觉得这样证实叔本华的理论过于牵强了。所以至少从这个角度看，虽然叔本华的理论有一定道理，但是很难被证实。

其实上面的这个例子倒是可以用来轻松地证伪叔本华的理论，我们欣赏物理和数学之美，很显然需要意志活动，没有意志活动，就无法欣赏。已经昏头昏脑了，已经晕了，脑子已经不运转了，还能欣赏数学和物理之美吗？肯定欣赏不了。其实欣赏艺术的时候也是一样，如果没有先验知识或者讲解，我们只能一脸茫然。听音乐会，看芭蕾舞表演，看各种歌剧，你如果没有一些先验知识，或者旁边有人给你讲解，你也体会不到其中的美。比如我就体会不到京剧的美，但是京剧迷理解京剧，人家一听就知道这里面门道在哪，人家能欣赏到美，我听了之后就欣赏不了，当然京剧还不至于让我不舒服。但是秦腔我就受不了，我就觉得那就是噪声，但是喜欢秦腔的人就知道这里面的妙处，人家能够欣赏到秦腔的美。我不反对欣赏秦腔的人说秦腔美，但是我就没有这个能力，因为我没有秦腔的先验知识或者体会。叔本华说审美不需要先验知识，先验知识带不来美感，但是上面的例子表明，有时候没有先验知识根本带不来美感，仅仅靠直观和幻觉，我就是体会不到京剧和秦腔里面的美。

也许吸毒是另外一回事，吸毒之后可能觉得什么都美，那可能是靠直观和幻觉了，先验知识啥的也没有了。但是我们一般人恐怕难以处于这样的状态，那么按照他的理论我们就很难体会到美了，但是我们也能体会到美，所以不该美的反而美。有时候吸完毒，貌似也不都是快乐的，按照这个理论不应该再痛苦了，但是还是有人会哭得稀里哗啦的，甚至做出很极端的事情，所以该美的时候也体会不到美。这也相当于把叔本华的理论证伪了。

另外他说，只有美才能够调节心情，其实也不一定。听一段笑话，这跟美没有任何关系，你体会不到任何美，但是也能调节心情，总不能讲个笑话就成了艺术家了吧？当然专业讲笑话的，比如相声演员可能是很好的艺术家，但是我们这些不是艺术家的普通人也会经常讲笑话帮别人调节心情，我们的笑话根本不是什么艺术。所以艺术不是调节心情的唯一办法。这就证伪了他的结论"人生苦短，唯有艺术"。

所以通过上面的证实和证伪，我们就得到结论，叔本华的美学尽管是非常积极的，把艺术提到了至高无上的地位，也的确有例子可以证实叔本华的美学，但是证伪的例子更多、更广泛，说明叔本华的美学理论不是审美规律，而且适用的范围也比较小。

孔德等的实证主义美学

孔德（Auguste Comte，1798—1857）是法国的著名哲学家，是社会学和实证主义的创始人，他的实证主义美学影响非常大。他认为人类的知识发展分为三个阶段，首先是神学阶段，这是最早的时候，最早期的那些人是相信神明的，这是对的。然后是形而上学阶段，实际上就是早期的哲学。咱们前面讲过，亚里士多德建立的哲学就是形而上学，追求的形而上的道理，很高大上。但是他说这些都已经过时了，现在我们进入实证阶段，以科学为基本特征。这个时期恰好是文艺复兴、科学革命的时期，所以科学在社会上的地位大幅提升，所以他说我们到了科学为基本特征的一个阶段，我们要尊重经验和事实，实证社会是促进艺术繁荣发展的理想化社会，一切都要通过实证来进行，美学也是如此，所以提出来了实证主义美学。当然只靠他一个人，这个美学学说很难发扬光大，他也有继承者，使实证主义美学影响非常大。

他的继承者丹纳（Hippolyte Adolphe Tain，1828—1893）进一步阐述：美学既然是以科学为特征，那么它是科学的哪个特征？他说美学本身变成了一种实用植物学，科学里面的植物学最贴近美学。植物要想生长，需要特别的环境、特别的地方、特别的时间。所以他说，艺术发展有三个主要的因素就是种族、环境和时代。这是他比较了世界上不同时期、不同地方的不同艺术得到的结论，这些种族、环境和随时间的演化就是艺术的特征。因为他确实是看到了不同地方的艺术的不同，即使是同样一个地区，不同种族的艺术也有不同，而这些艺术都是随着时间进一步发展的。

丹纳的继承者维伦（Eugene Veron，1825—1889）又说，艺术进一步又可以分为两种：一种是装饰性艺术，主要是外观的装饰让这些东西看起来漂亮一些；另一种是表现性艺术，来表现某些理念、某些感情。他认为前者主要体现美感，后者主要表现情感。所以他对艺术做了分类，这是非常有用的。如果任何事情不分类，就是一大团，分了类之后就清楚了，就可以做进一步的研究了。

丹纳的另一个继承者布伦蒂耶尔认为，文艺作品的各种体裁无不处于进化发展的规律之中。他研究了不同时代的艺术，以及它的题材和体裁（它的形式、内容），他发现都有变化，类似于生物进化，所以又差不多回到了实用植物学。所以整体上来讲，这一派的美学是比较实际的，实证主义美学和人的生活、社会的发展、不同的区域都结合得比较紧密。

下面还是首先做证实。很显然这是一个实际的情况，人们的审美观因时、因地、因"种族"而不同。这个"种族"是打引号的，和种族主义没有关系，确实不同的人群，比如东方人和西方人就有不同的审美观，不同的时代也有不同的审美观。我们知道唐朝是以肥为美，现在是以肥为丑。我现在最大的努力、也许终生的任务就是减肥,但是很难做到,我是生错时代了,我如果生在唐朝就会比较好。所以这种情况的确和植物的进化以及分布有类似之处。他们也把艺术分成两类,一类是装饰性艺术,一类是表现性艺术。装饰性艺术主要是给你带来视觉的美感,表现性艺术主要是给你带来一些感情的影响,我们通常看到的艺术确实是这样的,不同的艺术的确有不同的审美的作用,所以我们需要不同种类的艺术,而且不同时代的很多艺术的确是会演变,艺术的形式和内容都是随着时代在变化的,所以整体上来讲,他们这一类的美学符合我们的经验,就是对我们人类的艺术和审美的发展的一个总结,因此肯定能够找到很多可以证实的例子,我们就没有必要一个一个去列举了。

从证伪的角度,我们也可以找到很多反例。比如古诗词,中国的古诗词中,李白、杜甫等人的作品,今天读起来仍然很美,随着时代变迁也没变。莎士比亚的作品今天很多人仍然觉得很美,这也没变。很多古典艺术的魅力经久不衰,芭蕾舞跳来跳去就是那样,也没变,意大利歌剧在中国唱也得拿着腔调,也还得用意大利语唱,尽管我们听不懂,我们觉得如果是腔调对的好像就是美的,如果用河南话唱就不行。所以这很显然和他们这个理论是不符合的。他们说艺术的对象也是会变的,但是爱情是艺术的永恒对象,从来没变过,自从人类知道有爱情这件事之后,爱情就是艺术的对象,爱情的故事从来是审美的主要对象。所以反例比比皆是,证伪这个理论也不难。

这个理论轻松证实也轻松证伪,证实、证伪两方面的例子都很多,说明实证主义美学并不是审美规律。

尼采的美学:酒神与日神精神

图 3-20 是一本书的目录,特别有趣。第一章:我为什么这样有智慧;

第二章：我为什么这样聪明；第三章：我为什么能写出这样优秀的书。这是尼采（Friedrich Wilhelm Nietzsche，1844—1900）的自传《尼采自传：瞧！这个人》的目录，所以尼采是个不同寻常的人，这样的哲学家必然会有与众不同的美学理论。他的美学理论特别有意思，尼采的一个重大发现就是酒神精神与日神精神，这个是我见过的所有的美学理论中，最让我动心的一个理论。动心不一定说明我认为他是完全对的，只是我认为非常有意思。这就为什么别人的自传我没有给大家看，就专门给大家读了尼采的自传的前三章的题目。

我为什么这样有智慧	6
我为什么这样聪明	23
我为什么能写出这样优秀的书	61
《悲剧的诞生》	73
《不合时宜的考察》	84
《人性的，太人性的》及其两个续篇	95
《朝霞》	
——论道德即是偏见	106
《快乐的科学》	110

▲图 3-20　尼采的自传目录

他说酒神精神就是本能冲动所驱使的生命存在。比如不允许酒驾，就是因为靠本能驾驶，而不是靠技术驾驶，而人的本能是不能开车的，靠本能开车就会威胁生命的存在。又比如要去上战场打仗了，要以酒来践行，是希望你有本能的冲动在里面，把你的生命发挥到极致，这就是酒神精神。希腊有酒神文化，而希腊的酒神文化和罗马的酒神文化又不一样，希腊的酒神文化特别的高雅，而罗马的酒神文化最早是和狂欢与放荡密切相关，现在以欢乐为主。

日神精神来自日神阿波罗，日神阿波罗是光明之神，他的智慧就是克制、平静、安详、静默，因为太阳照耀一切，使其显现为清晰、明确的完美外观。这确实是美经常给我们带来的感觉，清晰、明确、干净，尼采认为这就是日神精神的体现。酒神带来冲动，日神带来智慧，这两种精神，是尼采发现的。

尼采认为，人相信世界本身充满美，但是忘了自己是美的原因。美从哪里来的？就是来自自己，人把自己映照在事物里，我们看一件东西美是因为在这一件东西里面看到了自己，又把一切反映我们自己的形象的事物认作美的。我们把和自己类似的认为是美的，这就是物以类聚，就是因为这个原理我们倾向于和比较类似的人打交道，我们更喜欢这些人。而我们人也认为人体是最美的，因为这是我们自己的一种反映。

他说归根结底美的来源，也就是做出美的判断的是他的族类虚荣心，敬我的就美，不敬我的就丑，我愿意接受的、和我一致的就是美的，和我不一致的、我不愿意接受的就是丑的。我认为他对于美的判断分析得非常有道理，所以尼采真的不是常人！

他说艺术的起源在哪里呢，在于各种冲动，没有冲动就没有艺术。通过赋予事物以诗意的日神状态，就是把一些你认为的智慧、各种各样好的东西赋予了事物，这样就进入了物我合一的酒神状态，就会产生一种本能的冲动，产生一种生命的存在了。

很精彩！（大家可以看得出来我是多么的喜欢尼采的思想！）

总结起来，尼采认为审美状态就是处于日神精神和酒神精神结合的这么一种状态，这种结合就是审美的过程。比如艺术家创造艺术的时候需要灵感，往往产生灵感的时候，需要进入一种特殊的状态，不进入这种状态，他就没有创造力，就没有灵感，这种状态就是他的一种冲动。有些艺术家吸毒很可能就是要强迫自己进入那种状态，这当然不应该提倡，是违法的。艺术家通过吸毒刺激自己获得灵感，就和运动员通过用违禁药品刺激自己提高成绩一样，都是不公平竞争，不讲"武德"，当然法理不容。

有时候喝点小酒或者把自己打扮得怪怪的，表现得和其他人很不一样，也就是想让自己处于一种特殊的状态，我把这个状态叫作激发态，处于激发态的时候就比较容易有灵感，换句话说，这时候他的想法才会和别人不同。当然放在他的艺术作品里面的，是那些别样的、同时他认为也是好的东西，因为他的艺术作品是让别人欣赏的。所以尼采的理论很符合艺术创作的情况。当然我们社会不允许艺术家（或者任何人）吸毒，喝点小酒可以，但是不能酗酒，耍酒疯伤人害己当然是不行的。

但是也不能总是喝小酒啊，而且也不是人人都喝酒，所以有些艺术家就穿得、打扮得怪怪的，不少男艺术家扎小辫，有些女艺术家喜欢把头发也弄得很怪，甚至光头的也有，就是想尽一切办法让自己处于和普通人不一样的状态。我每次看到都觉得很有意思，一开始不明白他们为什么这样做，现在用尼采的理论都可以解释为酒神状态的不同表现形式，根据尼采的理论这样做也许容易产生灵感，对创作有点帮助，毕竟没有创新的艺术只能是死的艺术。

所以尼采的美学，归根结底就是酒神精神和日神精神结合起来的幻觉，带来的是美感，这是尼采的一个重大发现。我猜想当尼采写他那本自传的时候，一定是处于一种激发态，否则怎么能前三章的题目那么写呢？还有谁能做到？我忍不住再一次感叹，尼采真牛！（不过不是牛顿的牛，是斗牛士的牛）

即使是我非常喜欢尼采，也非常喜欢他的美学理论，但是我们还是需要用科学的方法进行批判。从证实的角度，"双11"剁手节刚过了不久，很多人"双11"的表现就很有酒神精神，真是看啥都好啊，剁手没有做到，下单停不下来啊，就感觉很美。遇到美食、美女、小鲜肉，尤其是遇到了自己的男神、女神，不少人很可能就会表现出酒神精神。

我们看到美景的时候吟诗作赋，也是酒神与日神精神的一个表现。那会儿处于激发态，是酒神精神在起作用，但是如果没有日神精神，你不能把智慧和美好的东西放到诗歌里面去，也出不了好作品。李白既是诗仙也是酒仙，他不喝酒就作不出来诗来。很多诗人可能也是那样，处于那种激发态才会诗兴大发。有一次一个记者采访我说，你什么时候才写诗？有一段时间写得特别多，最近好像不写了，为什么？我说那一段时间我处于激发态，现在我不处于激发态了，所以写不出来了。为什么现在不处于激发态？我说我最近实在是太忙了，日常科研工作非常繁重，要操心的事情太多，一点点空闲时间都没有，搞得我一点诗情画意都没有了，根本进入不了激发态，当然就写不了诗。

前面讲了有些艺术家追求刺激，各种各样的刺激，想具有酒神精神，而我们平常讲的平庸、俗气，就恰好和酒神精神相悖。处于这种平庸的状态就是没有酒神精神，我最近就一直处于这个状态，所以就写不出来好的作品。即使是不平庸、不俗气，但如果是乱七八糟的，也不是好作品，也没有美感。醉得一塌糊涂，甚至酗酒的时候，干啥都是乱七八糟的，肯定也不行。所谓乱七八糟，就是缺少了日神精神的宁静、和谐、有秩序、光明透彻，所以我们也不觉得美，甚至会觉得丑。所以好的艺术作品，能够给我们带来美感的艺术，酒神精神和日神精神都是需要的。

所以从这些角度来看，尼采的美学理论好有道理，所以我很喜欢，佩服得五体投地！但是我们前面说过，如果只能证实这个理论，仍然不能说明这个理论没有问题。有道理不一定是真理，能够被证实不一定没有问题。所以我们需要做证伪。比如说我们欣赏科学和艺术之美的时候，很少去喝杯酒再来欣赏。喝了酒，一身酒气，艺术博物馆、音乐会根本不让你进，你肯定要安静下来，才能够欣赏科学和艺术之美。冲动是魔鬼，你醉醺醺的，谁知道会干出啥荒唐的事情来。其实欣赏很多美，比如欣赏黄山的美，酒神精神也没啥用，欣赏晚霞和初雪的美和酒神精神也没有什么关系。尼采说美就是自己的形象，但是很多美都和自己的形象没啥关系，我们欣赏的美有各种各样的，和我们自己的形象有关系的，只是其中的一部分。我家猫猫我也觉得美得不得了，和我的形象有啥关系？瀑布的美和日神精神也没有什么关系。上面随便举的几个例子都违反尼采的理论，实际上类似的例子非常非常多。

我实在是太喜欢尼采和他的美学理论了，还是想再看看尼采的理论到底哪里适用，哪里不适用。前面证实的时候，我们基本上用的都是艺术创作的例子，后面证伪的例子多数是艺术欣赏的例子。所以看来尼采的美学理论反映了艺术创作的某些过程，但是不能反映一般情况下的审美过程。既然"美学就是审美学"，所以尼采的理论不能算是完整的美学理论，当然更不能反映审美规律，没有告诉我们为什么我们觉得某个审美对象美或者不美。

克罗齐和科林伍德的表现主义美学

克罗齐（Benedetto Croce，1866—1952）的表现主义美学是非常重要的一个美学学派。按照他的理论，直觉的科学就是我们所说的美学，我们所说的审美，就是直觉的过程，而直觉就是表现。

他认为，有两类知识，一类是直觉知识，一类是逻辑知识。直觉的知识是从想象得来的，而且是纯粹想象得来的，是关于个体的每一个人的经验、每一个人的知识，它产生出来的是一种意象，是在你脑海里面的一种东西。数学就不是这一类的知识,谁能想象出来数学?物理规律也不是这么得出来的,这一类知识是逻辑知识,是从理智得来的,是关于共享的普遍的东西,这类知识产生出来的是概念,比如物理学里面可以定义很多的概念,比如动量、能量,对这些概念又有一些普遍的知识,比如动量守恒、能量守恒,这都是从理智得来的,不是想象出来的。

他特别强调直觉,认为直觉是一切知识的基础,可以离开逻辑知识而独立。他进一步说,艺术就是直觉,他把艺术和逻辑就完全区分开了,直觉的才是艺术的。既然直觉产生的是意象,他说意象性是艺术活动区别于概念活动的最根本的特征。意象性给你产生了一个印象,就是个体的一种印象,这种意象的东西,完全不同于概念(比如能量守恒、动量守恒、密度、重量)。他说这就是艺术,艺术和科学有明显的区别。普通人都能够通过想象和直觉感受那些作品里面的田园人物,那些像绘画一样的风景,像雕塑一样的身体,只不过画家和雕塑家知道怎么去刻画和表现。大家都能感觉到这些东西的美,只有某些人能创造出来这些美,或者能把这些美表现出来,让我们一般人能够感觉到,但是我们一般人不能把它给表现出来。所以他把艺术创作和艺术欣赏就明确区分开了,比尼采明显进了一大步。

艺术家能够把这些东西表现出来,所以他说美不是真实的东西,而是成功的表现,让我们一般人靠直觉(通过视觉或者听觉等)来感受艺术家成功地表现出来的美,因此美就是直觉,美就是表现,所以他的美学理论就是表现主义美学。既然美不是真实的东西,他的表现主义美学就和我们前面讲的古典主义的本体论美学完全不一样。

从证实的角度,我们知道艺术大师和一般艺术家或者和一般人的主要区别就是表现力。我们看到有些艺术家的作品特别有冲击感,就是看着特别不一样,我们用的词就是说它的艺术特别有表现力,他要表现的东西能够被我们感觉到，所以表现力强的艺术作品给人的美感可能强，这里只能说美感"可能"强，不是"一定"强，因为有些表现力可能会强到了一个极端，你反而感觉到丑，所以这取决于表现的是什么，感觉到的又是什么。一般艺术家的作品给人的美感就可能弱一些，很可能就是表现力不够强造成的。而且共性和概念确实就是很普遍的事情，大家一般都认识到的事情很难给人带来美感。比如动量、能量这些概念，各种归纳出来的普遍的、共同的特点，我们很难感觉到美。所以证实的结论，就是有很多艺术创造和审美的经验的例子都符合表现主义美学，这个美学对于艺术家有很好的指导作用。

但是从证伪的角度，感受表现并不是只靠直觉，有时候你如果没有思考，是没法体会它的美。比如说体会科学之美很显然需要思考、需要理智，也需要逻辑。其实很多艺术之美也是这样，前面也举了例子，没有思考，没有一些先验的知识，你是体会不到那些美的，所以很多美感并不是只靠直觉来的。假如你到大街上问一个农民工，麦克斯韦方程美不美？就让他靠直觉，不给他讲解麦克斯韦方程背后的数学、科学和技术，他能感觉到美吗？所有人造的东西都是表现，按照他的说法表现就是美，一间教室里边所有东西都是表现，都是人造的东西，我们都觉得美吗？所以表现里面只有一小部分我们感受到了美，大部分我们并不觉得美。而且有些美，比如说美景、美食，这里面有啥表现？没表现啥，但是你也感觉美。而且我们大家经常有不同的审美观，这说明表现不是唯一的审美要素，否则一个艺术家表现出来了，所有人都要觉得美，但事实上并不是这样。

最后我们得到结论，尽管有很多艺术创造和审美的经验的例子符合表现主义美学的理论，但是也有很多反例。所以这个理论尽管很有道理，但是也被证伪了。

当然表现主义美学不仅仅有克罗齐这一派，还有科林伍德（Robin

George Collingwood，1889—1943）的表现主义美学，他的意思是说艺术是表现，而不是再现。我们可以看到他的思想和克罗齐的表现主义美学有区别，对表现做了进一步的说明，明确地把再现（比如模仿、仿制、复制等）排除了。因此，根据科林伍德的表现主义美学，只有表现情感的艺术才是真正的艺术，而任何再现的艺术都是名不副实的艺术，都是伪艺术。

他举了一个例子，比如说印象派画，他用了塞尚（Paul Cézanne，1839—1906）的作品（图3-21）作为例子，塞尚所使用的色彩不再是复制他看静物时所见到的东西，他的风景画几乎失去了视觉性质的痕迹。在塞尚以及现代绘画中，"绘画平面"消失了，透视也消失了。在塞尚之前，比如达·芬奇，甚至更早的时候，艺术作品是特别想再现建筑物的真实的视觉感受，透视技术非常重要。但是现代派的艺术，尤其是印象派的艺术就完全不强调透视了，因为不但不想再现，实际上还尽可能避免再现。

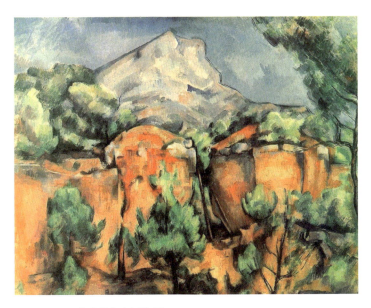

▲图3-21　塞尚的印象派作品

克罗齐承认物理的东西和物理的事实能帮助人再造美或者回想美，也就是经过一些转变和联想，真实的那个东西或者某一件事实本身就会成为美的物体或者物理的美。但是科林伍德完全否认这一点，他完全否认真实的东西、真实的事情可能给人带来美感，他认为只有艺术的东西，也就是表现情感的表现性的东西才能给人带来美感，而一个人不应该在看到一座山时感觉到美，因为这是真实的，并不是艺术的。

再回到塞尚的印象派作品，强调的就是完全没有透视的感觉，比如你看不到距离。当然中国的山水画以前也没有透视的性质，实际上是来源于中国的画家边走边画，并不是坐下来做素描，走一段时间停下来画一阵子，再走一段时间停下来画一画，就把他的印象画出来了，所以没有透视的感觉，倒是产生了特殊的美感。印象派作品不但没有透视的感觉，而且色彩和真实的色彩也没有关系，给你带来的感觉就是你突然闯到这个地方，突然睁开眼第一眼看到的东西，他画起来就是这种感觉，而不是你仔细把东西看清楚的那种感觉，这就是印象派的作品所带来的美感。

我们也对科林伍德的表现主义美学做一点科学批判。

从证实的角度来讲，我们说艺术源于生活高于生活，我们平常对艺术的认识都是有这个观念的，所以我们很少说复制的东西叫作艺术品，再精确的模仿和复制都很难让人觉得美。这就是为什么现在的画家不再追求完全的精确的复制而去画素描，即便是拍一张照片也要选特殊的场景、特殊的角度、特殊的光线，然后再加上特效、经过处理之后，大家才会觉得美。所以科林伍德的表现主义美学确实是很有道理的，我们能够找到很多符合该理论的美。

从证伪的角度，很多并不算模仿的艺术品，艺术家也显然是要表现某种情感，但是我们也不觉得美，反而觉得丑，尤其是当你不懂的时候。比如，从来不知道印象派作品的人，给突然扔到印象派画展里，就会觉得这些都是小孩子画的东西，丝毫没有美感的体验，甚至还会觉得丑。按照科林伍德的理论，只有艺术的才是美，真实的不应该美。但是生活中的很多美的事物并不是艺术品，而且很多审美对象很真实也很美（我们前面举过很多例子），因此违反这个美学理论的例子实际上很多，这个理论也非常容易地被证伪了。

布洛的"心理距离说"

布洛（Edward Bullough，1880—1934）的心理距离说非常著名，主要理论都在这本很著名的书里面——《作为艺术的一个要素与美学原理的"心理距离"》。布洛根本否认了美的客观性，放弃了对美的本质和客观因素的追究。我们前面讲的西方古典美学，主要是本体论和认识论，在那个阶段之后从整个美学流派上来讲，本体论已经被抛弃了，但是并不是人人都放弃了，今天仍然有人在问美是什么，前面讲的那一堆常见审美观也都是对这个问题的回答。但是布洛根本否认了美的客观性，认为美没有什么本质，也没有什么客观的因素会导致某一件东西美。布洛只从心理学的角度研究美，并且认为只能从美感的效应上来研究美。

我们确实对某一个审美对象产生美感了，他认为这完全是心理的原因，那么是什么心理原因呢？他提出了两个概念，一个概念叫差距，差距就是指距离太近，就是你和审美对象距离太近了，这里的距离指的是心理距离，当然也可以是物理的距离，因为物理距离会产生心理距离的效果。在这种情况下，他说从主体方面，也就是从审美者的角度，审美者就不能用艺术的眼光去看待事物了，他认为艺术欣赏总是要保持一段距离。如果不能用艺术的眼光去看待事物，这个时候艺术品只能引发人的普通的情绪，给人带来的只是很普通的感情的效应，他称作"情欲"，以别于艺术带来的美感。

从客体（也就是审美对象）的角度来讲，因为审美者相距审美对象太近了，看到（感受到）的就太真实了。由于他完全否认真实美，也就是他认为真实不能带来美感，相当于过分写实了，当然审美者就不会感受到美。我们知道现在的艺术创作也是遵循这个原则，避免特别写实，尽量引进一些想象的空间，和他的美学理论是一致的。

他提出的第二个概念是超距，就是离审美对象太远了，就造成了不可能、造作、空洞等印象，其实就是没有办法知道这个审美对象到底是什么了，当然也没有办法给审美者带来美感了，这也符合我们的体验。

他说有了这两个概念之后，只有处于差距和超距之间，也就是当审美者和审美对象处于一个合适的距离（当然合适距离是多少很难去定量）的情况下，我们可以消除对作品的实用态度，也就是欣赏艺术品的时候，就不会以实用的态度来欣赏了。在这种情况之下，我们对眼前的审美对象就产生了崭新的体验，因为实用的态度就带不出崭新的体验了，带不出新的感觉了，就会太俗了。这个崭新的体验就是美感。总的来讲，按照这个美学理论，美感就是一种心理效应，而这个效应完全是距离带来的，适当的距离就会产生美感。

布洛的这个理论和前面所讲的朱光潜先生的距离产生美的理论的效果是一样的，只不过朱先生的解释有所不同，应该说朱先生比布洛的心理距离说还进了一大步，朱先生认为合适的距离产生美的原因，是审美者只有在合适的距离处才能把审美者的感情投射（转移）到审美对象上，转移之后就产生了美感，如果不能转移就不能产生美感，所以是主体（审美者）和客体（审美对象）作用的结果，是主观和客观的统一，不违反唯物主义。而布洛认为美感的产生纯粹是主体的心理效应，和客体无关，是纯粹的唯心主义。从这里我们也可以看出，美学思想是由哲学思想决定的，这就是为什么我们前面提到的所有美学家其实也都是哲学家。

下面进行科学批判。首先去证实，很显然这和距离产生美的审美经验是一致的，所以就不再举例了。我们重点放在证伪上，他说看得太清楚了不行，太写实了，但是我们经常看到一些显微镜下拍摄的物质结构的照片就很美，用来展示化学之美、物理之美。高速摄影机下拍摄的很多运动，你本来用肉眼是看不清的，一晃就过去了，让摄影机给你拍下来，你就觉得这个运动很美。最美的天文照片、星空照片，差不多都是哈勃空间望远镜拍出来的，因为它的精度最高，它的分辨率最高，拍出来大批最美的天文照片也是哈勃望远镜最大的成就之一。哈勃望远镜在公众当中产生的最大的影响就是它拍摄的照片。曾经有一段时间，美国NASA想把哈勃望远镜关了，因为运行和维修太贵了，所以就想关了省钱干别的事。但是使用这些望远镜的科学家不干，就鼓动民众来反对美国NASA的决定，最后美国政府把NASA的头给解雇了，换了个头同意把哈勃望远镜修好了继续拍出高分辨率的天文照片，大家就很高兴，又可以看到大量的美丽的星空照片了。上面的这些例子都和布洛的差距概念对不上。

有些审美对象不管你什么距离看或者体验，都不会觉得美，前面举过很多例子。你们家门口小山头就是那样，你怎么看也不觉得美，但是到了黄山你怎么看都觉得美，在黄山脚下看到美，爬到山上看仍然觉得美，远看近看都觉得美。所以大部分审美经验都与此理论不符，所以这个美学理论尽管非常著名，影响力非常大，但是适用范围特别窄，我们也很轻松就证伪了。

立普斯的"移情说"

立普斯（Theodor Lipps，1851—1914）的"移情说"也很有意思，

他说产生审美享受的根本原因不在客体而在自我，自我的内部活动和审美对象关系不大，主要是审美者本人的事。他说美感是在一个感官对象里所感觉到的自我价值，从中看到了自我的形象。这非常像尼采所说的族类的荣誉感、虚荣感，像我们觉得自己是美的，有了日神精神之后，我们就照耀出来了我们自己的形象，我们觉得美。所以立普斯的理论基础差不多就是尼采的日神精神。我们感觉到美，是因为审美主体也就是审美者把自己的情感意志和思想投射到对象上了。人是自私、自恋的，我们把自己投射到那里了，我们就觉得那个审美对象美了。我们把自己投射到那里之后，由于审美对象本身是由线段、色调和形状等所构成的空间的意志，这个空间的意志就有能力把审美主体的内在意志向审美对象转移，比如我们盯着那个东西看的时候，我们自己的情感和思想就逐渐跑到审美对象上面去了，他认为这就是我们的审美过程。在这个过程中，人在聚精会神的观照中，就忘了自我，因为人的意识完全进入审美对象中了。最后人从对象的运动姿态、部位以及形式中感受到了自己的活动，从而在无意中模仿了对象，人的"情"就过去了，人就感受到美了。这就是立普斯的移情说，和尼采的日神精神有很大的关系。

我们前面说过，朱光潜先生的距离产生美的理论是在布洛的心理距离说的基础上加上了"感情投射"，这部分实际上是在立普斯的"移情说"的基础上发展的。因此，可以说朱先生的理论是有机地结合了尼采、布洛和立普斯的理论，朱先生的确是一代美学大师。

我们下面做一下科学批判。其实在前面讲到尼采的时候我们已经做过了，这里我们做一下简要的回顾。从证实的角度我们有很多的例子，比如说儿不嫌母丑，因为儿子是母亲生下来的，所以母亲和儿子的形象有密切关系，儿子就不会觉得母亲丑，这是天性。每一个父亲都觉得自己的女儿是最美的，自己的儿子是最帅的，因为反映了自己的形象，就是怎么看怎么觉得好。我自己也有体验，我在国外很多年，在国外的时候看到和中国有关的东西就特别关心，见到老乡就很开心、很亲切，这种亲近的感觉就是一种美感。所以有很多例子可以证实这个美学理论。

证伪也很容易。比如美食、美景、天文照片带来的美感，就和移情没啥关系。看到哈勃的那个照片很美，我的形象、我的感情跑那儿去了吗？并没有。美食，我要把它吃掉，我的形象跑那儿去了吗？而且很多艺术品带来的美感也和移情没啥关系，比如建筑的艺术品，就跟移情没有关系。对有些审美对象，无论你如何拼命地去移情，也产生不出来美感。如果你移情到一定程度可能会产生一点同情心，但是这很显然不会产生美感。所以大部分的审美经验都不符合这个理论，证伪也很轻松。

弗洛伊德的精神分析美学

弗洛伊德（Sigmund Freud，1856—1939）大家都知道，精神分析的始祖，也是一个哲学家。既然是哲学家，当然必须得有美学理论，没有美学理论的哲学家就是伪哲学家。他认为美感是从性感这一领域中延伸出来的，对美的热爱中隐藏着一个不可告人的性感的目的，是和性以及性冲动有关系的。对于性所追求的对象来说，美和吸引力是最重要和最必备的特征。所以他把美感完全限制在了性感这个范围之内，他认为引起美感的是性感的东西。

以前大家认为艺术形式是美的根源，艺术家觉得离开艺术是没有美的。但是他说这根本是错误的，艺术形式不是美的根源。艺术形式虽然给人带来一定的快感，但这种快感并不是艺术所要达到的最终的目标。艺术要达到的目标不是要给人带来快感，而是为达到最终目标提供了一种刺激性的诱饵，是一种诱惑物或"前快乐"。它只能使人的感情进入一种微醉状态，别无更大的作用。也就是让你在欣赏艺术品的时候，表面上是有一些快乐，但其实是诱惑你干别的事情，和美没啥关系。

这对艺术的冲击是很大的，因为本来艺术和美是密切相关的。黑格尔就把美学定义为关于艺术的哲学，但是弗洛伊德认为艺术跟美没有关系，只是对你的诱惑，让你进入一种麻痹或者微醉的状态，产生一种快感，但跟美没有关系。有些艺术和性感有关，但是很多艺术跟性感无关，所以他认为艺术本质上和美没有关系。

我们批判起来还是相当轻松的。证实也不难。性感的确会带来美感，因为性感很显然是人体美的一个很主要的来源，不管是有意识的或者是无意识的，确实性感会带来美感。举个很简单的例子，男人欣赏的人体美的照片肯定是以美女为主，帅哥和小鲜肉的欣赏者也主要是女性，这肯定是和性感有关系的。很多关于人体的艺术品的确会给人带来刺激和诱惑的感觉，也就是有性感，也的确给我们带来了美感。这些都是符合这个理论的例子。

不过女性审美比男性审美更复杂一些。女性既欣赏男性的美，也欣赏女性的美，比如女孩子房间里面挂放的既有小鲜肉的照片，也有美女的照片。还有现在也常常看到中性审美，"男不男""女不女"也有很多人觉得美。这些我都不太理解，也可能是弗洛伊德的美学理论不适用的地方。美景、美食还有很多的艺术，都和性感没啥关系。黄山和性感有啥关系？霓虹、日出跟性感有啥关系？很多我喜欢的艺术，我无论怎么想也想不到跟性感有任何关系，但是这些都带来美感。从另一方面，性感也不是在所有情况下都会带来美感，有时候会带来快乐，但并不是美感，有时候甚至会让人恶心,例子我就不举了。这些情况都不符合这个美学理论。所以弗洛伊德的精神分析美学证伪也非常轻松,可以说它的适用范围特别窄。

荣格的"集体无意识"

卡尔·荣格(Carl Gustav Jung,1875—1961)的"集体无意识"是一个非常有意思的学说。他说人的无意识有个体或者非个体(或超个体、集体性)两个层面。个体的无意识就是个人的下意识、潜意识,只能达到婴儿最早期记忆的程度,是由冲动、愿望、模糊的知觉以及经验组成的无意识,统称为个体的无意识。非个体的、集体的无意识(或者下意识、潜意识),包括婴儿实际开始有记忆以前我们自己每个人都不可能记得的那些事情,这是我们人类的共性,全部的空间、全部的时间,也包括祖先生命的残留,这都变成了我们意识的一部分,它的内容能在一切人的心中找到,带有普遍性,称为集体无意识。

荣格认为,和美、艺术有关系的是集体无意识。他说集体无意识中就有原始意象,原始意象是艺术创作的源泉。做艺术创作就要把这种集体无意识,人类的最早期集体存留下来的这种普遍性的东西找出来,这就是艺术创作的源泉。他认为,一个好的作品应该是一个象征性的作品,其根源只能在集体无意识领域中找到,艺术的根本目的是要把我们祖先的东西找出来,使人们看到或者听到人类原始意识的原始意象或者遥远的回声,我们就有了一个顿悟,就产生了美感。最主要就是通过艺术品来把这些东西给发掘出来,但艺术家怎么知道这些东西是另外一回事,反正艺术家有办法知道,知道了之后,就通过艺术品呈现出来,我们看到艺术品之后就有一个顿悟，原来我们的祖先是这样子的，就和艺术品形成一种共鸣，这种共鸣就产生了美感。这就是他的美学理论。

从证实的角度上来讲，我觉得集体无意识这个东西可能是存在的，因为我找不到它不存在的证据，换句话说，找不到不等于不存在。但是我实在是想不出来任何关于美的例子和这有关系，我还没想到我们在审美的时候，什么东西、什么事情是和祖先的某种东西有关系。所以我的结论是，我证实不了这个理论，可能是我找证实的例子找得不够狠，我大概也就找了半个小时，绞尽脑汁想，也没想出来，虽然不能证明没有这样的例子，至少说明了证实的例子不会很多，不会很普遍。

曾经有朋友提醒我，我们很多人都觉得那种从山洞、树缝、峡谷里面拍摄的照片很美，他认为就是因为我们的祖先生活在山洞里、树林中、河谷上，这些照片让我们的集体无意识想起了祖先的生活，就觉得美，证实了荣格的集体无意识美学理论。但是我不觉得这个例子成立，因为觉得这些照片美仅仅是城市人的审美，山区和农村人才不觉得这样的场景或者照片美，他们就觉得城市美，而我们的祖先很可能都是一样的（至少山区和农村人的祖先更有可能生活在山区和农村），而且城市很显然和祖先没啥关系。实际上可以用这个例子证伪荣格的集体无意识美学理论。再比如，我的审美观会变，我今天的审美观和我20年前的审美观很显然是不一样的，你们的审美观也会变，但是集体无意识是祖先的事，怎么会变呢？审美观念会变，这是再平常不过的事情了，而且我们很多人的祖先都是共同的，我们都有相当不同的审美观，这些都完全不符合集体无意识美学理论。还有很多的美食都是现代人发明创造的，很多中国小孩子喜欢美国的汉堡包、炸鸡等，喜欢意大利的比萨，我喜欢威士忌、不喜欢白兰地（但是我前不久到烟台开会之后就突然喜欢白兰地了），这些都和我们的祖先一点关系没有，但是吃喝的时候就觉得美！因此证实荣格的集体无意识美学理论非常难，但是证伪则相当容易和彻底。

乔治·桑塔亚纳：自然主义和经验主义美学

乔治·桑塔亚纳（George Santayana，1863—1952）是自然主义和经验主义的主要代表。他认为美学是关于审美经验的心理学探讨，这是他对美学的定义，他的定义和黑格尔就明显不同，黑格尔认为美学就是关于艺术的哲学。所以有些美学家不仅仅研究什么是美，怎么带来美感，同时也想把美学到底是干什么的说清楚。他说归根结底美学是价值学说，美不是客观存在，美是客观化了的快感。换句话说，他认为是有客观的东西，但是美本身不是一个客观存在。所谓客观化的快感就是我们有客观的体验，我们的快感体验本身是客观的，也就是我们对美的体验是客观的，但是美并不是客观存在的。

因此审美活动的特征在于它能产生一种价值判断，我们会产生美的感觉和我们的价值判断有关系，而这种价值判断实质上是情感判断，是和感情有关系的一种判断，是跟喜恶有关系的，不是一种理智的判断。他特别强调审美的价值判断和理智判断不同，因为我们一般的价值判断里面还有理智的因素，他特别把审美的价值判断和我们的理智分开，他认为审美不是理智的活动。他认为理智判断不需要感情，是只受事实约束的一种客观性的东西，你如果心智正常、逻辑正常，你就能够判断出来，不受感情的影响。但是审美的价值判断实质上是情感判断，所以审美不是理智的活动。他认为审美的价值判断和道德判断也不一样，道德判断是一种防止痛苦的消极判断，就是让人区分出来正确的东西和错误的东西，根据个人所认为的好的东西、坏的东西把它区分出来，这样就能够采取正确行动，防止痛苦，所以这是一种消极的判断，不会产生美感，仅仅是让人避免痛苦而已。而价值判断是积极的，是个人的情感产生的为自己带来快感的一种判断，所以审美活动会带来美感。这就是自然主义和经验主义美学。

证实。很显然我们觉得美的东西，我们怎么看都会给我们带来快感，这些很显然都符合我们的价值观，如果不符合我们的价值观，就不可能给我们带来美感。我们看到这个东西就很讨厌，和我们的价值观完全不符，怎么会产生美感？所以审美确实是一种价值判断，我们觉得恶心的或者反对的肯定都不觉得美。当然你觉得恶心的，另外一个人可能不觉得恶心，可能觉得挺好，不同的价值观就会有不同的审美观，这也是很显然的事情。因此符合价值判断在我看来确实是美的必要条件，如果不符合价值观就不会带来美，符合价值观就可能带来美。所以我觉得能够证实它是个必要条件。

但是符合审美者的价值观就一定会带来美感吗？换句话说，符合价值观是带来美感的充分条件吗？我觉得未必。黄山和你家后面的小山坡，在价值观层面上没有什么不同，可能你家的小山坡对你还更重要，还能养点土鸡吃对不对？所以从价值观的角度可能还更好一点。黄山跟你没啥关系，在上面折一枝小树枝都要罚你很多钱，你家后面小山坡上的树枝你弄几枝也没有啥关系，但是你还是觉得黄山美。而且美女、帅哥和一般的女孩子、男孩子在价值观层面也没有什么不同，但是带来了不同的审美结果。所以很显然符合价值判断并不是美的充分条件，只是个必要条件，并不是符合了价值观就一定会产生美感，很多符合我们价值观的东西不产生美感，更符合价值观的也未必更美。所以这个美学理论也被证伪了。

杜威的实证经验主义美学

约翰·杜威（John Dewey，1859—1952）的实证主义美学影响力非常大。他是美国哲学家和教育家，是实用主义的集大成者，可以说是该哲学流派的领导人，他的代表作《艺术即经验》对今天的影响还是非常深远，经久不衰。以前艺术家常常把艺术和我们日常生活经验、和我们的日常世界隔离开。艺术是艺术，生活是生活，没有什么关系。但是他认为艺术和生活很有关系，两者之间是一个连续的过程。因此杜威的学说就恢复了审美经验与生活的正常过程中间的连续性。我们的所有经验当中有一种欣赏性的经验，他认为是自给自足的。我们对某个审美对象的欣赏本身是完备的，也就是一体的、完全的，我们审美性的经验并不需要依赖别的东西。审美性质属于在它们之中并关于它们的感觉性质。关于这些性质的经验是直接的："非直接的就是非审美的。"经验的过程存在于所有欣赏中。

我们前面讲过，鲍姆加登建立美学的时候说，美学实际上就是感性学。实际上杜威也强调了审美就是个人的一种感觉，是个人欣赏过程当中的一种感觉，一种直接的感觉，不需要依赖别的东西。所以杜威就将欣赏转换为经验的过程，就使得艺术欣赏重新具有了活力，这是他理论的重要性，对后来的很多艺术设计、博物馆的设计、美术馆的设计都带来很大的影响，特别强调欣赏者在里面的体验过程。这就是杜威的美学理论所带来的影响。

证实。审美是人类日常生活的经常性的行为，并不仅限于艺术欣赏，艺术欣赏当然也是审美。杜威强调我们的审美并不是艺术或者并不仅仅是艺术，也不仅仅是生活，而是生活和艺术之间的经验。艺术欣赏和体会科学之美，确实是需要经验的直接过程，符合杜威的经验主义美学。比如艺术欣赏，你如果不去经验，不去和它直接发生作用、发生关系，你就欣赏不到它的美，这些并不是灵感能够带来的。以前的有些美学理论说，只有灵感给你带来美感，和你的经验没有什么关系。杜威在这个地方特别强调审美过程中的直接经验，你和艺术品要发生作用、发生关系。体会科学之美也是同样，只有在理解和体会（也就是欣赏）某个科学成果的过程中你才能感受到它的美。

你到一个艺术博物馆，如果你不懂艺术，你走一遍看一圈也没有任何感觉，体会不到艺术的美，顶多拍照打卡发朋友圈嘚瑟一下。但是你如果懂艺术的话，你在看到某个艺术品的时候，你会产生感想，发生共鸣，也就是经验了艺术欣赏的这么一个过程，如果不懂就不会有这样的经验，有了这样的经验你才能够体会到它的美。如果像我这样不懂艺术的人去艺术博物馆，就需要有专家或者至少讲解员带着看了，这也是经验的过程。现代的很多博物馆或者艺术展览的设计，就可以让不太懂或者根本不懂艺术的参观者也有机会通过各种形式来经验艺术欣赏的过程。所以美感是经验这个过程带来的，不是灵感带来的，至于创作的时候是否需要灵感那是另一回事，反正一般情况下的审美并不需要灵感。所以艺术创作和艺术欣赏是不同的，当然艺术创作者如果理解艺术欣赏的经验过程，就有可能创作出有影响力的艺术作品，这就是杜威的美学理论对于艺术设计和艺术创作产生了巨大影响的原因。

旅游、看电影和表演的经验过程能够获得美感，这就是为什么我们不仅仅是局限于看风景照片，我们也很想到那个地方去走一圈，我们常常讲要到大自然当中感受美，这就是杜威的经验过程。仅仅读影评、看剧照，得到的美感是很有限的,我们需要坐在电影院或者剧场,这就是将欣赏转换为经验的过程,这种经验的过程能够带来美感。

因此有很多例子表明,杜威的理论对我们的审美经验做了很好的解释。

证伪。虽然说我们到风景区去感受美,但是看到美景的照片,或者你就站在那里不去深入体验,仅仅看一眼你也立刻就会觉得美,这里面没有经验的直接过程。甚至有可能,照片上看起来很美,你真的去了,直接经验了,反而大失所望。对有些如雷贯耳的艺术品也是这样,看到之前仰慕得一塌糊涂,去看了之后就沉默了,实在是感受不到美,就是有人讲解也感受不到。我们前面讲过的"距离美"就基本上都不符合"直接经验"的审美。对有些审美对象,不管你怎么努力去直接经验,你也感受不到美。因此经验,尤其是直接经验,虽然有助于审美,但是这既不是感受到美的必要条件,也不是充分条件,这就证伪了杜威的实证经验主义美学理论。

托马斯·门罗的科学主义美学

托马斯·门罗(Thomas Munro,1897—1974)是杜威的学生,美国著名美学家,代表作是《走向科学的美学》,影响也很大。门罗接受他的老师杜威的理论,但是想把"经验"的过程用科学方法搞清楚,也就是从科学的角度理解实证经验主义美学,用类似自然科学研究的实验方法来研究美学问题。那个年代也是现代科学蓬勃发展的年代,科学开始变成了文化很重要的一部分,当然科学跑到美学里面去也并不奇怪。他说需要对具体的、不同类型的现象进行观察和比较,发现它们之间的相似之处和不同之处。对于审美,这些对象就是各种审美对象,它们之间哪些地方相同?哪些地方不同?通过形成某种假设来解释它们的起因和反复出现的原因。

"反复出现"也就是可重复性,这是科学方法的实证化的主要特征之一。如果有一个规律,这个规律在任何地方、任何时候,一旦满足它适用的条件,就会出现这样的现象,也就是会"反复出现"。"某种假设"就是模型,也就是该美学理论本身。形成"某种假设"的过程就是科学研究的归纳的方法。我们把一些事物的现象的共性归纳出来,然后做出一个假设来解释它,任何一个科学理论建立之初都是要经过这一步。形成了假设(或者理论)之后,再通过对具体事实的更加仔细的观察和实验来验证这些假设,这就是我们反复讲的证实和证伪。

所以门罗确实是用科学研究的办法做美学,他的美学称为"科学主义美学"是合适的,只不过他们的观测和实验主要是做证实,也就是验证他们的假设,证伪的元素比较少。在他之前也有人试图这么做过,也就是所谓的实验美学家,我没有特别讲,他们认为只能使用描述性的方法,认为审美形成不了像科学理论那样比较定量的理论,只能用语言去描述。其实我们之前讲的所有的美学理论都是这样的,所以费希纳(Gustav Theodora Fechner,1801—1887)等实验美学家确定对这些审美的现象用语言来描述就可以了。但是门罗反对这样做。他说,由于人们倾向于在一种更为主观的方式上去接受美,事实上很多美学家完全否认美的客观存在,如果有审美规律的话,审美规律也不意味着一种纯粹客观标准的建立,最多不过是统计学上的平均数,就是一种平均的现象,或者说是一种或然率、一种概率。对于某一类现象,某些人更可能认为美,但也只能是一种平均的效应而已,而不可能是一种很客观的类似于科学规律的那种东西。门罗把这种统计上的平均效应叫作审美规律,只不过和一般我们知道的科学规律不同。

从证实的角度,我认为门罗主要是提供了一个方法论,相比纯粹的哲学美学无疑是一大进步，也就是有归纳、有假设、有验证，就很科学！而且审美的确有主观和模糊的特点，所以他讲了审美不可能得到一种精确的规律，而顶多是一种平均或者是一种可能性。确实我们审美也是这样，所以这也是和通常意义的自然科学研究的不同之处。所以他对于美学、对审美现象的认识相当深刻，我赞同他这种理念和方法论，具体的证实例子我就不举了。

证伪。审美的主观性不意味着没有纯粹客观标准，因为主观也可能有规律，虽然他没有找到，但是没有找到不能证明没有。我们前面讲科学方法的时候讲过，你如果要找到某个东西，但是你没有找到，那你只能接着找，除非你从原则上证明了这件事情不可能存在，或者你找到了一个反例，否则你不能证明没有。他说由于审美是主观的，所以没有这么一个纯粹的客观的审美规律，这在逻辑上并不成立。没有找到既不意味着没有，也不意味着可以用统计学上的平均数来表征，因为不同期待值的平均值并没有统计意义（最后这句话解释起来就比较复杂，后面我会讲一个故事）。

他说由于我们对于审美、对于美的认识会有不同，同样的事物有人认为美，有人认为不美；所以只能说平均起来某个事物美不美，他认为美不美只有平均上的意义。但是实际上这在统计学上是个不正确的概念。因为我们有不同的审美观，使得我们有不同的预期的美，换句话说每个人对"美"的期待值是不一样的，对不同期待值的平均没有意义。比如我们做平均的时候，如果这几个测量的期待值是一样的，但是每一次测量（也可以用不同的仪器）的结果不一样（由于各种涨落和不确定性），所以这些测量结果的平均值更接近于他们的共同的期待值，这就是平均的意义。我们常常讲苹果跟橘子平均起来什么也不是，因为人们对这两个水果的期待值不一样，平均就没有意义。

这里讲一个我自己的故事。1992年我到美国NASA工作，加入了国际上很著名的一个天文团队，他们一直觉得他们的仪器的一些观测结果很奇怪，和以前其他望远镜的结果以及理论预测很不一样，团队的有些人甚至都想当作重大科学发现去发表，因为最重大的科学发现往往都是这么产生的。我去了之后就把他们数据分析的程序要过来，很快就发现他们就是把不同的期待值的观测结果做了平均，我给他们指出了这个问题，修改了程序，结果就正常了，避免了一个大乌龙。那个团队的负责人就认为我很牛，就不给我安排任何工作，说你想干啥就干啥吧，挑别人的毛病也行，自己开辟新的研究方向也行，就是别做团队里面这些人正在做的事情，这些事情都很常规，有你没你区别都不大。我于是又挑了他们的几个毛病（也又得罪了几个同事），但是重要的是我有了自由的时间去思考问题做我想做的事情，很快就有了一堆重要天文成果。那一段时期是我科学成果最重要也是最丰富的时期。据说我1998年离开的时候留下的方法和程序他们至今都还在用。NASA的著名科学团队都会犯的统计学错误，美学家也犯了，我丝毫不觉得意外。

因此，虽然我很认可门罗的理念和基本方法论，但是我认为他的结论没有说服力，因为他用的具体方法有统计学的缺陷。

弗莱和贝尔的形式主义美学

大家以前可能从来没想到过有这么多的美学理论，其实我只是给大家简单地介绍了一些我觉得比较有代表性的而已。我家里书架上有12卷的《西方美术史》，我只能在里面挑这几个我觉得比较有代表性的给大家介绍，重点其实是进行科学批判，通过反反复复地对不同的美学理论的科学批判，希望大家能够掌握基本的科学思维和科学方法,这当然也 对于我们后面试图建立更好的、更科学的美学理论非常重要。

罗杰·弗莱(Roger Fry,1886—1934)和克莱夫·贝尔(Clive Bell,1881—1964)的形式主义美学基本框架大致相同,只是具体内容和细节有所区别,所以我们放到一起讲。

弗莱认为,由线条和色彩的排列构成的形式,把秩序和多样性融为一体,使人产生出一种独特的愉快。这种愉快感受不同于再现性内容引起的感情,后者会很快消失,而形式引起的愉快感受却永远不会消失和减弱。不同的组合就有了多样性,这种变化多端给你产生一种独特的愉快,而且每一种变化都有一种秩序,这种愉快感受不同于再现内容引起的情感,因为再现就是模仿甚至复制,就没有什么变化,给你留下的印象很快就会消失,甚至你都感受不到,咱们平时讲的熟视无睹就是这个意思。而形式会给你留下强烈的印象,引起的愉快感受永远不会消失或者减弱。

贝尔更进一步,他说由线条和色彩的排列构成的各种形式中,有些是有意味的形式,也就是代表了某种意义的形式,不是随便乱来的形式,只有这种形式才能产生审美感情,才是艺术的永恒的美的特征。而欣赏艺术无须求助于现实和日常生活的感情,也就是艺术和我们的现实生活没有什么关系,艺术不是激发寻常感情的工具,他在这里又把艺术和我们日常生活完全分离开了。所以不是说某一个美学家把艺术跟生活拉到一起之后,后面就能接着弄下去,因为没有法律禁止别人做别的事情。贝尔认为,欣赏艺术是把人们从现实世界带到神秘的世界,是一种陶醉的状态,有一点回到了尼采的酒神精神,让你醉了、晕了,你就感受到美了,这才是真正的审美感情,这就是艺术。是什么把人带到了这种神秘的世界?贝尔认为最能带人过来的就是这种线条色彩构成的有意味的形式,能够让人产生那种视觉的感觉，产生一种神秘的感觉，然后欣赏者就醉了，就觉得美了。

证实。很多由线条和色彩的排列构成的形式的确会引起美感，很多画家就干这个事情，很多艺术设计也是干这个，如果产生不了美感人家就不干了，对不对？而且有些线条和色彩的排列构成的形式给我们带来视觉的冲击确实产生了美感，在我们脑海里面留下的印象持续很久，让你很多年之后还都记得，这种长久在脑海里面停留的东西是会让人陶醉的。好的艺术品，表现力特别强的艺术品，都会带来这种感觉。所以有符合这个理论的例子。

证伪。但是音乐的美感、科学理论的美（不是指科学照片的那种美）、美食的美，这些和线条和色彩有啥关系？关了灯听音乐不觉得美吗？虽然现在很多美食讲究"色"和形状，但是大部分美食关了灯吃也觉得挺美的。所以很多情况下看不见或者不用视觉也可以感觉很美。而且很多由线条和色彩的排列构成的形式并不美，否则人人都是艺术家了。只是有些线条和颜色构成的形式我们觉得美，某种形式美不美通常也没有共识，每个人的审美结论也会随着时间变化。因此也有很多不符合形式主义美学的例子。

伽达默尔的"解释学美学"

汉斯-格奥尔格·伽达默尔（Hans-Georg Gadamer，1900—2002）提出了现代本体论解释学，关注对话和理解，核心是"理解本体"和"观者中心"，他的美学影响特别大，是后面一些美学理论的理论基础。他强调理解本身具有历史性，并提出了两个概念，一个概念叫"此在"，另外一个概念是"在此"。"此在"就是理解本身的存在形式，它存在于这里，就叫作"此在"，强调的是存在的空间性质，而这种存在方式又恰好出现在某个时候，也就是存在有时间性质，你在这个时候或那个时候做了理解，不同时候的理解有可能是不同的,换句话说理解本身有时间性,伽达默尔就叫作"在此"。这两个概念解释起来比较困难。有人说,所谓哲学,就是把普通人说的大家都能明白的话变成大家都不明白的话,哲学家互相也不明白,这样就可以有很多种不同的哲学学说了,就要开展学术争论了。虽然这很刻薄,但是这也从一个角度解释了近代哲学的没落。费曼曾经在他的自传《别逗了!费曼先生》里面提到,他参加过一些哲学的讨论会,他说哲学无非是用一些词汇不断地包装,用这些概念解释另外一些概念,最后找不到实质性的东西。以至于研讨会结束后,速记员对费曼说:"我猜你一定不是教授。"费曼问为什么,他说:"只有你今天的发言我听懂了,别人的发言我都没有听懂。"费曼说:"我也是教授,只不过我不是哲学教授,是物理学教授,所以我说的你们能够听懂。"

咱们继续用概念解释概念。为了说明"此在"和"在此",他提出了另外一个概念叫视界融合。他说理解的过程就是将过去和现在这两种视界交融在一起,我们对一件事情的理解总是两件事情的结合,一件是过去的某些东西在我们脑子里面形成的经验、价值观等(过去的视界),另外一件就是我们现在面对的、看到的现实(现在的视界),这两件事情,也就是两个视界结合起来,就是两个视界的融合。到本书的最后,我们会讲"融合"背后的数学的原理是非常深刻的(就是贝叶斯定理),但是伽达默尔并没有考虑"融合"的"数学",这里只是介绍从他的角度看待这个问题,融合的结果就达到了一种包容双方的新的视界。

这种理解的过程就意味着"效果历史"。他说一切理解的对象都是历史的存在,这个不难理解,你要想理解某个东西、某件事情,当然首先得已经存在,所以都是一种历史的存在,因为都是和过去有关系的。那么历史到底是什么?这有点像问科学是什么,貌似都明白,但是又说不清楚,一旦说出来就发现相互的理解很不一样，就开始了各种争论。伽达默尔认为，历史就是历史的真实与历史的理解二者相互作用的结果。所谓的历史，就是我们对真实的东西的理解，这种理解就产生一种效果，所以历史就是效果历史，和真实有关，但并不完全取决于真实，而是和理解有很大的关系，有什么样的理解就有什么样的效果历史。这种历史观实际上在一定程度上是对历史唯物主义的抛弃，因为历史唯物主义认为历史就是历史，我们的任务是把真实揭示出来。但实际上你怎么知道什么是真实的，我们所谓的"揭示"都是我们的一种解释，都是我们的一种理解，所以并不存在绝对的历史唯物主义，我们看到的、读到的历史其实总是历史学家基于有限的史料对历史的理解，不同的历史学家有不同的理解，如果仅仅反映真实，那就把文献资料都给贴出来就完了，为什么还要整理？其实整理也是理解的一部分，整理的过程就是一种理解的过程，同样的史料，不同的历史学家整理出来的结果就会不同，因为不同历史学家的"理解"是不同的。

把对于"理解"的认识应用到艺术上，伽达默尔认为只有在理解和接受中，艺术的意义才得以形成和实现。他把理解和接受与艺术建立了关系，艺术的意义就是理解和接受。简单地说，首先你需要对这个艺术背后的东西有理解，理解了之后你如果接受了它，伽达默尔认为艺术的意义就实现了。没有理解就无所谓接受，接受了也是囫囵吞枣，不是有意义的接受。然而即使你理解了，但是你不喜欢，甚至抛弃了它，这个艺术的意义当然对你来讲就是不存在的。因此对于艺术欣赏，理解和接受缺一不可。从认识论的角度，以及人类对过去的认识、对艺术的理解，我认为伽达默尔的理论非常深刻。因此这个理论为后面的接受美学提供了系统的理论支持，是很重要的一个美术学派。伽达默尔的作品翻成中文的特别多，伽达默尔也经常翻译为"高德美"，听起来非常棒，实在是高！

尽管我非常喜欢这个美学理论，认为这个理论非常深刻，但是我们也需要进行科学批判。首先是证实。没有理解就没有欣赏，欣赏的过程其实就是对欣赏的对象进行理解，没有欣赏当然就不可能接受，不接受就不会产生美感。我觉得他的理论很好地描述了审美的过程和结果，审美的过程就是理解和接受的过程，审美的结果就是你接受了就会产生美感，和我理解的审美是一致的，算是证实了这个理论。

证伪。但是对于很多审美对象，虽然我们理解了也接受了，比如对于有些科学理论，我学会了，理解了，也接受了（实际上也经常应用在我的科学研究中），但是我丝毫不觉得美，我甚至有可能觉得很讨厌，比如用起来实在是很麻烦或者应用的范围很有限，所以有时候理解了也接受了，我并不会觉得美，未必会体会到美感。否则，越简单就越容易被理解被接受，就一定会美，但是实际上并非如此，我们在批判"简洁美"的时候就举出过很多的反例。因此伽达默尔现代本体论解释学也有很多不适用的地方。

我对伽达默尔美学理论的评价就是，理解和接受是美感的必要条件，如果没有理解和解释，你不会体会到美，但这不是充分条件，因为很多情况下你理解了也接受了，你并不觉得美。我们前面讲过，对一个美学理论的证伪，需要假设该美学理论的核心是美的充分必要条件。我们前面讲了好几个理论，都是美的必要条件，但不是美的充分条件。所以在这个意义上来讲，这些美学理论都被证伪了。

姚斯和伊瑟尔的"接受美学"

汉斯·罗伯特·姚斯（Hans Robert Jauss，1921—1997）和沃尔夫冈·伊瑟尔（Wolfgang Iser，1926—2007）是接受美学的主要代表人物，

前面讲的解释美学是接受美学的重要理论基础。姚斯的《文学史作为向文学理论的挑战》(1969)和伊瑟尔的《文本的召唤结构》(1970)是接受美学实践的开山之作，他们的美学主要局限在文学领域。关于美学实践，他们认为美学实践分为3个阶段，文学的生产、文学的流动和文学的接受，而这最后文学的"接受过程"是最关键的阶段，这就是为什么这个美学被称为接受美学。前两个当然必须存在，否则就没有文学作品，但是他们强调的是文学的接受，接受是读者的审美经验，同时也是创造作品（也就是"创作"）的过程。

这就和以前对文学创作的理解很不同了，以前认为文学创作就是作者的事情，文学欣赏就是读者的事情，而接受美学认为，我们读这个作品的接受过程就是对这个作品的创造过程，是我们的接受发掘出作品中的种种意蕴，因此艺术品不具有永恒性，某个时期的读者读了之后接受了这个艺术作品，对他有意义的才是有意义的作品，否则这个作品就没有意义。所以接受美学就把接受放在了非常重要的位置上，这个作品是否能被读者接受是很重要的。

接受者又分3种，一般的读者、批评家和作家，这三类接受者对同一个作品的接受程度很可能不一样，最后的结论也会不一样。具体来讲，姚斯提出，从接受的角度看，作品的价值在于和读者的期待水平不一致。我们读这部作品之前，我们对某些事情有一些期待，读完了之后发现和原来的期待不一样，这个不一样，姚斯认为就是作品的价值，也就是给你带来了新的更高层次的认识和感觉，这才是作品的价值。

伊瑟尔认为文学作品的显著特征在于作品描述的现象与现实客体之间不存在确切的关联作用，有虚构的东西也有真实的，但并不是一个真实的有确定关系的结果。而这种不确切的关系、不确定的关联，正是读者个人的体验，读者由个人的体验发现的也正是这一特性。伊瑟尔认为读者有两种途径使不确定性标准化，换句话说不确定性也可以变成某种标准，得到某些结论。一种是以自己的标准衡量作品，进行批判，不符合我的观念，我说这部作品不好，我自己没有任何改变，这基本上是一般的批评家的立场，你想改变我是不可能的，我读了之后就评论是否符合我的期待值、是否符合我的理念。另一种是修正自己的观念，使我的和作品不一致的期待值最后达到一致了，换句话说，就是我们从这部作品中学习到了新的东西，原来我不知道或者我原来的认识水平不够，在读这部作品的时候改变了我的观念，这部作品起到了作用，有了意义。这两个方面，一个是我不接受我就批评，另一个是我接受了就改变我自己。我们对于作品的理解通常都是这两种情况之一。

证实。仁者见仁智者见智，接受者本人接受的情况是不一样的，所以不同的接受就有不同的美感，有人接受了之后获得了美感，另外一个人接受了之后获得不了美感。我们乐于接受的时候，我们就可能会获得美感。但是如果我们读完了之后，从这部作品里面认识到的东西和我们的期待完全一致，虽然不会反感，但是也无所谓接受，因为我们的期待和作品是同样的，两者处于同一个水平上，没有"势能"，就没有接受，就不会有什么感觉，当然也没有美感，所以不接受就不能体会到美。也有可能你读完了之后，虽然有"势能"，但是你没有接受或者拒绝接受这个差别，你就不能体会到美。而不确定性关联确实是文学和艺术作品的魅力之一。不同的人读同一部作品也可能会有不同的感受，所以有些名著能够流传很久。比如红学家多得一塌糊涂，不同的时代都有不同的红学家，都能读出不同的东西来，这就是不确定性关联。这样的作品，艺术的魅力才更加强烈，如果所有人读了之后都得到一个一致的结论，这个结论就不变了，这部作品的价值到此就结束了，不会再一直流传下去。所以这些观念和我们平时对文学艺术的欣赏是一致的，和这个理论是符合的，是对这个接受美学理论的证实。

证伪。很多我们可以接受的东西都不会带来美感。大部分我们日常生活中经历的东西和事情都是可以接受的，比如我们天天吃的饭肯定可以接受，所谓家常便饭我们不觉得美；大部分上的课学生觉得是可以接受的，有多少学生认为这些课很美？大部分不会给人带来美感，但都是可以接受的。大部分老师教给学生的知识也不会带来美感，但学生可以接受。而且美景美食美女和科学之美，我觉得没有太多的不确定性的关联。但是有些不确定性，不但不会带来美感反而会带来恐惧、带来丑感。黑夜的不确定经常给人带来恐惧，不知道黑夜路边会蹿出个什么东西。女孩子要找人陪，当然是由于害怕，而不是觉得黑夜美要一起欣赏；男生虽然不用找人陪，无非是胆大或者自己给自己壮胆，也丝毫不觉得有美感，走过去还是会腿发软的。所以，有些不确定性不会带来美感。

通过以上的证实和证伪，我们发现，接受是美的必要条件，但不是充分条件，和我们前面批判伽达默尔的"解释学美学"所得到的结论是一致的。不确定性关联，我觉得既非必要也非充分条件。有时候美不是不确定性带来的，不确定性也不一定带来美。所以证伪的例子很多，虽然我对姚斯和伊瑟尔的"接受美学"有非常高的评价，但是我仍然觉得是有毛病的，有改进的余地。

维特根斯坦建立的分析美学

路德维希·维特根斯坦（Ludwig Wittgenstein，1889—1951）是分

析哲学和分析美学创始人。分析美学影响非常大，分析哲学实际上对哲学的影响也非常大。在本书开始介绍西方现代美学的时候，我介绍过西方现代哲学一个主要的发展方向就是语言学，语言分析成了哲学的王座。语言分析就是维特根斯坦提出来的。我前面也说过，任何重要的哲学家都必然有基于自己哲学思想的美学理论，所以维特根斯坦就把他的语言分析，也就是分析哲学的主流，带到了分析美学里面，就提出了分析美学。他首先提出来要把科学方法应用到哲学的研究当中去，实际上他也是要把科学方法应用到美学研究当中去。

很多人很反对我把科学方法应用到哲学中，觉得我有点疯了。但是哲学家有些也是这么做的，只不过大家以前接触到的哲学太少。维特根斯坦主要就是干这个的，而现在西方哲学的主流就是分析哲学，只不过在中国很多人都不知道而已，因为咱们对西方哲学的认识基本上就停留在康德、黑格尔那个地方了，黑格尔、康德之后就进入了马克思、恩格斯的哲学了，咱们基本上不知道后来西方又发展出来了很多哲学，从这些哲学中就产生出了很多美学流派。

分析哲学是现代西方哲学的最主要流派之一，他们就是要把科学方法应用到哲学和美学的研究中，后者主要是从语言分析的角度来解决美学问题，是20世纪后半叶至今在英美及欧洲唯一占据主流位置的重要美学流派。虽然这个美学是主流，但是别的流派仍然可以有，而且有很多，咱们前面讲了我认为比较有代表性的其他美学理论，在这部分的最后我们讲分析美学，这样大家对西方现代美学就有了比较全面的认识。

分析哲学和分析美学主要做的事情就是诊断前面的哲学和美学的病，并且试图根治长期存在的很多混乱，认为传统美学已经陷入了概括的陷阱，很多美学理论都是判断性的、概括性的，往往是以偏概全，其实我们前面的批判大多数都揭示了这个问题。而且这些理论往往是自我循环的，自己定义了一个和我们一般人的说法不一样的东西，然后自己在这个定义里面转，比如定义了美是什么，定义了艺术是什么，就在那个定义里面转。维特根斯坦说这不行，这会导致混乱类比，你的定义和他的定义不一样，而你们俩的定义和我们一般不做这件事情的人的理解也不一样，所以就会出现很多同义的反复等。他把这些混乱直接归于语言，揭露出了导致以前的美学理论杂乱的本质主义的诱因。很显然很多美学理论之间都是矛盾的，但是也都一直在那里，还都形成了不同的学派。

维特根斯坦说本质上产生这种混乱的原因，就是语言，大家用的语言不对。维特根斯坦理论的最一般特征和最显著的特点，是所谓的关于艺术的反本质主义，他认为艺术没有本质，其实就是很多混乱，他要追求的是明晰性，就想把语言整理清楚，以后大家再讨论问题时，把各自理论中的定义都一致起来，而且不同的定义之间没有矛盾，没有逻辑上的问题。这是他的美学的或者它的哲学的基本框架。

我们从证实的角度看，概括陷阱、混乱类比、同义反复和本质主义（就是本体论美学）的确是以往美学的巨大误区，指出这些问题是有益的。我们前面讲了那么一大堆美学，你如果站在维特根斯坦的立场上来看，确实这里面的混乱是相当厉害的。所以我认为维特根斯坦的出发点和动机是好的，用的很多例子也符合实际情况。从这个角度来讲维特根斯坦的理论算是被证实了，因为他实际上是对以往的美学和哲学理论做了系统的批判，肯定是找到了这些理论的很多问题。

但是关于反本质主义，从证伪角度来讲，艺术如果没有本质，是不会一直存在的。有一些经久不衰的艺术，如果没有一些本质的东西（至于本质是什么咱们以后再说），怎么会变成经典的艺术，而且世世代代被大家关注？而且那些艺术家都已经不在了，推崇他们的艺术有啥好处？今天的艺术家如果你推崇他一下，说不定你们两个互相吹牛互相都有好处，对于以前的艺术家，帮他们吹牛有啥用？显然他们的艺术里面至少有点什么本质的东西打动了很多人，甚至世世代代的人。所以认为艺术没有本质是有问题的。维特根斯坦认为美必须是明晰的，只有清晰的、清楚的、没有任何模糊的东西才可能带来美。然而模糊有时候也能够带来美感，朦胧美就是例子，至少有一些例子是符合朦胧美的。

所以维特根斯坦的理论也被证伪了。尽管他这个学派对以往的哲学和美学批评得非常厉害，而分析哲学仍然是至今的主流哲学，但是从他们开始到现在，人们的审美语言没有任何变化，我们审美的时候所用的语言，我们描述美所用的语言，都没有因为维特根斯坦的美学理论的出现而有改变。当然在中国没有改变是我们不知道他的理论，但是在西方也没有任何改变，没有任何人听他的。他说得很好，大家也说挺好，很有道理的样子，但是大家该干啥还干啥，该怎么说话还怎么说话，既没有影响普通人，大部分哲学家的语言也没有因此而改变，艺术家的语言也没有因为维特根斯坦而改变。所以这样的美学或者这样哲学只能是失败的，因为没有带来真正的影响，就只是听起来很有道理。他确实指出了以前的哲学存在着一大堆问题，但是他的解决方式没有被任何人接受，所以这也是很有趣的，明明有人指出了问题所在，但为什么基本上没有人接受、没有人改变呢？这里我们不试图回答这个问题。

西方现代美学发展的总结

我们最后就对西方现代美学的发展做一下总结。我从两个方面总结西方现代美学的发展，一个方面是美学研究范畴的改变，这是指的是和西方古典美学相比，西方现代美学不再关心美的本质了。我们知道古典美学的本体论是关心美的本质，但西方现代美学绝大部分美学理论都反复强调，美是主观的感受，不再关心美的本质了，而是重点探讨审美经验。我们看到几乎每个理论都是讲审美的体验，即使是维特根斯坦尽管是把以前的美学理论都批了，但是他也仍然强调审美经验。

西方现代美学也不再关心普遍审美了，其实我们一般人认为的美都是普遍的，都是我们的感觉，艺术的美、科学的美、各种美景美食，我们都说美，我们一般人不觉得这些给我们带来的感受显著不同，因此我们都用"美"来表述。但西方现代美学的研究范畴变窄了，重点关心的是文学艺术。当然可能有人说，文学艺术的美可能跟其他的美就是不一样，研究艺术的美是有道理的，后面我们会分析是不是这样，而且我们可以用科学的方法来研究，这些不同的美是不是给我们带来了不同的感受。但是不管怎么说，西方现代美学主要是研究文学艺术，不再研究普遍的审美了。而且也不再关心艺术观念了，比如不太关心艺术的目的是什么了，重点是艺术实践，怎么做会产生什么样的影响，怎样的设计会引起你的美感，等等。

西方现代美学在研究方法上也有很明显的改变，不再关心一般的审美过程了，重点分析具体的审美过程，这当然和研究范畴的改变是有关系的，有的重点关心文学，有的重点关心艺术。他们也不再关心模糊的结论，重点是检验理论的假设，但也不是所有都是这样，但至少有一部分美学理论比较关心检验理论的假设，逐渐接近科学方法，有些就宣称自己是科学的美学。维特根斯坦干脆就说我们要用科学来改变哲学，当然最终也没改变，但是他提出的思想是这样，所以从方法论的角度来讲是很大的改变。西方现代美学也不再关心哲学概念了，重点是分析日常语言，认为很多以前的概念实际上是语言混乱造成的，没有任何意义。他们试图做的事情就是把日常的语言理清楚，当然做到没做到是另外一回事，至少他们的理念是这样子的。

所以最后我说，西方现代美学的主要成果，就是对实际的审美经验和活动有了深入的理解。我们前面不断地批判各种美学理论的时候，就指出了每一个美学理论对我们的认识有什么样的提升，这些对于我们理解审美都是很有帮助的，这些美学理论也指导和促进了文学艺术的多样化和繁荣发展。

西方现代美学的科学批判总结

尽管如此，我们仍然要进行批判。从证实的角度，对于这些不同的美学理论都可以找到一些正面和反面的支持的例子，正面的支持就是根据某个理论该美实际上就美的例子，反面的支持就是根据某个理论不该美实际上就不美的例子，这些都是对该理论的证实，从正面和反面两个方面的证实。当然也有个别理论例外，我们前面讲了有的理论实在是找不到证实的例子，比如说荣格的"集体无意识"理论。由于现代西方美学覆盖的审美对象主要是文学和艺术方面的，在这些方面证实起来比较容易，也就是说这些理论在文学和艺术的实践中得到了很多证实。

而且我们也注意到了，很多现代美学理论相互之间有矛盾，但是也都有被证实的例子，这其实说明了这些理论很可能没有揭示审美的本质，否则不太可能相互之间有这么多的矛盾但仍然会被证实，只有表面现象才会这样，很多表面上看起来矛盾的事情其实背后的道理是没有矛盾的。不同的科学理论之间通常不会有矛盾，各管各的事，比如牛顿的万有引力定律和电磁学规律就是这样，它们没有矛盾，但又是不同的理论，各自的适用范围是不同的。但是就有很多研究范围相同又相互矛盾的哲学理论同时存在，美学理论也会这样，看起来非常繁荣，有各种不同的学说。科学理论就比较单调了，物理理论虽然学起来很难，但就这么一点东西，因为的确是揭示了本质，本质不会那么多，揭示了就揭示了，本来也是有很多理论的，没有揭示本质的那些物理学理论就都被淘汰了，但是哲学和美学理论就很难被淘汰，直到现在还有美学家极力推崇苏格拉底和柏拉图的对话结果"美是难的"，认为这是千真万确的至理名言。

从证伪的角度，尽管这些理论主要聚焦在文学和艺术审美，没有覆盖审美的所有方面，但是每一个理论都在不同的情况下被证伪了。现在处于主导地位的分析美学，基本上是自说自话，对于审美实践几乎没有影响，很少有艺术家或者一般人的审美或者艺术创作、艺术设计受到过他们的影响，尽管这个理论看起来很有道理。

最后总的一句话就是，现代西方美学的影响力日渐式微，甚至比古典美学的影响力还要弱。现在很多人熟悉的美学仍然是那些常见的美学观（对称美、简洁美、残缺美、距离产生美，等等），以为这些就是美学理论，而现代美学理论搞了这么多年，搞了一个世纪，对我们一般人的影响很小，甚至于很多上过大学美学课的人也是如此，仅仅是在课堂上听过一些现代美学家（哲学家）的名字，但是对于他们的理论基本上是完全忽略的，有点印象的还是那些古典美学理论。

第四章　科学的美学

第一节
审美规律和审美要素

关于对本书内容的质疑

我在讲这门课的内容的时候,很多同学在课后的作业里多次而且非常激烈地质疑了前面几章的内容,有些同学的质疑甚至到了义愤填膺的程度。我在前面的章节中也多次回应了一些质疑。这些质疑我其实一点都不意外,因为我讲的内容以及使用的分析和论证方法,和同学们以前所接受到的教育很不同,而这正是我开这门课的主要原因之一,当然也是写这本书的主要原因之一。在这一部分,我们再集中对一些共性的问题做一下回答。

为什么用同一个套路批判所有的美学理论?

为什么我在本书中总是用同样的套路来批判已有的美学理论?能不能换点花样?

简单地回答,科学方法就是这样。我讲的是科学批判,没有用哲学的方法、文化的方法进行批判。科学批判就要用科学方法进行批判,科学方法就是一招鲜,证实加证伪,证伪比证实重要。比如我们做科学研究,整天都在做，其实基本方法都是一样的，不是证实就是证伪，做一辈子也没有实质性的区别，研究对象和研究手段可以不同，但是基本的理念、基本的套路都是差不多的，这是基本功，做什么科学研究都是必不可少的。我既然讲的是科学批判，所以就只能用同样的套路来进行批判。

为什么证实和证伪的范围超出原有的理论？

第二个共性问题，人家美学理论明明说的是艺术，说的是文学，我批判的时候举的例子好像经常超出人家的理论所说的范围，是不是无效批判？换句话说，为什么我举的一些例子超出了这些理论的适用范围？

简单地回答，科学研究的主要目的之一就是发现已有理论的适用范围，这些理论都是归纳出来的，只是靠归纳总结出来理论，你并不知道这个理论真正的适用范围。

举个熟知的例子，牛顿的万有引力定律和力学三定律，在牛顿之前，其实学术界已经有人讨论了，可能物体之间的某种力 F 与两个物体间距离 r 的平方成反比，比如说胡克（就是发现弹簧的张力和形变成正比的胡克定律的那个物理学家）就明确提出过；还有动量守恒、惯性定律，这些其实在牛顿之前都有人提过。但那些人当时提这些的时候，都有一个（明确或者隐含）假设，就是这些理论、这些规律都只适用于地球。

但是人家牛顿就应用到了地球以外的太阳系，推导出来了行星运动的开普勒三定律。牛顿这不是胡搞吗？人家说的是用在地球上的，你用在地球外面的行星运动上干什么？这就是做科学研究，开始并不知道这些规律是不是只能应用于地球，但是也很有可能能用在别的地方。那就试试用于太阳系里面的行星的运动，结果非常成功，开普勒定律就推导出来了。弄出来之后牛顿自信心爆棚，得到结论这些规律是普适的，既然能运用到太阳系就能运用到星系，就能运用到整个宇宙，但是一用发现也有不灵的时候，用到整个宇宙就不灵，发现宇宙不稳定。所以你要去试了之后，才知道这个理论的边界在哪里。那么就有了广义相对论，我们就清楚地知道原来有些地方牛顿理论不适用，在这个地方广义相对论可以适用，我们就知道了牛顿理论的适用边界是什么。

所以不管原来理论提出的时候是出于什么目的、是应用在什么地方，你都要去试它的适用范围，要用科学的方法去试，既要证实，也要证伪。证实告诉我们哪里可以用，证伪告诉我们哪里不能用，也就是主要依靠证伪找到它的适用范围。对科学理论如此，对美学理论也不例外，除非我们不想彻底理解这个理论哪里能用、哪里不能用。

比如某个美学理论是基于艺术的一些例子总结出来的，也可能是基于文学的例子总结出来的，我就想看看它到底适用在哪里？即使艺术的所有例子都适用，也可以问超出了艺术的范围还能不能适用？问这个问题应该是很合理的吧！通过证实就发现有时候超出了艺术的范围还真的是可以用，但是通过证伪就发现有时候就不可以了，这样我就找到它的适用边界了，比原来理论提出的时候认为的适用范围大一些，但是也不是哪里都可以用，我们对这个理论的理解就更加深入了。这就是为什么我举的例子通常要超出原来理论提出时候的考虑范畴，因为我们研究科学的美学的目的就是想找到更普适的美学的规律、审美的规律。

如果我们不把这些已有理论的边界找出来，我们就不知道怎么去突破它。我找出它们的适用范围，不但不是说这些美学理论不能用了，而是我们能够更好地去用，因为我们知道了什么情况下可以用，什么情况下不能用。所以我说，这些理论尽管都被不同程度地证伪了，但是里面有很好的思想。如果我们不用科学方法去批判，我们怎么知道这个理论只适用于文学、只适用于艺术、只适用于摄影、只适用于这个行业？所以我说批判的目的既不是鄙视，当然更不是抛弃，而是理解。而理解的目的，一方面是要更好地应用，另外更重要的是要发展适用范围更广的理论。

审美观和审美规律

审美观和审美规律我们前面都分别讲过，在这里再一起讲一遍，大家理解得会更清楚一些。

我们每个人都有审美观，审美观其实就是我们认为美是什么以及什么是美，这就是所谓的本体论美学要回答的问题，我们每个人都有自己的答案，也就是都有自己的审美观。按照本体论美学的观点，这个答案就是审美对象的客观性质，一方面是美的性质，另一方面也是审美对象的性质，这两件事情在我们的认识里得到了统一，这就是我们的审美观。但是我们前面讲了很多，我们有各种各样的审美观，不同人的审美观可以很不同，而且同一个人的审美观也会发生变化，这就说明"美是什么"和"什么是美"都是伪问题。但是毕竟我们都有审美观，所以把审美观等同于我们认为美是什么以及什么是美，显然是有问题的。

那么到底什么是审美观？其实在更深层次上审美观指的是审美规律所产生的结果。我们前面也讲过，审美规律实际上指的是美的判断条件，美的判断条件指的是主观对客观的判断，有主观的因素在里面，但又是主观对某一个客观的审美对象做了一个判断，判断的结果我们或者认为它美或者认为它丑。所以审美规律就是，当审美对象满足什么条件的时候，我们的价值观使我们判断出来它是否美。

如果是这样的话，就需要回答下面这几个问题：

第一，美的判断条件是否存在，是否唯一？很多人都说不存在美的判断条件。你凭什么断定它不存在？你搜寻了所有的可能性了吗？或者说有什么更深层次的规律说明这个东西不存在吗？你只能说你找来找去没找到，但是没找到不表明没有。可能真的没有，可能只有一个判断条件，也可能有多个判断条件，这些都是可能的，我们在做研究之前是不知道的。这是存在性问题。

第二，如果美的判断条件存在，如何去发现它？当然如果美的判断条件是唯一的，发现一个就成了。如果有多个，你发现一个还不成，你还得接着去发现。那么如何去发现？这是方法论问题。

第三，美的判断条件到底是什么？回答了这个问题，我们对审美规律的认识就算是进了一大步，至少回答了我们是怎么判断某个审美对象美或者不美的。但是这仍然不够，因为我们还得刨根问底，否则就只能停留在经验的层面，而不是做完整的科学研究。

第四，为什么美的判断条件是这样的？最后，回答了这个问题，我们对审美规律的认识才算是比较深刻了，既知其然，也知其所以然。

我们这时候如果回顾一下我们以前讲过的那一大堆美学理论，就会发现没有一个美学理论回答了上面这些问题，而且大部分美学理论的出发点都不是试图回答这些问题，实际上这些问题以前甚至都没有被系统和完整地提出过。我们在科学的美学这一章将试图回答这些问题。

飞鸟和青蛙的美学

《鸟和青蛙》（*Birds and Frogs*）是戴森（Freeman Dyson，1923—2020）应邀为美国数学会爱因斯坦讲座起草的一篇演讲稿。这是一个很著名的演讲，戴森是一位非常著名的理论物理学家，他早年在剑桥大学追随著名的数学家哈代研究数学，"二战"结束后来到美国康奈尔大学，跟随汉斯·贝特教授。他证明了施温格和朝永振一郎发展的变分法和费曼的路径积分法的等价性，为量子电动力学的建立做出了决定性的贡献。1951年他任康奈尔大学教授，1953年后一直任普林斯顿高等研究院教授。

他讲的是飞鸟和青蛙的数学，当然我们也可以推广为飞鸟和青蛙的物理学、飞鸟和青蛙的科学、飞鸟和青蛙的美学，等等。他说有些科学家是鸟，其他的是青蛙。当然鸟很少，青蛙是比较多的。鸟是什么？他说鸟翱翔在高高的天空，俯瞰延伸至遥远地平线的广袤的科学远景，就是站得非常高，看得特别远。作为飞鸟的科学家们喜欢那些统一我们思想并将不同领域的诸多问题整合起来的概念。

有些人就特别喜欢干这个事情，很显然像牛顿、爱因斯坦这些我们熟知的非常大的科学家都是这一类的。这一类的科学家，就喜欢把不同的思想、不同的概念，这些可能都是以前别人已经发现过的，把这些整合起来进一步地提升，变成更普遍的规律，变成更普遍的概念。

青蛙显然是在下面。他说青蛙是什么呢，青蛙生活在天空下的泥土里面，只看到周围生长的花草，看的范围很小，就周围这一小片。作为青蛙的科学家们乐于探索特定问题的细节，把一件事看得非常细。鸟在上面飞，不能带个哈勃望远镜在天上飞，所以鸟看得并不是很细。但是青蛙就把它周围看得非常清楚，就对它周围的环境非常了解，一次只解决一个问题。

戴森说鸟和青蛙都是需要的。青蛙科学家告诉我们特定问题的答案，飞鸟科学家再把这些答案统一整合起来。

我们也可以把戴森的分类应用到美学上。美学如果作为科学的话，我们就有飞鸟美学和青蛙美学。所以有些美学家是鸟，其他美学家就是青蛙。

鸟也是翱翔在高高的天空，俯瞰延伸至遥远地平线的广袤的美学远景，看的是普遍的事情，看的是很远的地方，喜欢那些统一我们思想并将不同种类的诸多的美整合起来的概念。

我们前面讲了各种各样的美，那么这些美是从哪里来的呢？青蛙美学家告诉我们的是他们乐于发现美的具体的例子，举的例子非常多，各个领域各个方面，不同人的视角，所看到的各种各样的美，每次只关注一种美，比如真为美、对称美，等等。他们看到这些例子确实是美的，他们的感觉没错，他们确实看到了美。所以以往绝大多数美学家都是青蛙美学家。这是很显然的，我们通过证伪的方式已经知道了，他们对这种问题的理解只是适用于这一件事情，或者范围稍微大一点，但是肯定不适用于所有的情况。他们做的事情，写的大量的美学著作，就是试图理解美的各种例子，每一个例子的美都给你举出来，告诉你他们怎么觉得这个例子、那个例子美。绝大多数美学家或者说我们前面讲过的几乎所有的美学家都是做了这样的事情，以至于让我们眼花缭乱，觉得这些美学理论都是相互冲突的。其实这很容易理解，因为他们是青蛙美学家，这个青蛙美学家研究的、关注的是这件事情，另外一个青蛙美学家研究和关注的是另外一件事情。他们研究和关注的事情不同、范围也不同，所以得到的结论就很可能不同。

这些各种看起来不同的美，甚至相互矛盾的美之间到底在哪些地方有共性？这些青蛙美学家基本上没有关注这个问题。所以我们现在要做的就是寻找美的普遍条件，这是科学美学家的任务，也是飞鸟美学家的任务。我们前面把青蛙美学家的事情讲得差不多了，但是一直没有把这件事情给大家讲清楚，所以大家一直很反感，听来听去就是在反反复复地批判各种美学理论，貌似就没有哪个美学理论经得住批判，就是因为没有把这件事情明确地给大家讲出来。

基于大脑的审美理论

我们首先看看我们的大脑到底是怎么审美的。这篇论文是英文的，题目是《走向基于大脑的审美理论》(图 4-1)，是 2011 年发表的，算是比较新的论文，所以这个方向的研究相对来讲也只是最近几年的事情。这篇文章到目前（2017 年）有 134 次引用，已经是比较多了。我自己的论文被引用最多的一篇是 1997 年发表的，到 2017 年引用还不到 400 次，年均引用比这篇低多了。同时这篇文章有 5 万多人读过，这阅读量也是非常高的，所以这是一篇非常有影响的论文。

▲图 4-1 大脑神经美学的重要论文

这篇论文的两个作者是神经科学家，也就是做大脑神经学研究的科学家。我们知道有不同类型的审美，现象、艺术的审美，音乐的审美，风景的审美，等等，以前的美学理论都是针对不同的审美现象。这两个作者研究的问题是:我们的大脑做不同类型的审美的时候会有什么样的反应?这些反应有共性吗?有些审美是靠我们的视觉,有些是靠听觉,而且不同人的审美观是不同的,所以完全有可能不同的人的大脑会有不同的反应;同一个人对不同的审美现象,大脑也可能会有不同的反应。因此需要通过实验研究才能给出答案,并不是仅仅依靠哲学、依靠美学理论就能够得到答案的。

如果不同人的大脑的反应不一样,那就说明很可能审美就是没啥规律,或者用这种办法找不到规律,在这种情况下也就真的不需要去研究美学了,就只能各说各话,图书馆里面满架子的美学著作相互矛盾也就无所谓了,读者就找和自己的审美观比较搭的书去读就行了。另一种可能性是,我们不同人的大脑的反应是大致相同的,但是对不同的审美现象的反应不一样,这就说明这几类美没有共性,每一种美就需要针对这种美的美学理论,这就是我们前面说的青蛙美学。

如果不同人对不同的审美现象,大脑的反应都是一样的,那就说明我们的大脑是做了同样的判断得到了审美结论,我们就可以得到两个结论,一是不同的美之间有共性,二是我们的大脑对美的判断有共同的条件,这就需要飞鸟美学家把这些共性找出来,并且研究清楚我们审美的判断条件是什么,而这正是我们前面所说的审美规律。所以他们就提出要研究这样的问题。我们的美学讲到这里,大家就明白这是很好的问题。爱因斯坦老师说过,提问题比解决问题重要。这两位脑神经科学家不但提出了这个问题,也研究了这个问题。

我们大脑里面有一块结构非常有趣,medial orbitofrontal cortex,简称 mOFC,就是眶额部皮质中线部,也被称为情绪大脑(图 4-2),负责快乐和奖赏,这是以前脑神经科学家就知道的。我们开心的时候,这个区域就开始活动了。他们非常关心审美和这个区域有什么关系。因为大家都意识到,美最直接给我们带来的就是快乐的感受。所以给我们带来快乐的感受的时候,大脑里面是不是这个区域产生活动,或者我们欣赏各种不同美的时候,我们大脑的活动到底和这个区域是什么关系?这就是他们研究的。

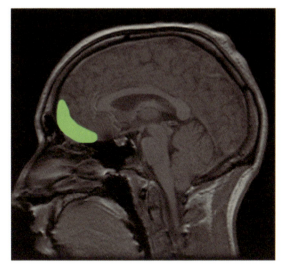

▲图 4-2　情绪大脑

前面说的 3 种美大致上分成两类,一类叫作视觉美,一类叫作音乐美。他们测试了不同人欣赏不同美的时候大脑的反应。当然音乐美测试的时候就只能测试音乐家,因为一般的人可能感受不了那么准确。对于艺术的视觉美,就测试艺术家对于风景的美的反应,谁都可以去测试。他们发现,无论是视觉美还是听觉美,只要我们欣赏之后审美判断的结果是"美",也就是得到了美的结论的时候,我们大脑都是这一个区域在活动,这是这篇文章的最主要结论。

当然活动的程度有大有小,他们的仪器可以测量出来。他们进一步发现大脑这个区域活动的程度和审美者认为的审美对象的美的程度(比如我们给"美"打分)呈正相关,当然并不是简单的线性相关。

既然审美,也有可能得到审美对象"丑"的结论,视觉和听觉都可能会这样。他们也研究了,结果非常有趣。他们发现,当得到"丑"的结论的时候,大脑里不是情绪大脑在活动,而是别的区域,而且听觉"丑"

和视觉"丑"的活动区域也不同。这说明"美"和"丑"并不是简单的对立面。

总结起来,他们的研究说明审美是可以量化的,而且也有明显的规律,因此完全可以用科学的方法进行研究。当然如果只有一篇论文,还不足以构成一个学科,实际上这个新兴学科还是比较活跃的,我下面再介绍一篇经典的论文。

数学审美的经验及其神经关联

这篇论文的作者多一些,有神经科学家,有物理学家,还有数学家,这3组人联合写了这篇文章,题目是《数学审美的经验及其神经关联》(图4-3)。

▲ 图4-3 《数学审美经验及其神经关联》——交叉科学的杰出成果

前面讲的音乐美、艺术美和风景美这几类审美可能都不太需要动脑筋，或者动的程度比较轻，但是对于数学美，以前很多人认为跟前面那几类应该很不一样。数学美应该和科学美类似，但是跟音乐美、艺术美和风景美有什么关系？

文章作者中的数学家阿提亚非常厉害。我前几天有一个活动，和最近中国的一个很有名的数学家许晨阳教授坐在一起，他获得多个国际数学大奖。我就请教他这位数学家阿提亚怎么样？他说这个数学家不得了，他是活着的数学家里面最有影响的。阿提亚自己曾经说过，他发表过很多篇文章，但是我们这里介绍的这一篇是他特别喜欢的，他认为所有的论文里面这一篇影响力最大。从统计数字看，在数学论文里面阅读量排在前1%，所以他这个话确实是不虚。关注了这篇论文的学者美国最多，英国第二，德国第三，中国和日本比较少，加起来都不到10%，所以主要是引起了西方的关注。关注这篇论文的学者的学科分布，首先是科学领域，然后是工程领域和健康领域，最后是文科，也就是文科几乎不关注这篇论文，这非常有趣。东方的不关注，文科的不关注。实际上这篇论文是关于审美的一篇重要论文，但是文科的人几乎完全忽视，学科的壁垒非常清楚。

理工科的人关注人文领域的事情，人文领域几乎不关注理工科，这大概也是学术界的一个基本现状。比如很少有文学院的老师开一门物理课或者数学课，但是物理学院的老师开文科的课并不少见，国内外都是如此。我自己就知道物理学家开哲学课、历史课、美学课、文学写作课的都有，但是没见过文科的老师开数学课、物理课、天文课的。我自己的这门课"科学方法与美学"就是在中国科学院大学的人文学院开的，作为本科生的人文通识课。清华大学、北京大学等知名高校也请我给同学们讲过科学史和科学方法的课。不过最近一些年情况有了明显的改善，比如我就受邀给中国人民大学、北京大学等知名高校的哲学和人文学者们讲过"空间""不确定性""量子纠缠"和"混沌"等非常基础而且前沿的物理学研究进展。我希望国内学术界的文理交融和交叉能够有更多更大的进步，至少在学生的教育和培养上能够做得更好一些，使人文专业学生具有科学精神，使理工专业学生具有人文情怀。

再回到这篇文章，它研究的是数学方程之美，研究者列举了60个数学方程，请的是伦敦地区的22~32岁的数学家，让他们对这60个方程的美和丑进行排序，排序越靠前越美，越靠后越丑。在他们做排序的时候，测量他们大脑的活动，看看他得到美或者丑的判断的时候，大脑有什么活动。为了表示客观，对他们大脑扫描之前，先让这些数学家对这60个方程的美和丑做一下分类，然后做一下分类的分布，得到的结论是极丑和极美的都不是太多，大部分是平庸的或者是比较美一点的。当然丑的相对少一些，因为这些都是正确的数学方程，所以很显然数学家们一般都不认为这些方程丑，这是可以理解的，除非个别数学家很不喜欢个别方程。

然后在进行扫描的过程当中，让他们重新对这些方程进行美、丑的排序，看看前后两轮的判断是不是一致，以及在得到美或者丑的判断的时候大脑里发生了什么。他们发现同一个人原来认为美的那些方程基本上还认为是美的，中性的也差不多不怎么变化，但是丑的就变了很多，上一次（也就是第一次没有扫描大脑）认为这个方程丑，这一次就不一定了，可能认为是平庸了。另外就是关于对方程的理解，让他们对某个方程做出审美判断的同时，说明是否理解这个方程以及理解的程度。因为即便是数学家，也不是对这60个方程都理解，每个数学家可能只在某一方面是专家，有些方面也不是很熟悉，有些也不理解，所以理解或不理解也是一个实验数据。他们发现对于不理解的方程，基本上很少说美，绝大多数情况下都是对于理解透彻的方程才可能认为美。觉得中性（也就是不美不丑的平庸判断）的，基本上就是半理解半不理解的。但是对于丑的方程，有些是很理解的，有些是不太理解的，完全不理解的比较少。换句话说，理解了才可能觉得美，所以理解是美的必要条件，但并不是充分条件，因为理解了也可能觉得中性，只不过觉得丑的非常少。

所以可以看到，这个研究和前面那两位神脑神经科学家的研究就不一样了，我猜想是因为有物理学家和数学家介入了，所以研究的广度和深度都有了很大的提升，这就是学科交叉的好处。这个实验设计得比较全面，我看这篇论文的时候就非常佩服。

我们再看看和前面那篇文章的关系。感受到数学美的大脑活动区域是什么？他们发现也是情绪大脑，和前面那篇文章一样。这是他们这篇论文的最主要结论，发现原来数学家看到一个数学方程觉得美的时候，和看到美的风景、听到美的音乐和看到美的艺术的时候，大脑里面发生了同样的事情，没有什么区别。

这两篇文章的结论和我们前面讲的有些美学理论里面的观念是一致的，所以我说前面有一些美学理论有很好的思想，其中有些美学理论就说了，审美主要是情感的活动，美就是审美对象带来的快乐，就是让我们舒服，让我们开心，这两篇文章算是用科学实验的方法证实了这些美学理论，也就是对于这些美学理论做出了科学的解释，因为我们的情绪大脑区域是负责快乐和奖赏的，所以美感带来的快乐，是对我们大脑的一个奖赏。我们知道，前面我们讲的很多美学理论都是相互矛盾的，比如很多美学理论都认为"美"和"快乐"毫无关系，这两篇文章就用科学实验的方法证伪了这些理论。

这篇论文的另外一个结论是说极丑和极美的比例都比较低，中庸的比例比较高，也和我们日常生活的经验是一样的。只有少部分的审美对象我们称为美，少部分我们称为丑，大部分的我们无所谓，没有太多的感觉。

这篇文章也发现美感越强，这个区域越活跃。我们前面讲表现主义美学的时候就讲到过这一点，表现力特强的那些事物给你带来的美感特别强，测量出来就是大脑里面活动特别强，这说明表现力对你大脑带来的冲击。我们前面讲过有些美学理论强调理解，比如说接受主义美学里面特别强调，理解了接受了，就是美。但是这篇文章的结论有所不同。美的确和理解有关，理解的东西你才会觉得美，但理解只是必要条件，不是充分条件，有些东西你理解了之后也觉得平庸，所以很多平庸的东西你也是很理解的，所以理解是必要条件，不是充分条件。

通过这个研究我们看到了，在前面的很多美学现象里面，有些现象是真实的现象，但是背后的道理以前不知道，现在通过科学研究知道了。而有些现象则是片面的，有时候成立，有时候不成立，这就是为什么我们前面可以轻而易举地证伪那些美学理论。

而且这些研究告诉我们，丑和美是有本质的区别的，不仅仅是我们感觉不同，而且并不是定义的问题。把某个东西定义成美了，你就感觉美了吗？不是这样的。美和丑对应的大脑里的活动区都不一样，不但不同的区域负责丑，而且不同类型的丑还在大脑的不同区域产生反应，但是不同类型的美却在大脑的同一个区域产生反应。

所以这些研究归纳起来，就说明美的判断条件应该是存在的，而且应该是唯一的，因为看到了大脑只有同一个区域活动。但是丑就不一样了，各种不同的判断都可能导致丑，因为看到了不同的丑导致了大脑不同区域的活动。但是到底这个判断条件是什么？这两篇论文都没有找到。

数学家和物理学家的不同

说到这里就讲一个有趣的事情，这是数学家做研究和物理学家很不一样的地方。数学家提出一个问题之后，他最关心的是这个问题有没有解，先证实解是否存在，证实了之后再来证明这个解是不是唯一。证明完了之后，也许去找解也许不找，可能很多大数学家不屑于去找，我都证明它存在了，而且是唯一的，你随便找出来不就得了？

物理学家不太考虑这个事，提出问题之后很少问这个问题的解是不是存在，因为这是自然规律，我哪里知道这个问题有没有解，是不是只有一个结果也是不知道的，你没有任何可能性去证明它。比如说我们讲的有没有终极的物理学理论，有的人说肯定有，有的人说肯定没有，其实我们都不知道，这是自然规律，有就有，没有就没有。你相信有你就去找，你相信没有你不找就行了。所以就有人去找，有人不找，这就是物理学家。所以物理学家通常不去证明这个解是否存在，也不去证明它是否唯一，不是说你对这个问题研究了得到一个答案，别的物理学家就不做了，照样做，也许找到不同的答案，也许答案还更漂亮，这就是科学研究的魅力之一。

当然我主要是物理学家，所以我在研究美的判断条件的时候，从来没管过这个事情，我就去找，找不到接着找。但是这些数学家确实证明了，不但美的判断条件很有可能存在，而且也很有可能是唯一的。为什么我说"很有可能"，而不说"肯定"呢？因为他们的研究表明，不同的类型的审美，在大脑里面产生了同样的反应，所以我就认为这个判断条件应该是一样的，这是我归纳的结果。这个结论是否正确，还要在找到这个判断条件之后进行证实和证伪。

发现"美的判断条件"：三段式科学方法

前面这两篇论文都只说了对于不同类型的审美，我们的大脑应该都做了同样的判断，因为大脑的同一个区域发生了同样的反应，但是又都没有说明美的判断条件是什么，也没有告诉我们如何去发现美的判断条件。那么到底怎么去发现？我们下一步就是要发现美的判断条件，用的方法是三段式的科学方法，也是相当常用和标准的科学方法（图4-4）。

▲图4-4 三段式科学方法

前面讲美学理论的时候都讲了证实和证伪，这是三段式的后面两步，但是没有讲第一步，原因在于这些美学家都已经做了第一步。如果要提出一个新的美学理论，也就是要做一个新的美学的研究，那就要做第一步，也就是归纳。因为我们要找美的普遍的判断条件，我们需要把各种不同类型的美都列举出来，比如美女、美食、美景、美的艺术、美的科学，等等，你能想象到各种类型的美尽可能多地都拿出来，归纳总结这些美之间的共性，这可能就是美的普遍判断条件。

以往的美学家做的都是这个事，当然一般来讲并没有把所有类型的美都放到一起归纳。有的美学家说我只把艺术类的归纳起来，有的说我只关心美女、帅哥，有的只关心建筑，有的只关心服装，有的只关心景观，等等。所以，我们就有了各种各样的美学理论。把某一类或者某几类的美的共性归纳出来，这就是美学理论，任务就完成了，以前几乎所有的美学研究都是这么做的。但是对于科学研究，归纳只是第一步，离完成一个理论的研究还早着呢。

对科学研究来讲，第二步就是证实，这就是我们在这堂课上反复做的事情，也就是找出更多的例子，逐一验证是否符合美的条件。也就是找出我们觉得美的例子，看看根据这个美学理论，这个审美对象是不是应该美，也就是"美就该美"，举出这样的例子，就证实了这个理论对这个例子是成立的；同时也需要举出我们觉得不美甚至丑的例子，看看根据这个美学理论是不是就不应该美，也就是"不美不该美"，举出这样的例子，也证实了这个理论对这个例子是成立的。这两方面的例子找到的越多，就说明这个美学理论适用的情况越广泛，这就是证实的目的之一，但并不是证实的主要目的。

我们到图书馆读那些我们前面讲过的美学理论的著作，就会发现几乎所有的著作的主要内容就是举出各种"美就该美"的例子，以及少量的"不美不该美"的例子，举的例子越多，我们就觉得该美学著作越厉害。但是我们同时也会发现，很多明明相互矛盾甚至完全相反的美学理论都会举出很多的例子证实自己的理论，我们前面对这些美学理论做科学批判的时候就已经得到了这个结论。

那么问题在哪里？问题在于，这些美学著作都选择性地忽略了根据该理论不符合"美就该美"或者不符合"不美不该美"的那些例子。换句话说，这些美学著作其实并没有实现证实的主要目的，也就是当发现有不符合"美就该美"或者不符合"不美不该美"的例子时，正确的做法应该是修改该理论（也就是解决问题），使这些例子"美就该美"或者"不美不该美"（而不是选择性地忽视这些例子，也就是无视问题），这才是证实的最主要目的。当然如果美学家们真的都这么做了的话，今天也就不会还有那么多相互矛盾的美学理论了，因为这些理论经过修改之后很可能就没有那么多的矛盾了。

如果这么做了，也就是修改之后，找到的例子都是"美就该美"或者"不美不该美"，那么我们就找了审美的判断条件了吗？不一定，因为我们永远不可能穷尽所有的例子，也就是永远不能证明我们的理论适用所有的情况。但是这还不是最糟糕的，更严重的问题是我们不知道什么情况下我们的理论不能用。只知道已经举过的那些例子适用于我们的理论，但是既不能证明这个理论适用所有的情况，也不知道这个理论在什么情况下不能用，那么这样的理论很显然不能令人满意。

那么问题出在哪里？应该怎么办？问题就在于证实只是实证的第一步，实证还有最后关键的一步就是证伪。简单来讲，就是举反例。我们前面在对已有美学理论做科学批判的时候，既做证实，也做证伪。前面讲了，即使完整地做完证实的美学家也非常罕见，做证伪的就基本上没有了，实际上我一个也没有听说过。这并不奇怪，因为美学家们很少受过科学的训练，不知道其实实证是有两部分的，所以一般只做了前一部分而已，没有做证伪很正常。

其实很多专业的科学研究也只是做实证的前一部分，大部分科学研究做完完整的证实就已经很不错了，也很少去做证伪。但是科学家毕竟有一个良好的习惯，就是质疑。即使某个科学理论的提出者只做了实证的第一部分，总是会有科学家去做实证的第二部分，一方面使我们更清楚地明白该理论哪里能够用，更重要的是使该理论适用的范围更广一些，当然也必然会有科学家去进行证伪。我们前面也说过，证伪的目的就是找到某个理论的适用边界，也就是哪里不能适用，一旦找到了适用的边界，突破该理论就是水到渠成了。因此证伪远远比证实更重要，这就是我们前面对所有美学理论都做了证伪的原因。

对于科学理论来讲，如果理论预言了某个结果（某个参数的具体的数值，或者某个现象会发生或者不发生，这都可以是预言的结果），而实验或者观测的结果与该预言不符，就是证伪了该理论，但是这并不是推翻了该理论，只是找到了该理论不适用的地方。对于美学，具体来讲，就是根据该理论，某个审美对象应该美（比如对称为美的理论预言越对称越美），但是你找到了满足该审美条件但是不美的例子（比如某个审美对象非常对称，但是就是不美），这就是证伪了该美学理论。同样，根据该美学理论某个审美对象不该美（比如明显的不对称就不该美），但是你找到了违反该审美条件的审美对象（比如不对称但是美的情况其实很多），这也是证伪了该美学理论。这并不是说该理论就是完全错误的，只是说明这个理论的适用范围不够广，很可能是该美学理论没有抓住审美的本质，没有找到普适的审美判断条件，也就是没有找到好的审美规律。

我自己的科学研究的目的就是拼命地想找到广义相对论哪里不对，也就是想证伪广义相对论，并不是推翻广义相对论。我们做了很多观测去检验广义相对论的预言，在中子星附近发生的现象、在黑洞附近发生的现象、利用X射线观测、利用引力波观测，遗憾的是我们至今还没有发现明显和广义相对论的预言矛盾的现象或者结果，但是我们不会甘心，会一直找下去。

对科学理论是这样的态度，对待美学当然也应该如此。所以前面我就对所有的美学理论都进行了科学批判，而且重点是证伪。但是很多人都没有受过系统的科学方法的训练，即使了解了一些科学方法，也不认同应该对美学理论用科学方法进行科学批判（如果说你喜欢的美学理论不科学，你一定会很不开心），所以大家都特别反感我对美学理论做证伪。特别不能接受自己那么喜欢的理论，那么崇拜的哲学家、美学家被批成这样，真是可惜，甚至可恨！

但是证伪才是做科学批判和科学研究最精彩、最迷人的地方！

美的判断条件就是：没缺陷、不常见

我自己在上大学的时候开始对美学感兴趣，部分原因是 20 世纪 80 年代兴起了美学热，另外的原因是男生们会经常"争论"哪个女明星最美。我开始读了一些美学著作，很快就发现根本就回答不了哪个女明星最美，而且那些相互矛盾的美学理论也让我非常吃惊和不满。我就开始思考审美的问题，一开始也找不到方法。但是随着我对科学的一步步理解，对科学方法的一步步认识，直到很多年后我觉得我比较理解科学方法了，我对美学的思考才比较系统和深入了。这个过程持续了差不多 30 年，最终通过上面所讲的三段式的科学方法，我认为我很可能找到了比较普遍适用的审美判断条件，非常简单，实际上就是六个字——没缺陷、不常见，反映了审美过程的两个判断，也可以说是审美的两个要素，整体上构成了"美"的充分必要条件。

我们前面提出过审美的几个重要问题。

第一个问题是：我们的大脑如何审美？我的回答就是：我们的大脑在审美的过程中做了两个判断。

第二个问题是：美的判断条件是否存在？是否唯一？我的回答是：的确存在，因为做了这两个判断就会得到审美对象美或者不美的结论，但是需要同时满足两个条件我们才会得到美的结论，这两个条件结合起来就构成了美的充分必要条件，所以也可以说美的判断条件是唯一的。

第三个问题是：如何发现美的判断条件？我是用的科学研究的标准的三段式方法，是否还有别的方法，当然我不能排除，也许还有更加有效、更加深刻的方法有待我们去理解和研究。

第四个问题是：美的判断条件是什么？就是上面的六个字"没缺陷、不常见"，下面我会详细解释。

回答了以上四个问题，我们对于审美的认识就会比以前深刻很多。当然科学研究总是无止境的，刨根问底是一直要做下去的。所以肯定还有更多的问题需要提出，需要研究，需要理解。比如还会有第五个问题：为什么美的判断条件是这样的？这个问题我们后面会做一些探讨。

审美的这两个要素分别是审美者的价值观和见识，或者说审美的过程就是分别做价值评价和见识甄别这两个判断，简单来讲，就是审美者用其价值观评价审美对象是否有缺陷，用其见识甄别审美对象是否不常见，如果两者的判断结果都是正面的，也就是对于该审美者，该审美对象既是没缺陷的也是不常见的，审美者就会得到这个审美对象是美的这个结论。

什么叫作没缺陷？审美对象符合审美者的价值观，审美者就认为没缺陷，这和别人怎么看待这个审美对象没有关系。不同的人有不同的价值观，某个审美对象符合某个人的价值观，这个人就认为没缺陷。价值观往往包括很多方面，有些是实用方面的，有些是精神层面的。比如我们说某个工具或者设备没缺陷，往往是指它的功能齐全，比如学校上课的教室说不上美，但是功能很好，就是没缺陷。但是如果上课一开始话筒不灵，算是有一点缺陷，但是很快就弄好了，这个缺陷就弥补上了，就不是缺陷了。而且说明了学校的后勤维护做得不错，也是没缺陷，因为设备出点毛病并不奇怪，能够马上修好就可以了。所以总的来讲，这个教室再加上后勤维修系统，从实用的角度来讲算是没缺陷了，这是根据我的价值观对一个教室的价值评价。但是我并不会因此高呼"美"，因为根据我的价值观，本来就应该是这样的，做到了就是没缺陷，做不到就是有缺陷了。但是有些人的价值观可能不是这样，某个人可能不能容忍教室里的设备哪怕是出一次小问题，即使马上修好了也不行，因为还是影响了上课几分钟，也可能影响了老师的情绪，也可能影响了教室的气氛，他就认为这个教室有缺陷。所以对于同一个教室，不同的人就可能得到有缺陷或者没缺陷的不同价值评价。

但是我们的价值观里面更多的是精神层面，我们的价值评价更多的也是在精神层面。比如我们觉得某件事情自然、合理、完整、舒服、真、善，这都是我们价值观层面的没缺陷。但是有些人的价值观可能和我们大部分人的不一样，我们认为的自然、合理、完整、舒服、真、善，有些人可能不认同，或者有些人就不喜欢自然，就不喜欢真。我们有时候就称这些人的价值观扭曲了，就是指他们的价值观和我们大部分人明显不同。总之，符合我们的价值观，我们就会做出没缺陷的价值评价，尽管对于同一个审美对象，不同的人因为价值观不同，做出的价值评价就会不同，甚至会完全相反。

符合了审美者的价值观，审美者也不一定认为美。前面讲的教室是一个例子，精神层面的例子更多。自然的就一定美吗？当然不一定。城里人喜欢体验自然，但是也不会认为所有的自然都美。山区里和农村生活的人虽然也觉得自然符合价值观，但是他们很少会觉得周围的自然美。类似的，很多我们觉得合理、完整、舒服、真、善的审美对象，我们也都不觉得美，但是我们觉得美的很多审美对象又的确多多少少和自然、合理、完整、舒服、真、善有关系。这说明，符合我们的价值观仅仅是我们做出美的判断的一个必要条件，并不是充分条件。

在审美的过程中，我们的大脑还要做第二个判断，也就是用我们的见识来甄别某个审美对象是否不常见。我们每个人都有不同的见识，学过不同的知识，游山玩水看过不同的景色，有的人艺术方面看到的东西特别多，等等。我们说有的人见多识广，有的人没啥见识，就是这个意思。某个审美者是用其见识来甄别某个审美对象某个方面是否不常见。当然我们通常很少用"不常见"这个词，因为这是一个概念，这不是我们口头上说的语言，我们口头上表达"不常见"的方式很多，比如说别样、别致、不一样、特别、出色、出众、清新、不俗、个性，等等。"洋气"是中国人表达不常见的一个很特别的方式，这和中国近代的历史有关，就不进行解读了，相信大家都明白。当然这也有地域的区别，大部分中国人跟洋人打交道还是不多的，今天北京、上海稍微多一点，所以在北京、上海今天就不太用"洋气"表达不常见了。和"不常见"这个概念相反的表达，就是土气、市侩、平常、平庸、山寨，等等，大家一看也就明白了，无须进一步解释。

最后，某个审美者的大脑对某个审美对象，用价值观做了价值评价和用见识做了甄别，如果得到了"没缺陷"和"不常见"这两个判断，该审美者的大脑就得到了这个审美对象"美"的结论，该审美者的情绪大脑区域就会活跃起来。这是一个完整的而且正面的审美体验。这是一个新的美学理论，完整地说，应该是一个新的审美理论，回答了关于审美的几个重要问题。然而，我们还需要对这个理论进行科学批判，也就是进行证实和证伪，目的是理解这个理论的适用范围，也就是哪里能够用，哪里不能用。最好能够找到尽可能多的不能用的例子，也就是尽可能全面地证伪这个理论，找到这个理论的适用边界，这样就有可能发展出来更好的理论。

当然，如果这个理论比以往的美学理论更加反映了审美的本质，这个理论应该可以包括原来的美学理论能够适用的地方，而且原来的美学理论失效的地方，这个新的理论应该能够适用，也就是也能够解释以往的美学理论不能解释的审美现象。但是这仍然不够，因为我们建立和发展一个新理论的目的并不仅仅是理解已有的现象，更加重要的是预言新的现象，并且最终验证这些预言。我们前面在讲科学史的时候，已经非常清楚地讲了这个过程。对于建立美学理论来讲，我们的最终目的是指导审美创造。

图4-5就总结了我们上面所描述的建立美学理论、对美学理论进行实证并且最终进行审美创造的完整过程。从认识论的角度，建立和实证的过程就是从个别到一般的过程，解释已有的审美现象（无论是已有美学理论能够解释还是不能解释的审美现象）就是从一般到个别的过程，而审美创造就是从一般到个别的最高级形式。更简单地来讲，我们前面讲的科学方法的三段式，实际上就是从个别到一般的科学方法，也是从现象到规律的科学研究方法。而从一般到个别或者从规律到应用，则常常是对科学规律的应用，我们前面讲过，这主要是属于技术，因此本书不会涉及很多，仅仅在最后会探讨

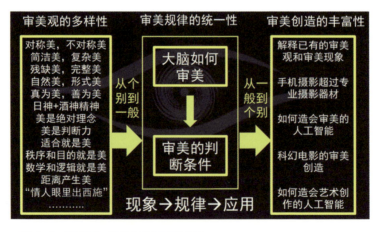

▲图4-5 审美观、审美规律和审美创造

一下有没有可能以及如何把这个审美理论应用于人工智能审美。

证实"没缺陷、不常见就是美"

我们对任何一个美学理论进行科学批判的第一步就是做证实,也就是举出"美"或者"不美"的例子,看看是否符合这个美学理论。根据审美两要素的"没缺陷、不常见就是美"这个新美学理论,"美"的审美对象就应该是没缺陷和不常见的,而"不美"的审美对象就应该不符合没缺陷和不常见这两个条件中的至少一个,也就是或者有缺陷,或者常见,或者既有缺陷也常见。下面我们就举几个例子来证实"没缺陷、不常见就是美"。

图4-6是雨后的彩虹照片,常常叫作双彩虹,实际上是霓虹,仔细看会发现两个彩虹的颜色恰好反着的。这就是2016年夏天,北京有一天傍晚出现的,在北京几乎所有地方都能看得到。所以从当天傍晚到第二天甚至到第三天,大家如果记得的话,朋友圈里面全是这个霓虹的照片,大家都说美极了。大家现在上网还能够查到这些照片,非常多,还有人做了很多专辑,就把朋友圈上的照片收集起来。当然还有很多摄影爱好者匆匆忙忙地拿着相机就冲出去,各个角度各种拍。总而言之,大家都觉得这次的

◀ 图4-6 2016年夏某天傍晚北京的双彩虹照片

双彩虹很美。

为什么这个照片美?如果把这个照片拿着到山区给生活在那里的老太太看,双彩虹美吗?我猜想老人家的回答应该是,我们这里傍晚下完雨一出太阳就这样,不觉得有啥特别的,没啥感觉。美啥啊?都是你们城里人很少看到才觉得美。如果你到日内瓦湖,那个大喷泉水喷得非常高,每天傍晚只要有太阳都能看到彩虹,我没见一个本地人在那高呼美的,当然有游客觉得美在那里拍照,也包括我第一次去的时候。北京要出现看到这样的彩虹的条件,可能好几年才有一回,空气质量要好,傍晚要下雨,而且下完雨还要马上天晴,这些对我们来讲都是很不常见但是又没有缺陷的条件,我们看到了这样的彩虹就高呼美极了、美爆了、美炸了!当然山区的老人家三天两头看到这样的彩虹,日内瓦当地的人差不多天天都能够看到日内瓦湖大喷泉的彩虹,人家就不觉得美,虽然也是没缺陷的情况,但是太常见了,也有人把这种情况称为"审美疲劳",其实根本无美可审,因为没有同时满足没缺陷和不常见两个条件。

图4-7是昙花的照片。昙花一现,我们都觉得美,为什么?其实从观赏的角度,昙花和很多其他花没什么区别。但是听说香山植物园的昙花开

▲图4-7 昙花一现

了，就立刻冲过去看，看了之后拍个照片发到朋友圈，说美得不得了，为啥？因为别人看不着，或者很难看得着。就北京交通的情况，如果在香山植物园昙花开了，从城里面赶过去，没赶到就已经花谢了，根本看不着。所以看着的人都说美，对不对？花没啥毛病，看起来没缺陷，但是很难看到盛开的昙花，所以看到了就觉得美，也是同时满足了没缺陷和不常见这两个条件。

图 4-8 是我用我的旧国产手机拍的照片，这 4 张照片看起来是四个不同的季节，其实是在同一个时辰我在玉渊潭拍的，大概前后半个小时的时间，我故意拍出了几种效果完全不同的照片。我发到朋友圈里面，大家都觉得美得不得了，其实很多人都去过玉渊潭，可能还经常去，但是不觉得见过这样的景色，就觉得很美。

◀图 4-8　同一个时辰作者用旧国产手机在玉渊潭拍的几张照片

图 4-9 是 2016 年评出来的十大最美科学照片里面的 3 张。这些照片美在哪里？都是自然现象，当然属于没缺陷，至少对于审美者来说是没啥缺陷，但是经常发生，应该很常见啊，难道不是违反了"没缺陷、不常见"的判据？但是前两个照片都是肉眼看不到的现象，用高速摄影机拍的，最后那个星系的照片是天文望远镜拍的，也是肉眼看不到的，所以我们看到了照片，就觉得很惊奇，觉得很美，因为对于审美者来说，这些照片反映的现象是不常见的。我是天文学家，看到过很多这样的天文照片，就没有啥感觉了，不觉得

有啥美的。所以美不美，取决于该审美对象对于审美者来说是否没缺陷、不常见。

◀图 4-9　最美的科学照片

图 4-10 这几张照片我叫作毁天灭地的自然奇观，美不美？龙卷风、沙尘暴、海啸、火山爆发，这些照片都是获奖的照片。能拍出这样的照片来，摄影师不知吃了多少苦，端着他的摄影机在那个地方蹲守。我认识的一位星空摄影师，最近跑到北极去，几乎要把自己整死，就是为了拍那几张极光照片，要拍出这种大家没法拍到的照片，非常特别的角度，非常特别的背景，拍下极光出现的那么一瞬间，就会被评为最美星空摄影的照片，图 4-11 就是一个例子，这张照片也被 vivo 手机最近作为新手机发布的宣传照了。作为摄影师，他们的拍摄技术都没有啥缺陷，关键是你拍出来的照片是否极为不常见。

◀图 4-10　毁天灭地的自然奇观

◀图 4-11 星空摄影师叶梓颐在北极拍摄的极光照片

但是如果换个情形,你恰好在龙卷风的中心,恰好在沙尘暴过来的时候你没有躲开,恰好海啸冲过来的时候你在那里,你站在那里正在欣赏风景的时候恰好火山爆发的熔岩冲向你,你会高呼美吗?你不会的。虽然对你来讲这种情况极为不常见,但是对你很危险,致命的危险,缺陷大极了,你一定不会高呼美。但是欣赏摄影师的这些照片,你觉得很美,因为作为吃瓜群众,毁天灭地的自然奇观对你没有危险,和你没有关系,当然你就觉得没缺陷,从摄影师摄影的角度,抓拍的时刻和画面构思都极为不常见,所以对于作为吃瓜群众的审美者来说就是没缺陷、不常见的照片,就觉得美。同样的自然现象,身处其中的当事人不觉得美,作为吃瓜群众就觉得美。

图 4-12 是一个冒烟的烟囱的照片,美不美?很多年轻人都觉得不美。年轻人大概从来不会觉得冒烟的烟囱美,因为看到冒烟的烟囱,他们就立刻想到空气污染,这就是有缺陷。可是我们这一代人在 20 世纪 70 年代的时候,看到冒烟的烟囱都要想办法去合影的,我们觉得美,因为是工业化的象征。有一位开国领袖当年说,我的梦想就是站在天安门城楼上看过去,全部是冒着滚滚黑烟的烟囱。因为这就是中国的工业化和现代化成功了,完全是"没缺陷、不常见"啊,真是美极了!冒烟的烟囱是否有缺陷,这完全是价值观的判断,今天我们觉得有缺陷,因为我们的价值观里面清洁

◀ 图 4-12 冒烟的烟囱的照片

的空气很重要；那时候的价值观认为冒烟的烟囱是好事，因为是工业化和现代化的象征。

图 4-13 是我认识而且非常景仰的泰祥洲画家的作品。这幅画美吗？乍一看，一点都不美。倒不是我不喜欢中国水墨画，而是我不知道这幅画的对象是什么。因为我习惯的中国水墨画，一眼看过去基本上都知道画的是什么，如果画风我认可（符合我对中国水墨画的价值观），作品有特色（就是不常见），我就会觉得美。印象派的作品我一开始也是觉得乱七八糟的，感觉不到美感，看得多了，了解得多了，在价值观方面开始接受了，就开始欣赏了，在有些作品里就找到美感了。看祥洲的这幅作品，第一眼给我带来了强烈的视觉冲击感，有时空交错的感觉，甚至让我有点恍恍惚惚的，但是我体会不出美感，就是在价值观层面没有接受这幅作品。换句话说，这幅作品对我来讲的确是"不常见"，但是是否"没缺陷"，我的价值观判断不出来，要打个问号。由于价值观和见识的时代性，很多传世的艺术品对同时代的很多人来讲，虽然是"不常见"，但是未必"没缺陷"。因此对于当代艺术作品，恐怕是不能用"美"与"不美"来评价的。能否成为经典、成为传世精品，一方面在当代就必须是"不常见"，否则就没

有任何创新，而更重要的则是取决于该艺术思想、理念、风格是否引领了时代，影响了未来的价值观，在未来成为"没缺陷"。"未来"可以是几年，可以是一生，甚至是一个时代，艺术史上这样的情况太多了。

关于祥洲的这幅艺术品，我还想再说几句。因为祥洲随后发过来了高分辨率的照片，我立刻就放大了看。这是天文学家的毛病，看到一个天文照片，就想从细节里面挖出来别人还没有发现的新东西。然后我整个人就不太好了，我有密集恐惧症，至于从细节里我看到了什么、想到了什么和为什么感到恐惧，这里省略一万字！然后我从大屏幕后退两步，我开始看到了这九屏图片之间，既有联系、连接，又有类似的场景相互穿越，这可能就是一开始带给我视觉冲击的元素，我就开始试图领悟作品"隐喻"和"隐藏"的内涵，看到作品的名字叫作《平行宇宙》，我有了"原来如此"的感觉！祥洲也发来了对作品的简要介绍，我发现我的理解竟然没有完全离谱！

巨幅九屏系列作品置观者于静谧的混沌之中。九在中国数理学上有着特别的含义，常与龙、皇权等尊贵象征相关联，道教天文观中亦有"北斗九星"（能见的北斗七星加上的辅、弼二隐星）的说法。《平行宇宙》中，各屏作品间的时空关系更加模糊，每幅作品分别以北斗九星的名字命名，可以任意顺序成组或独立观看。嶙峋怪石在云气中若隐若现，没有明确的光影、重量、视点或方向，重复穿梭于画面之间。绢本的光泽更增添了画面的虚幻之感。泰祥洲的作画过程先以淡墨渲染，再以细笔、浓墨逐步勾勒形态，实现物质、想象与经验的复杂相互作用，恰如宇宙之初物质的聚合演变。在墙上作画过程中，他偶尔会转动画面，避免单一的方向和视点。

祥洲也发来了展览设置的照片（图4-14）。在展览中，画前放置了泰祥洲收藏的7件陨石，使展示空间更具时空穿梭的意味。如果我第一次是

276　科学方法与美学

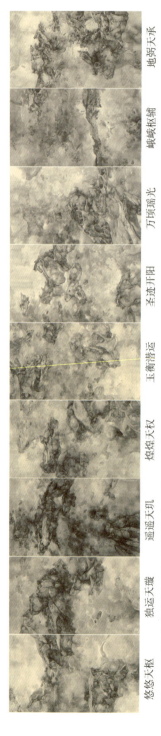

悠悠天枢　独运天璇　遥遥天玑　煌煌天权　玉衡潜运　圣迹开阳　万顷瑶光　峨峨枢辅　地躬天承

▲图4-13 《平行宇宙》(秦祥洲, 2017) 水墨绢本 | 199cm×118cm×9

在展览中欣赏这幅作品,尤其是在陨石中漫步,我感受到的感官和思维的冲击很可能要大得多,也很可能一开始就不会陷入"密集恐惧症",而是直接领悟到作品的"平行"与"穿越"!

▲图 4-14 《平行宇宙》(泰祥洲)展览的设置

什么才是最美的照片?

我们从审美的两个要素的角度做一下分析。

首先你要有一个主题,而且画面要比较干净,这是很重要的。我们看到前面那几幅照片都是主题特别清楚,画面也没有堆很多东西,也就是比较干净,这些都是照片没缺陷的体现。当然仅仅是这样还不行,我在教室里面站在讲台上大概再怎么拍也拍不出来美的照片,关键是还要有别人看不到的视角、注意不到的细节、捕捉不到的瞬间,这些都是不常见的体现。所以"没缺陷"和"不常见"这两个要素结合起来的照片,就是最美的照片,一般入选摄影大奖的照片,通常都满足两个要素,反之一定不美,缺其中一个要素都不行。

很多摄影爱好者装备了很多高级的摄影器材，但是也不一定就能够拍出来大家觉得美的照片。其实摄影第一重要的摄影器材是你的大脑，大脑用来干什么？构思"没缺陷"，也就是构思主题和画面的安排。第二重要的摄影器材是照相机后面你的眼睛，你的眼睛用来干什么？用来捕捉"不常见"，前面是构思，后面是捕捉，尤其是转瞬即逝的那种情况，你要把它抓住，所以这是要靠你的眼睛。第三重要的摄影器材才是你手里的摄影器材，就是用来呈现前面的"没缺陷"和"不常见"。

有的人花了很多钱，买了很多摄影器材，拍出来的照片也不堪入目，因为他不理解什么样的照片才是美的照片，他钱多摄影器材好，长枪短炮，拍的细节很清楚，那就一定行吗？有些获奖照片拍的也不清楚，因为他抓的这个瞬间很短，所以并不清楚，但是主题特别震撼，而且这个瞬间很有意义，也是别人没有抓拍过的，往往获得摄影大奖的都是这一类的。所以用手机经常可以拍出很美的照片，因为比较容易捕捉到不常见的瞬间。

现在很多专业摄影师也随身带着比较好的手机，看到了不常见的瞬间就赶紧拍下来，这种情况下手机拍下来的往往是很好的照片。当然你拿着专业的摄影器材也可以拍到不常见的瞬间，但是你得守在那个地方，要蹲守很长时间，说不定还得蹲守很多次。当然手机的摄影质量比不上专业摄影器材，拍的照片往往有点小缺陷，但是现在手机的软件很厉害，不但自己就会美容、调色和调对比度，而且有美图软件，这些都是用来弥补那些小缺陷的，还可以很方便地修补，去除不想要（有缺陷）的部分，最终就达到了"没缺陷、不常见"的效果。

所以只有没缺陷、不常见的照片才是美的照片，这是美的照片的充分必要条件。

诗是什么以及诗之美

什么是诗？诗的美是怎么体现的？从审美的角度，我认为诗就是虚拟现实的语言表达。虚拟的目的是产生意境。我们常常说有些诗的意境非常好，这就是虚拟出来的。为什么是虚拟的现实？因为现实才是要表达的主题，诗的主题是来源于现实的，可以是过去的现实，可以是现在的现实，也可以是关于未来的现实，总之不能凭空弄出来一首诗，总是要表达作者对现实的一些观察、一些思考，但是又要用虚拟的方式用语言表达出来，这就是诗。

但是有的诗有些人觉得美，有些人觉得不美，也有些诗谁都不觉得美，也有个别的经典之作很多人都觉得美，经久不衰。那么美和不美怎么体现？诗之美的体现就是在不寻常的意境中忘却现实的缺憾，现实当中有很多缺憾，生活有很多不如意，这些就是有缺陷。但是读这些诗的时候就把这些缺憾忘掉了，暂时进入了这么一个不寻常的而且没有缺陷的境界，你就感觉到诗之美了。所以你觉得哪首诗的意境最不常见，表现的现实最没缺陷，你就觉得哪首诗美。

当然如果把现实中的痛苦表达出来也是可以的。读者可以被这样的诗感动，但是不一定觉得美，这涉及悲剧的审美问题，也就是感动和美的关系，我们后面还会展开讨论，看看是否违反审美两要素。

第二节
审美两要素的证伪

我们前面对审美两要素做了科学实证的第一步证实，也就是对于我们认为美的例子，说明了都符合用价值观判断的"没缺陷"和用见识甄别的"不常见"，也对于我们认为不美的例子说明了至少不满足"没缺陷"和"不常见"这两个要素其中之一。从这些例子可以看出，审美两要素和我们的审美经验还是比较一致的，换句话说，用审美两要素可以很好地解释我们的审美经验。那么审美两要素和前面讲的审美的神经学研究的结果是否一致呢？

大脑神经美学是科学的美学基础

我们前面讲了，视觉、听觉和数学的美，在我们大脑的活动区域都是情绪大脑，这个区域负责快乐和奖赏，所以审美是情感的活动。既然各种类型的审美的表现都是在这个区域，所以我们可以很合理地说，各种审美都有唯一的判断条件，也就是我们的大脑对于美有唯一的判断条件。

既然这个区域负责快乐和奖赏，那么美感给我们的大脑带来的就是快乐和奖赏，也就是让我们感到满足、满意，当然只有符合我们价值观的时候我们才会做出这样的判断,所以"没缺陷"就应该是判断美的一个要素。我们很显然不喜欢丑,丑不能让我们感到满意、满足,说明"丑"是不符合我们的价值观的,也就是"有缺陷"是判断丑的一个要素。

大脑神经美学的研究也发现,审美对象中美和丑的比例非常低,但是中庸的比例比较高,这说明丑和美都是属于不常见。结合前面的价值观判断,我们就得了一个合理的结论,"没缺陷、不常见"对应"美"、"有缺陷、不常见"对应"丑",这正是我们前面证实的审美两要素。

大脑神经美学研究的另一个结论就是,美感越强,情绪大脑这个区域越活跃,说明我们对美的感觉是可以量化的,这是我们后面建立计量美学理论的基础。

大脑神经美学的研究也表明,美和理解有关,不理解的你很少把它归于美,但可以列为丑,也可以列为平庸,所以理解是美的必要条件。当然理解了之后,我们的价值观才能够判断这件事情是有缺陷还是没缺陷,这和审美两要素没有矛盾。

非常有趣的是,虽然我们大脑感受不同种类的美的活动区域是一样的,但是感受不同种类的丑的活动区域却不同,不同类型的丑引起大脑不同的区域活动,说明丑是由多条件造成的,这和美有唯一的判断条件很不同。

因此,我们可以得到结论,"没缺陷、不常见"的审美两要素完全符合大脑神经美学的研究结果,换句话说,可以用大脑神经美学的研究结果很好地解释审美两要素美学理论。

但是仍然有两个问题:①尽管我们举例证实了"没缺陷、不常见"的审美两要素,但是我们没有也不可能举遍所有的例子,而且大脑神经美学的研究也局限在他们研究的情况下,怎么就知道没有其他的审美要素?②尽管大脑神经美学的研究结果和"没缺陷、不常见"的审美两要素不矛盾，但是我怎么根据大脑神经美学的研究结果直接推不出"没缺陷、不常见"的审美两要素？

对于第一个问题的回答，实际上涉及科学方法的一个审美判据，也就是所谓的"奥卡姆剃须刀原则"，就是尽可能用最少的元素解释尽可能复杂的现象，也就是简约为美，这对于科学研究非常重要。我们建立任何科学模型的时候，一开始都是用尽可能少的元素（或者参数、变量），实在是解释不了观测或者实验结果了，再增加元素，增加之后还要做各种统计检验，证明增加之后对观测或者实验数据的拟合有非常显著的改善。目前我们用"没缺陷、不常见"的审美两要素已经可以很好地解释我们知道的美或者不美了，就没有必要增加额外的要素了。

对于第二个问题，这也涉及科学研究的一个重要方法，就是需要新思想，也就是思维必须有跳跃，从原来的结果或者理论直接推出来的结论不是新理论，只能是原有理论的应用。新理论的提出都需要思想的跳跃，比如我们前面讲过，哥白尼提出日心说，开普勒提出开普勒三定律，伽利略提出相对性原理、惯性定律、加速度定律等，而牛顿在他的《自然哲学的数学原理》巨著中干脆就把牛顿三定律和万有引力定律当作公理而推导出了开普勒三定律，广义相对论更不是从牛顿的引力理论推导出来的，这些里程碑式的科学突破都是跳跃式的。

然而，"跳跃式"思维到底是什么意思呢？我最近读了2021年物理学诺奖获得者乔治·帕里西的一本小书《随椋鸟飞行》，他特别强调了创造性思维的跳跃方式，换句话说，也就是"灵感"的产生方式。他认为无意识思维很重要，也就是不按照语言和逻辑所做的思维。遇到了一个难题，一时半会儿找不到解决方法，就先放一放去做别的事情，甚至去睡觉，但是潜意识里面这个问题还在脑子里，然后在完全出乎预料的时候，这个问题的解决思路会突然冒出来，也就是常说的灵光一现。帕里西说，爱因斯坦也认可这种作用。我特别欣赏和佩服的大物理学家费曼，也在他的自传《别逗了！费曼先生》里面表达了这种观点，他特别批评了有的机构弄一堆最伟大的大脑，不让他们做别的事情，所有时间都用于做科学研究。他觉得这样是不行的，因为科学研究常常会遇到难题，深陷其中不一定有用，如果能够把问题放一放去做别的事情（比如教课、和学生打交道），说不定突然就开窍了。这些大科学家的很多新科学思想和发现，就是这样"跳跃"出来的，并不是在已有的科学规律的基本上通过严格的逻辑推理得到的。

"没缺陷、不常见"这两个审美要素当然不是在已有美学理论或者研究成果的基础上直接推导出来的，因此是新的思想，是新的理论。从这个角度来讲，这个审美要素和其他的新思想、新理论并没有本质的区别。

但是怎么知道新的思想、新的理论一定是正确的，或者至少比以前的思想和理论更好？为什么正确的理论一定要符合"奥卡姆剃须刀原则"？答案都是"不一定"。这就是"归纳"和"证实"的局限性，基于同样的事实，不同的人很可能归纳出不同的结论，这就是我们有那么多美学理论的根本原因，因为所有的美学理论一开始都是不同的美学家归纳出来的。而只做证实，我们永远不能穷尽所有的例子，这就是以前的所有美学理论都能够不同程度地被证实，而当美学家们只选择符合自己的理论的例子做证实的时候，所有的美学理论听起来都很有道理，尽管很多美学理论相互之间有很大的矛盾，甚至完全相反。同样，尽管通过归纳和证实，我们已经证明了审美两要素完全符合大脑神经美学的研究以及比以往的美学理论更符合我们的审美经验，但是只做归纳和证实我们还不能证明"没缺陷、不常见"的审美两要素就是揭示了审美规律的审美理论。

因此我们还需要证伪，而正是通过证伪，我们前面证明了所有以前的审美理论都不是审美规律，也就是没有揭示我们大脑审美的本质。在这一节我们就对"没缺陷、不常见"这两个审美要素做全面的证伪，也就是检验有没有违反审美两要素的审美现象。具体来说，就是回答两个问题：①有没有不符合审美两要素，但是我们仍然觉得美的例子，简单地讲就是有没有"不该美反而美"的例子。②有没有符合审美两要素，但是我们不觉得美的例子，简单地讲就是有没有"该美不美"的例子。

有不符合"没缺陷、不常见"的"美"吗？

我相信，从最开始讲到审美两要素之一就是"没缺陷"的时候，很多同学的脑海里都立刻浮现出了断臂维纳斯（图4-15），因为这正是"残缺美"或者"缺陷美"的代表，岂不是已经证伪了"没缺陷"这个要素？

这个故事我们前面讲过，但是因为太重要了，而且对后面的论述很有必要，我需要在这里重复一遍。几年前，出现了一个爆款的知识付费产品"分答"，我就花了很多钱去问一些艺术家和哲学家，断臂维纳斯为什么美，是不是因为断了一只胳膊？基本上所有的回答都是：对，就是少了那只胳臂，有了缺陷，有了残缺，所以美！这个产品还有一个有趣的功能，就是

▲图4-15 断臂维纳斯

你可以免费追问一个问题，我就追问：那为什么我没有见过甚至听说过有谁为了追求美而主动断臂？你为什么不把自己的胳膊给弄断了显得更美？除了一位艺术家，其他人就都不理我了。这位艺术家的回答很有意思，他说我没疯，没有主动断臂的人也都没疯，只有疯子才会自残去追求残缺美！

很显然，现实中的人都不会去追求残缺美，也没有谁如果不幸断臂了就会整天骄傲地让大家看他/她的残缺美，而是会想尽办法把胳臂接上，或者至少装一个假肢让别人看不出来断臂。那为什么断臂维纳斯我们觉得美？因为断臂维纳斯是雕塑，不是活生生的人，作为艺术品的雕塑没有实用功能，所以雕塑断臂不是缺陷，而我们活生生的人断臂就真的是缺陷了。因此断臂维纳斯不能证伪"没缺陷"这个审美要素，反而从我们活生生的人不愿意断臂可以看出，我们都是想追求尽可能的"没缺陷"，证实了这是一个审美要素。

距离产生美也是我们熟知的审美观或者审美现象，虽然前面已经被我们证伪了，但是毕竟在不少情况下还是很合理的，而且貌似和审美两要素并没有什么关系，这岂不是说明了审美两要素并不是"美"的唯一判据？其实仔细考察所有貌似符合"距离产生美"的例子就会发现，无非是距离掩盖了缺陷，而且同时给我们留下了想象的空间，产生了我们平时近距离看不到或者感受不到的效果，就和化妆是一个效果，整容的目的也是这样，就是要产生"没缺陷、不常见"的效果。因此"距离产生美"是表现出来的审美现象，背后的道理完全和审美两要素没有矛盾，反而是对两要素的证实。

有爱就有美，"情人眼里出西施"，也是常见的审美观，表面上看，也和审美两要素没有关系。实际上，我们前面讲过，因为爱使你忽略了他/她的缺陷，自己的孩子调皮，在邻居的眼里可能就是缺陷，人家可能烦得不得了，但是你觉得自己的孩子调皮是因为聪明，是活泼可爱，根本没缺陷。孩子成长的任何一点变化在你的眼里都是第一次，是那么的不常见，所以天天在朋友圈晒娃，觉得美极了。谁家的孩子不会站，不会走路，不会说话，不会卖萌？别人在朋友圈里看到，不觉得有啥特别的，虽然不算有缺陷，但是也算不上不常见，出于礼貌点个赞，大部分人根本就不理你。但是你要是在群里天天晒娃，恐怕要不了多久就被踢出去了，在"一家亲"群里当然不一样，血缘关系在那里，也会觉得"没缺陷、不常见"，至少不会烦。情人眼里也是这样，因为爱，总能包容对方的小缺陷，总能发现对方的不常见，觉得对方就是世界上最特别的那一位，怎么看怎么美！

传统美学的误区一：罗列"美"的表象

其实上面这几个例子，和我们前面用科学方法证伪的绝大部分美学理论和美学观，都有一个共同的地方，就是只列举了美的某一类表象，比如对称美、不对称美、简洁美、复杂美、自然美、真实美、艺术美，等等，但是没有对这些复杂的审美现象进行深入的实证（也就是证实和证伪），导致这么多表面上看起来竟然相互矛盾的美学理论和审美观都一直共存，争吵起来谁也说服不了谁。这就是传统美学的第一个误区：罗列"美"的表象。采用了科学方法的证实和证伪，我们就很容易发现这些美学理论和审美观其实都没有揭示审美的本质，不但和"没缺陷、不常见"审美两要素不矛盾，而且本质上正是审美两要素的具体表现。

传统美学的误区二：混淆审美对象

因为残缺美太重要了，所以我们再举两个残缺美的例子。

我前面讲过，宋代汝瓷的裂纹被当作中国艺术的残缺美的例子。我前不久受邀参观一个收藏家的私人展品，这位收藏家就津津乐道地给我讲他收藏的有裂纹的瓷器由于有裂纹，是多么好地表现了残缺美。我当时就很不厚道地问了他一个问题，如果您到卖餐具的商店买盘子，绝大部分盘子都完好无缺，只有少数盘子有裂纹，您是专门挑那几个有裂纹的还是尽可能挑一点裂纹都没有的？他毫不犹豫地回答，当然挑没有裂纹的，有裂纹的拿回来怎么用？看着很难看，也不好洗，而且说不定就碎了。都是有裂纹的盘子，都是盘子上的裂纹，为什么这样的收藏品你觉得美，但是要买来做餐具的盘子有裂纹你不觉得美？关键就在于，收藏品没有实用价值，上面的裂纹不是缺陷，而且带有裂纹又流传至今的盘子很少，每个盘子的裂纹又完全不同，这样的盘子就是没缺陷、不常见的收藏品了，所以你觉得美。作为餐具的盘子的裂纹就是缺陷，这样的裂纹也可能常见，也可能不常见，但是既然有缺陷，你就不觉得美了。

还有一个例子就是著名的雕塑家罗丹的作品《老妓女》。我有一次在上海讲了审美两要素这个美学理论之后，上海音乐学院的一位副院长给我发信息，说他的研究生举了一个反例，就是这个《老妓女》雕塑作品，他说老妓女肯定有缺陷，但是《老妓女》雕塑很美。我当时就回复说，在我们一般人的价值观里面，妓女肯定是有缺陷的，但是这个雕塑作品本身没有缺陷，无论是罗丹的技术还是他要表达的思想，都是大师级的，绝对属于"没缺陷、不常见"的艺术作品，所以我们觉得美，美的是这个雕塑作品，而不是老妓女这个人物。您的学生认为这个作品美我完全赞同，但是他认为是因为这个作品有缺陷我就完全不赞同了，艺术作品的对象有缺陷，并不是艺术品有缺陷。战争、死亡、疾病在我们看来都有缺陷，但是描述这些的艺术品可以没缺陷，很多这样的作品不但没缺陷而且不常见，完全可以给读者带来美。

所以上海音乐学院的这个研究生的理解实际上就是"残缺美""缺陷

美"美学理论的一个共性问题,也是传统美学的另外一个误区:混淆审美对象和艺术品的对象。我们审美的对象是艺术品,不是艺术品的对象,艺术品的对象有缺陷,不等于艺术品有缺陷。

传统美学的误区三:个例作为普遍,无证伪

我们前面对对称美、真实美、简洁美都做了很多的证实和证伪,这里再举两个例子,帮助我们进一步理解传统美学的问题。图4-16是一张水上芭蕾舞的照片,美得不得了,被作为对称美的典型。我们前面也举过很多不对称美的例子,说明对称与否并不是美的要素。其实水上芭蕾舞的这个照片是假的、是合成的,本来只有一个演员跳舞,把照片折叠过去形成另外一半,任何软件做起来都很容易。为什么要这样做?因为这个合成照片的对称,是真实的两个人无论如何也做不到的,对称得一点缺陷都没有,再加上舞姿、背景等,就合成了完全没缺陷、极端不常见的水上芭蕾舞照片,追求的还是审美两要素,对称其实仅仅是展示审美两要素的一个个例而已。而且这个照片既然是合成的,那就不是真实的,就是假的,很显然和"真为美"是矛盾的,当然也和"自然美"矛盾。

▲图4-16 水上芭蕾舞的照片

我自己在电脑上画一个椭圆,很对称,很简洁,当然我自己画得也很真实,貌似满足了很多审美观,实际上这个椭圆也没啥缺陷,但是我相信大家都不觉得美。为什么?因为太平常了,谁都能做到,怎么会觉得美?我要是拿出去当艺术品卖,恐怕一分钱都没人买。我在中央美院讲了这个例子,当场就有同学说,张老师您如果在上面签上您的大名,那就真的成为艺术品了,多少值一点钱,也可能有人会说美。没错,签了我的名字,这个"作品"就不是那么常见了,有多少天文学家卖艺术品?仍然是没缺陷,但是现在不常见了,也就多多少少可以纳入美的范畴了。艺术品是什么?本质上我认为就是审美创造,不一定是艺术家创造出来的,只要符合某些人的价值观,只要有不常见的地方,就是艺术品。

有人看了某个艺术品,说我根本不觉得这个艺术品美,这一点也不奇怪,或者你根本看不懂或者你看懂了但是不赞同这个艺术品要表达的内容,也就是你没有觉得这个艺术品在价值观层面上没有缺陷,或者虽然你看懂了,你也赞同这个艺术品要表达的内容,但是你觉得这个艺术品很平常,没啥特别的,也就是很常见,你也不觉得美。

很显然,的确有很多简洁美、复杂美、对称美、不对称美、自然美、真实美的例子,但是并不是所有的简洁、复杂、对称、不对称、自然、真实都会带来美。通过证伪我们就知道,这些传统美学并没有揭示审美的本质,只是归纳了一些美的个例而已。这就是传统美学的第三个误区:以个例作为普遍,不做证伪。

传统美学的误区四:越俎代庖、强加于人!

一个显而易见的事实就是,不同的人、不同的地区、不同的时代,甚至于同一个人在不同的时候,都有不同审美观,为什么会是这样?

关键还是审美两要素，价值观评价审美对象是否有缺陷，见识甄别审美对象是否不常见。不同的人、不同的地区、不同的时代，甚至于同一个人在不同的时候，都有不同的价值观和见识，因此就不奇怪会有那么多不同的审美观。改变一个人的审美观只需要改变其价值观和见识，所以美育本质上就是价值观和见识的教育。

　　比如"文化大革命"的时候我们审美观很一致，因为那时候的教育使我们的价值观很单一，我们接收的信息也很统一，也就是对于"没缺陷"和"不常见"，大家的判断都差不多。那时候穿着军人的服装就是最美的，因为我们看的电影、戏剧、文学作品，里面的主角、正面人物都是解放军，军人的社会地位也很高，能够参军是了不起的事情，所有的人以同志相互称呼就很高大上。后来工人阶级就很厉害了，是领导阶级，知青能够到工厂工作就是人生赢家了，所有的人都以师傅相互称呼就流行起来了。"文革"结束，知识分子受到了重视，所有的人就以老师相互称呼起来了，直到今天还是如此。这中间还经历过以"老板"、各种"总"作为尊称。这就是我们的价值观和见识的变化，我们的审美当然也跟着变化。港台文化、日韩文化、欧美文化，相继不同程度地影响了内地的审美和见识，也对内地的审美带来了一波又一波的影响。我们自己在家乡的时候认为美的东西，到了大城市之后就不觉得美了。但是在大城市待了一些时候，又常常怀念家乡，又觉得家乡的某个东西是很美的，因为在城市久违了这个东西。归根结底都是我们的价值观和见识在改变，我们的审美观就跟着改变。

　　因此就没有客观美、绝对美、普适美、永恒美，这些都不存在。但是传统美学一直在寻找这样的美，不同的美学家有不同的审美观，就把自己的审美观当作这样的美，把自己的审美观当作普遍的审美观，没有意识到不同的价值观和见识决定了不同的审美观。这就是传统美学的第四个误区：越俎代庖、强加于人！

我们这一节本来是要举出反例对审美两要素进行证伪，但是不但没有证明这些例子违反审美两要素，而且在这个过程中发现了传统美学的四个误区。既然有这四个误区，我们就很容易理解为什么美学家们只能答非所问，感叹"美是难的"。其实并不是美有多难，也不是理解审美有多难，而是美学家们没有用科学的方法进行系统的归纳、证实和证伪。方法错了，要想得到正确的结果，当然很难！

为什么美的判断条件就是"没缺陷、不常见"？

通过上面的各种分析，我们可以得到结论：审美两要素和美之间构成了充分必要条件，也就是满足了审美两要素的审美对象我们就觉得美（审美两要素是美的充分条件），而至少不满足审美两要素之一的（有缺陷和常见、有缺陷和不常见、没缺陷和常见）我们就不觉得美（审美两要素是美的必要条件）。那么到此对审美的理解就完整了吗？还没有，因为我们还需要回答为什么美的判断条件就是"没缺陷、不常见"？换句话说，我们需要理解为什么我们的价值观和见识会决定了我们的审美观？我们前面讲过，什么是科学，简单地说，科学就是刨根问底。作为科学的美学，我们需要问这样的问题，需要回答这样的问题。

我们前面讲了，美学就是感性学，就是审美学。进一步讲，审美是以自我为中心的感性行为。"没缺陷"符合自我价值观或者是对自我的有用性，这就是对自我的奖赏；而"不常见"则提升自我价值或者体现自我优越感，这就会给自我带来快乐。我们到我国台湾的台北故宫博物院，就要看那个大白菜，要看那个五花肉，全世界就那个地方有真品，其他地方的都是仿制的，每个人都觉得美得不得了。既然那个东西很像你家的大白菜、五花肉，你咋不对着你家的大白菜、五花肉说美？你不说，因为你家那个太常见了。但是"故宫博物院"的那个石头全世界就那一块，也不是谁都能去那里，每天能够进去的人很有限，去的人大概一辈子也就那一次机会，实在是太不常见了，你看到了很得意，所以体现了自我优越感，给你带来了快乐。我们的大脑负责奖赏和快乐的区域就是情绪大脑，看到了那块石头，你的大脑的这个区域就开始活跃了，这就是美感，所以很符合大脑神经美学的研究结果。所以我们就理解了为什么美的判断条件就是"没缺陷、不常见"。

我有一次在北大斯坦福学院给一群企业家讲美学，讲到这个地方我就问，你们有没有人到珠穆朗玛峰上去过？一个人说有，我去过，得意扬扬地举手。我说你到那儿的第一个冲动是想是干什么？是不是想拍照片发到朋友圈。他说是的，可是那里没手机信号，拍了发不出去，回到大本营有了信号第一件事就把照片发出去了，说珠峰美得不得了，太值得了！我说其实有啥美的，站在上面白乎乎的一片啥也看不见，风景跟别的地方有啥区别，比别的地方更糟糕，手冻得直哆嗦，拍也拍不稳，对不对？但是别人去不了我去了，那就是美得不得了！而自我和美建立关系的目的就是使自我也显得没缺陷和不常见，我能够做到说明我在这方面没有缺陷，而绝大部分人都做不到，说明我做到是多么不常见，所以想展示的就是自我优越感。管他照片什么样，满足了这两个条件就是美，表达的就是这个，对不对？那个企业家说，看来就是这样，真没有别的，不过自己没有往这方面想。

我们旅游的目的是什么？有人说是长见识，有人说是锻炼身体。其实对包括我本人在内的大部分人，旅游的目的就是拍照，然后发朋友圈。平时我们在朋友圈晒各种照片目的是什么？是分享吗？不是，是嘚瑟，是体现自我优越感。有的朋友比较极端，去一个地方连着发好多组九宫格，然后等着朋友点赞评论。别人真的看吗？大部分人根本不看，知道你是在嘚瑟，少部分朋友礼节性地点个赞，真的写评论的通常都是有别的原因，具体是什么原因我就不写明了，大家自己体会。

审美两要素的各种组合：美、俗、丑、丑哭、美哭

通过前面的证实、证伪以及对大脑神经美学研究的各种分析，我们得到了结论，"没缺陷、不常见"这两个要素是美的充分必要条件，也就是这两个条件都满足了就是美，美一定同时满足这两个条件。那么如果其中一个条件，甚至两个条件都不满足，我们大脑会给出什么样的审美判断？（图 4-17）

没缺陷、不常见=美
没缺陷、很常见=俗
有缺陷、很常见=丑
有缺陷、不常见=丑哭
完全没缺陷、极端不常见=美哭

▲图 4-17　审美两要素的各种组合：美、俗、丑、丑哭、美哭

"没缺陷、很常见"就是俗。我们可以想想我们认为俗的人、事、物，有啥错误、毛病、缺点？都没有，无非就是太常见了而已。所谓的审美疲劳，其实无美可审，就是俗。

"有缺陷、很常见"就是丑。稍微有点毛病,看着不舒服,感觉不太好,不是很认同,也就是有缺陷,但也不是特别大的毛病,毕竟还比较常见的毛病,这就是丑。丑也不是多大的事,实际上如果经常看,逐渐地接受了这个毛病,就不觉得是个毛病了,原来的有缺陷,就变成了没缺陷,就从丑变成俗了,但是不可能变成美,因为毕竟还是很常见的。

但是如果这个缺陷不常见会是啥呢?那就是丑哭!太可怕了,第一次遇到、见到这种缺陷,带来了很大的冲击。所谓的丑八怪,就是有罕见的缺陷。但是如果同样的缺陷多遇到、看到几次,后来不觉得那么可怕了,丑哭就转化为丑了。(注:我第一次公开讲审美两要素的各种组合的时候,错误地说"有缺陷、很常见"是丑哭,把"有缺陷、不常见"解读成丑。我在这里要特别感谢我的好朋友、广州大学樊军辉教授,他及时指出了我的这个错误。)

如果某个审美对象一点缺陷都没有,而且特别稀有或者我们第一次看到或遇到,也就是极端没缺陷、完全不常见,我们是什么感觉?就是美哭,也经常用美爆了、美炸了来表示,传达的都是同样的意思,平时根本见不到这样没缺陷的东西,想象都没想象过,我竟然看到了,极为震撼,激动得一塌糊涂,只能用美哭来描述!但是如果同样的人、事、物,你多见几次,就没有那么激动了。所以有人在别人激动得一塌糊涂的时候,表现得很淡定,我们误以为是他心理素质多么好,其实是他以前见过,而且可能还不止一次,他的感觉或者是美,或者根本就是俗,已经熟视无睹了,所以激动不起来。

我们前面讲大脑神经美学的时候讲过,丑看来没有唯一的条件,因为对不同类型的丑,大脑里面不同的区域产生反应。根据审美两要素,"有缺陷、很常见"等于丑,"有缺陷、不常见"等于丑哭。这个情况就像在《安娜·卡列尼娜》这本书里面的一句话：幸福的家庭都是相似的，不幸的家庭各有各的不幸。这实际上和丑的判断条件不唯一说的是同一件事。原因就在于有缺陷的可能性远远比没缺陷的可能性多。达到了找不到毛病的状态才是没缺陷，稍微对这种状况有一点改变就是有缺陷了，各种改变都可能导致有缺陷，所以有缺陷的可能性大。我在指导学生做研究的时候常常说，一定要认真仔细，因为把事情做对基本上就一种可能，但是犯错的可能性实在是太多了，也就是坑很多，一不小心就会掉进去。所以各种各样的有缺陷都会导致丑的判断，但是只有不常见的没缺陷才会导致美。这就是为什么对美的判断比较苛刻一些，有唯一的条件，但是丑的条件是不唯一的，有各种各样的可能性都会产生丑，因此大脑对丑的判断没有唯一的条件。

所以审美两要素可以解释和描述我们大脑的各种审美过程，而且这两个条件缺一不可，也不需要任何其他的条件了。前面我们也讲过，为什么是两个条件而且只有两个条件，现在答案清楚了。有的同学说过，我就是觉得审美的判断条件不会这么简单，肯定还需要别的条件，否则怎么会有那么多不同的美学理论？原因很简单，那些美学理论看到的只是审美现象，而不是这些现象背后的本质，也就是没有认识到审美的基本规律，而本质和基本规律往往都不复杂，大道至简就是这个意思。觉得复杂的时候，往往就是还没有认识到本质，没有发现基本规律。

我们最后的结论就是，审美两要素理论定性地解释了审美的所有已知现象，揭示了大脑审美的普遍规律，这是把大脑神经学的研究和我们应用科学方法进行归纳、证实、证伪所得到的结论，不是从哪里通过逻辑直接推理出来的，它有一定的跳跃（没有跳跃就没有创新，就不可能有新的理论）。尽管不是逻辑直接推理出来的，但是经受住了各种各样的检验，是目前唯一还没有被证伪的美学理论。

我有一次讲到这里的时候,有一位大科学家就评论说,既然还没有被证伪,就说明这个美学理论是不可证伪的,既然是不可证伪的,那就不是科学理论!我立刻解释说,还没有被证伪并不表明不可证伪,这是两个概念,就像爱因斯坦的广义相对论,我们做了各种检验,还没有找到反例,也就是还没有被证伪,但是能说广义相对论是不可证伪的吗?这位大科学家就沉默了!

这个情况有点像我们平时经常听到的说法,某些事情是科学无法解释的,说明科学也不是万能的。科学是不是万能的,我不想在这里讨论,但是当说"科学无法解释"的时候,实际上就是指的科学还没有解释,这两者有着本质的区别。现在还没有解释,不表明以后解释不了,历史上当时科学解释不了,但是后来科学解释清楚的事情太多了,科学不就是这样发展的吗?现在还有很多事情科学没有解释,正说明需要进一步发展科学,而完全不能得到"科学也不是万能的"这个结论。

我本人特别希望能够证伪审美两要素理论,所以曾经邀请了很多人找反例,前面我列举的"残缺美""距离产生美""情人眼里出西施"等就是很多人举出来的,通过上面的分析,我们已经得到结论,这些所谓的"反例"不但不能证伪审美两要素理论,反而提供了对审美两要素理论的支持,同时又揭示了传统美学的四大误区。但是今天没有证伪审美两要素理论,并不表明这一理论以后不会被证伪。如果以后证伪了审美两要素理论,就等于推翻了审美两要素理论吗?并不是,证伪只是告诉我们审美两要素理论在哪里不适用,也就是找到了审美两要素理论的适用边界,我们就有机会进一步改进这个理论,能够更深入地理解审美。

进化和社会发展的动力、科学和技术创新的本质

我刚开始上这门课的时候有同学提问过"美"或者"审美"和进化有没有关系,我认为不但和进化有关系,而且和社会的发展、科学和技术创新的本质也都有关系。

我们前面已经讲清楚了,没有普适美,而是有多样美,有多样美的世界才有生命力。如果只有一种美,或者说所有人的审美观都是一样的,也就是所有人的价值观和见识都完全一样,这个世界会出问题,这个社会也不是一个健康的社会。

我们知道植物需要有多样性,动物也需要有多样性,否则很快就会灭绝,我们的世界就了无生机了,还谈什么美。我们知道没有最美,只有更美,所以永远可以产生出来更加美的东西。因为如果有了最美,那就只有那一种美,大家就都追求这个美,美很快就停在那里了,就没有发展了。所以我们的审美观,也就是价值观和见识是不断变化和发展的,所以总是有更美的东西。追求更美就是人类科技和社会发展的主要动力。

那么为什么会是这样?我最近出版了一本科普书《极简天文课》,里面有一章是关于外星人的,我把地球上的生命演变写成了"从低级到高级的进化",并由此讨论了宇宙中存在外星文明的可能性。我把书稿发给了著名的古生物专家周忠和院士,周院士立刻指出,所谓的"低级"和"高级"是从人类的视角看的,生物界本身并无低级和高级之分,有些我们认为的"低级"其实是很厉害的,演变的过程也是随机突变的,并没有目的,因此严格地说应该用"演化"(英文原文是"evolution")。周院士的批评我全部接受了,但是从审美的角度,我认为也许说"进化"也是合适的。

生物界的演化过程基本上都是各种看似毫无目的的基因突变所造成的，但是并不是所有的基因突变都能够存活和繁衍下去，只有适应环境的那些突变的结果才能够生存下去。换句话说，是那些克服了对环境不适应的缺陷的那些突变，才成功地繁衍下去了，这就是对没缺陷的追求，尽管发生的过程很可能是随机的和无目的的。生物界可能并没有我们这样的道德层面的价值观来判断"低级"或者"高级"，但是既然生存和繁衍是生物存在的目的，弥补原来的缺陷使生物更有利于生存就是符合生物的最原始的价值观。多样性就确保了各种各样的演化有可能发生，最终使没缺陷的演化可以发生。多样性就会带来各种各样的"不常见"，尽管这也不是生物界的"大脑"根据其见识判断的结果，而是自然规律选择的结果，因为没有多样性的演化最终都会灭绝。既然生物界的演化符合"没缺陷、不常见"两个审美要素，那么根据审美两要素理论，这就是对"美"的追求，而这种追求是源于生物对自然的适应，而不是智慧设计的结果。从这个意义上讲，审美两要素理论可以让我们从审美的角度理解生物界的演化，尽管这种演化的具体过程是自发的、偶然的，但是结果是"美"的，这也许是我们通常把生物界的"演化"称为"进化"的原因。因此"美"的演化就是进化，这里面并无"低级"或者"高级"之分，只有是否"无缺陷"、是否"不常见"之分，符合"没缺陷、不常见"的演化就能够更好地存活和繁衍下去，这就是进化的含义。

理查德·普鲁姆在《美的进化》这本书里面描述了很多动物和植物的奇怪的现象，这从适应环境的自然选择的角度看似很难理解，但是从"美"的角度就比较容易理解。比如说花开得很艳，植物的果实成熟了颜色很鲜艳，一些雄性动物有奇怪的尾巴，有的鸟有鲜艳的羽毛，有些鸟会跳舞或者构造出复杂的"房子"等，实际上都是要制造出来不同凡响的效果，就是跟别的植物、动物不一样,也就是制造出"不常见"的效果,吸引别的动物的眼球。鲜艳的花和果实因为吸引眼球所以有利于种子的传播。奇怪的尾巴、鲜艳的羽毛、跳舞、建复杂的房子都是展示自己的强壮和与众不同,也就是"没缺陷"和"不常见",这样就能吸引异性的注意力,交配的概率就大,后代就繁殖下来了,这就是成功的进化,背后的原理就是审美两要素理论。

在科学领域,有工科和理科。工科就是要做技术创新,技术创新归根结底就是弥补人类能力的缺陷。我们跑得不够快,就造出自行车、汽车、高铁、飞机,甚至火箭等交通工具来。电话、网络、微信等是弥补我们通信能力的缺陷的。既然是新创造出来的,当然就是不常见,常见的技术发明都是小发明,不会弥补重要的缺陷。我们说某个技术发明很惊艳,说的就是在弥补缺陷和表现不常见这两个方面都很突出。因此,根据审美两要素理论,技术进步的根本驱动力就是对美的追求。

而理科就是要做科学创新,具体来讲就是要弥补已有理论的缺陷,进一步发展或者提出新的理论。我们前面讲科学史的时候讲到日心说,然后再讲到开普勒定律、牛顿定律、相对论,等等,都是在不断弥补已有理论的缺陷。但是仅仅弥补已有理论的缺陷还不够,还要不断发现新的、当然就是不常见的现象,只有通过这些新的现象,才能够检验和甄别不同的理论。一个新的理论能够解释旧的理论所不能解释的现象,就是弥补了旧理论的缺陷,如果这个理论还能够预言旧的理论不能预言的现象,这样的理论我们就称为科学理论。如果预言的现象还被新的研究证实了,这就说明这个理论是成功的,我们就认为这样的科学理论很美,因为不但弥补了以前理论的缺陷,而且也预言了以前不知道的,也就是不常见的现象。这就是我们通过科学创新发展科学理论的根本目的,从审美两要素理论的角度,也就是对美的追求。

我们知道，社会发展和进步的背后，归根结底是技术创新和科学创新的结果，既然技术创新和科学创新的目的都是追求进一步的没缺陷、不常见，那么我们社会发展的动力和科技创新的本质都是对美的追求，这是审美两要素理论的一个重要推论。

悲剧的审美是否和审美两要素矛盾？

有一次我在中央美术学院讲了审美两要素美学理论之后，著名的艺术家、中央美术学院实验艺术学院的邱志杰院长评论说，张老师您对美学的理解超过了绝大多数艺术家，我觉得您的美学理论很好地解释了各种审美现象，但是好像在"感动"这里是分裂的，比如悲剧的审美，因为悲剧给我们带来的是感动，甚至是痛苦，并没有快乐和愉悦，但是我们仍然能够感受到美。我觉得邱老师说得很有道理，我以前的确是没有思考过这个问题，这很有可能是审美两要素美学理论不能解释的一个现象，如果真的是这样，那就终于对这个理论证伪了，也就是找到了这个理论不适用的一种情况。

我在上课的时候就把这个问题作为大作业交给了同学们。

同学们对这个问题都做了详细的分析，关于对悲剧审美的感受大致可以分为以下几种：①不喜欢悲剧，感受不到美；②会被悲剧感动，虽然当时不一定有美的感觉，事后回味起来能够感受到美；③取决于悲剧的内容，如果描述的是和自己没有关系的悲剧，比如罗密欧和朱丽叶、梁山泊和祝英台等，常常会感受到美，但是如果描述的是和自己有关系的悲剧，比如侵华日军残害老百姓、"文革"中的一些事情等，就不会感觉到美。

然后同学们就分析了他们的感受和审美两要素的关系。对于第一种情况，"不喜欢"就是不符合自己的价值观，实际上就是认为悲剧对自己是有缺陷的。其实我本人就是这样的，我不喜欢看悲剧，受不了悲剧的刺激，看悲剧感受不到美。因此第一种情况和审美两要素没有矛盾，实际上就是审美两要素产生的结果。对于第二种情况，自己被悲剧感动，自己体会到了悲剧的正能量，说明悲剧表现的主题符合自己的价值观，当悲剧的艺术表现手法给自己留下了很强烈的印象的时候，自己事后回味起来就会有美的感觉，而能够给自己留下强烈的印象的艺术表现必然是"不常见"的，因此符合审美两要素。第三种情况，实际上包括了第二种情况，但是比第二种情况更加普遍。因为只有和自己无关的悲剧，自己才能够作为艺术欣赏者去体会悲剧要传递的人性和正能量，才有可能被感动。而对于和自己有关系的悲剧，自己会不自觉地代入其中，会和剧中的悲剧人物产生共情，剧中悲剧人物的遭遇当然不符合自己的价值观，自己就会很愤怒，甚至痛苦，当然不会有任何美感，因此也符合审美两要素。

因此，看起来不同的人对悲剧的不同感受，其实不但和审美两要素没有矛盾，而且其背后的原理都是符合审美两要素的。

第三节
计量美学

我们前面从定性的角度把审美规律理解清楚了，讨论了审美两要素理论和大脑神经美学的关系，用很多例子说明了这个理论的意义，并且对这个理论做了证实和证伪，我们发现这个理论的确可以用来理解和解释我们知道的所有审美现象，我们甚至把这个理论应用到了理解生物界的演化和进化、技术和科学创新的本质以及人类社会发展的动力。但是这样仍然不够，因为我们在前面讲过，科学的方法包括逻辑化、定量化和实证化。我们前面做的就是逻辑化和实证化的研究，但是还没有做定量化的研究，不做这个，就不能算是完整的科学的美学研究。定量的美学研究，我就称为"计量美学"。

其实在我刚开始做这个研究的时候，很多人都断言过不可能去定量地做美学研究，我在课上也向同学们提出过这个问题，大家几乎都认为不可能，因为在大家的观念里，美学是哲学的一个分支，哲学都不能做定量研究，美学当然不可能，而且我们前面已经讲了几十个美学理论和审美观了，这些理论和审美观里面都没有定量的内容，即使做统计的时候有数字，但是也认为"美"显然应该是不能量化的！我的一位很好的朋友、很杰出的理论物理学家就表达了同样的看法，我就解释了我研究的是科学的美学，包含了哲学的美学，但是又超越了哲学的美学，没有理由不能做定量研究，他就沉默了，我猜想这动摇了他对于哲学和科学的关系的看法，当然我不知道他是否接受了我的观点。

我们现在找到了大脑做审美判断的这两个要素，既然是我们大脑的反应，而且我们知道是情绪大脑这个区域的反应，大脑神经美学的研究已经告诉我们，我们感觉到美或者丑的程度是可以测量出来的，那就说明原则上我们大脑的审美是可以量化的，我们要做的是找到合适的计算方法，并且通过进行检验，验证方法的正确性，这就是计量美学的研究内容。

首届人工智能选美大赛

人工智能最近很火，当然人工智能本质上也是要做计算，所以如果能够有计量美学理论，那就有可能用人工智能来审美。其实真有人做过这件事情，比如有个公司造了个人工智能，已经是 2.0 版本了，用这个人工智能做选美比赛的裁判（图 4-18），如果谁想入选女神、男神，就把照片寄来，然后用这个人工智能判断这些选手美不美。有很多人就把照片寄去了，他们就选出来了不同年龄组的女神和男神。我这里只给大家看 18~29 岁年龄组的一号、二号女神和男神（图 4-19）。

◀ 图 4-18　第一届国际人工智能选美大赛

◀ 图 4-19　人工智能选出的 18~29 岁年龄组的一号、二号女神和男神

很显然，这几位女神和男神我们觉得不怎么样，所以这个人工智能审美是失败的，至少是不符合我们的审美观。这说明这个人工智能所使用的审美理论是失败的，依据失败的审美理论所建立的计量美学必然是失败的。说不定这个人工智能审美的设计者还是在用残缺美的理论，因为这几位我们怎么看都觉得有不舒服的地方，就是有毛病、有缺陷。当然也有可能这个人工智能审美的设计者根本就不理解我们的大脑是如何审美的。我们前面讲过，美学就是审美学，美不美就是根据我们的价值观和见识所做出的判断的结果。那么首先我们就需要理解我们的大脑做判断的过程，然后再根据审美两要素理论建立计量美学。

大脑就是贝叶斯计算器

在某个我参加的微信群里，上海纽约大学的张峥教授转发了一篇文章（*Bayesian reasoning implicated in some mental disorders*，Laura Sanders，Science News，May 28，2016，p.18），文章介绍了使用贝叶斯定理理解人的精神活动的研究成果。该成果的主要结论是：所谓精神正常的人就是大脑对贝叶斯定理做了正确的应用，也就是能够正确地结合先验知识和现在的情形做出判断。而精神错乱的人，则是大脑在结合先验知识和现在的情形做出判断的过程中出了问题。

因此人脑其实就是贝叶斯计算器，运算正确就是正常人，运算出错就是精神病！张峥教授评论"这是科学和人文认真结合的范例之一"，因此是对斯诺提出的"两个文化的鸿沟"的一次有力回应！

这篇文章对我的启发巨大。因为审美也是人的大脑活动，审美过程也是大脑把先验知识（价值观和见识）和现在的情形（审美对象的特性）结合起来的过程，所以应该可以把贝叶斯定理应用到审美过程中。

贝叶斯定理其实就是条件概率公式，A 和 B 是两个随机事件，条件概率 $P(A|B)$ 就是给定 B 的情况之下，A 出现的概率，可以通过 $P(B|A)$（给定 A 的情况之下，B 出现的概率）、$P(A)$（A 出现的概率）和 $P(B)$（B 出现的概率）计算得到（图 4-20）。贝叶斯定理也可以用作图 4-21 的统计推断，也就是根据数据得到模型的参数。和一般统计推断不同的是，贝叶斯统计推断用到的信息比较多，既包括该次实验的数据，也用到了以前的经验和理论模型的预测，属于非常现代的统计推断方法。

▲图 4-20　贝叶斯定理

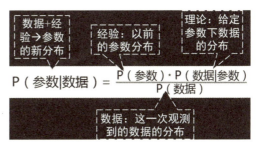

▲图 4-21　贝叶斯统计推断

用贝叶斯统计推断预报火灾

我们下面先用贝叶斯统计推断预报火灾作为例子理解贝叶斯统计推断。具体的问题是，你往窗外看一眼，发现窗外冒烟，你要不要报火警？通常

冒烟有很多种可能性，可能是外面的烧烤造成的，这时候我不要报警；但是如果是真正的火灾，那就需要报警。做出是否报警的判断就需要以前的一些经验了，这里需要的先验知识是两个，一个是你每次看窗外都发生火灾的概率，如果每次看窗外看100次只有1次火灾发生（和冒烟不冒烟没有关系，反正就看了100次，有1次是有火灾），那这个区域就是比较安全的。而另外一个区域看100次就有10次火灾，这个区域显然火灾率是比较高的，对这两个不同的区域，你的先验知识是不同的，这个先验知识就是公式中的 P（火灾）。另外一个先验知识是冒烟的概率 P（冒烟），也就是你每次看过去看到冒烟的机会，比如楼下面有烧烤，看到冒烟的机会就会比较大。除了这些知识，你还有一个火灾模型，也就是每次发生火灾的时候就冒烟的概率 P（冒烟 | 火灾），因为并不是所有的火灾都会冒烟。有了这些先验知识和火灾模型之后，你就可以根据看到冒烟这个事实，计算看到冒烟对应的发生火灾的概率 P（火灾 | 冒烟），决定是否报警。

图 4-22 给出的就是 3 种不同的先验知识的组合情况，可以看到，尽管这一次观测到冒烟的事实是确定的，但是在不同的先验知识的情况下，根据贝叶斯定理推断的出现火灾的概率是明显不同的。

$$P(火灾|冒烟) = \frac{P(火灾) \cdot P(冒烟|火灾)}{P(冒烟)}$$

$P(火灾)$：每次看窗外发生火灾的概率；$P(冒烟)$：每次看窗外看到冒烟的概率；$P(冒烟|火灾)$：发生火灾就冒烟的概率；$P(火灾|冒烟)$：看到冒烟预报火灾的准确性。

情况	(一)	(二)	(三)
P（火灾）	1%	1%	5%
P（冒烟）	4%	10%	10%
P（冒烟|火灾）	90%	90%	90%
P（火灾|冒烟）	22.5%	9%	45%

▲图 4-22 用贝叶斯统计推断预报火灾

第一种情况，看窗外 100 次，有 1 次是有火灾，P（火灾）=1%；看窗外 100 次，有 4 次冒烟（可能有几处烧烤），P（冒烟）=4%；发生火灾的时候，90% 的情况下都会冒烟，P（冒烟 | 火灾）=90%。那么你看了一眼窗外在冒烟，根据这个公式计算出来，有火灾的可能是 22.5%，P（火灾 |

冒烟）=22.5%，对于居民区危险性就比较大了，就需要报警了。

第二种情况，还是同一个地方，所以火灾的概率还是这么大，P（火灾）=1%，当然P（冒烟 | 火灾）=90%也不变。但是现在是夏天，外面加了增加了几家烧烤店，冒烟的可能性增加了，P（冒烟）=10%。这种情况下，一旦看到冒烟对应的火灾的概率就变成了P（火灾 | 冒烟）=9%了，可能就不需要报警了，至少没有那么紧急了，可以先排查一下是怎么回事，找到冒烟的源头，再决定怎么处理。

第三种情况，这个区域火灾管控得比较差，安防措施比较差，火灾率就比较高，P（火灾）=5%。假设其他情况都没有变，也就是P（冒烟）=10%，P（冒烟 | 火灾）=90%，那么一旦看到冒烟就对应火灾的可能性就变成了P（火灾 | 冒烟）=45%，那是必须立刻报警了。当然报警只是解决目前的危险，更重要的是需要减少P（火灾），这才能从根本上减少火灾。增加P（冒烟）当然能够减少每次看到冒烟就对应火灾的可能性，但是实际上是有害无益的，因为这实际上是把看冒烟报警变得很不可靠了。

因此我们就可以看到用贝叶斯定理做推断的重要性，如果不用贝叶斯定理，就没法使用先验知识，那么只能看见冒烟就报警，一方面不知道误报率是多高（狼来了的次数太多了可能就没用了），另一方面也不知道如何改进火灾防范和减少误报率。

定量化的审美两要素组合

要应用贝叶斯定理进行计算，首先就要对审美两要素进行量化。如图4-23所示，我们可以用两个坐标轴分别表示"常见"和"缺陷"的程度，水平方向由左到右表示从很常见到不常见，垂直方向由下到上表示从有缺陷到没缺陷。这样我们就可以看到，美、俗、丑、丑哭和美哭就分别处于不同的坐标区域，当然"美哭"是比较特殊的情况，需要"没缺陷"和"不常见"都同时达到极致，也就是我们前面说的完全没缺陷、极端不常见！在坐标的中心区域，是一个模糊区域，因为我们的价值观和见识的判断并不是精确的，所以经常会出现审美判断结果不确定的情况，这是很正常的。

◂ 图 4-23　价值观评价的没缺陷和见识甄别的不常见的定量化，得到美、俗、丑、丑哭和美哭的坐标区域

计量美学：大脑的审美公式

一次审美过程就是一次实验。从贝叶斯定理的角度看，价值观和见识显然都是审美者的"先验"知识，是独立于审美对象的，而审美者关注审美对象的特性就是一个事件。所以一次审美过程就是应用贝叶斯定理的一次计算，公式如下：

$$P(美|没缺陷) = \frac{P(美) \cdot P(没缺陷|美)}{P(没缺陷)}$$

这里"没缺陷"指的是审美者根据其价值观对审美对象所做的判断，相当于一个事件，我们使用贝叶斯定理需要做的就是计算在这个事件发生的情况下这个审美对象到底有多美。也就是通过计算 $P(美|没缺陷)$ 得到

审美对象的"美度"。P(美 | 没缺陷)=0,就是"俗";P(美 | 没缺陷)=1,就是"美哭";中间的状态就是不同程度的"美"。

当然实际上我们的大脑不会真的去计算"美度"的具体数值,只是会根据上面的公式对"美度"做快速的估算,得到美度是更接近0还是更接近1,还是处于0~1的中间,据此就可以做出"俗",或者"美",或者"美哭"的判断。

需要注意"审美对象"可以是某个实体的一部分(比如,某人的脸蛋,或者身材,或者皮肤),或者实体的整体(比如某个人),或者实体的抽象(比如某人的气质或者品德)。

在贝叶斯定理里面"P(美)"就是根据你以前的经验称为"美"的该类审美对象占所有该类审美对象的比例。比如审美对象是某人的"品德",如果根据审美者"甲"的价值观可以称为"美"的"品德"的比例为10%,那么P(美)=0.1。

$$P(美|品德) = \frac{P(美) \cdot P(品德|美)}{P(品德)}$$

P(没缺陷)就是某人(比如"对象甲")"没缺陷"的"品德"在审美者见过的人里面"常见"的程度,完全不常见就是P(没缺陷)=0,如果和其他人没法区分,那就是P(没缺陷)=1。一般情况下0<P(没缺陷)<1,越小就越不常见。假设"对象甲"的品德相当不常见(比如雷锋):P(没缺陷)=0.05。

由于"美"的多样性,有人是靠颜值,有人靠智商,有人靠品德,有人靠情商。这里"P(没缺陷 | 美)"指的是审美者知道的"美"的人当中"品德"没缺陷的人的比例,假设:P(没缺陷 | 美)=0.4。

那么该审美者("审美甲")通过对"对象甲"的品德的考察,得出

"对象甲"的"美度"为：P（美｜品德）=0.1×0.4/0.05=0.8。

但是如果另外一个人"对象乙"的品德也相当不常见，但是没有"对象甲"那么极端（比如某省级道德模范），P（没缺陷）=0.1，那么"对象乙"的"美度"为：P（美｜品德）=0.1×0.4/0.1=0.4，就逊色很多了。这就是"不常见"在审美中所起的定量作用。

但是如果另外一个审美者（"审美乙"）特别挑剔，有"洁癖"，认为很少有人的品德达标，比如，P（美）=0.01，同时会要求"美"的样本里面基本上都得是品德高尚，比如，P（没缺陷｜美）=0.9，尽管"对象甲"的品德仍然是相当不常见，比如，P（没缺陷）=0.05，但是得到的"美度"为：P（美｜品德）=0.01×0.9/0.05=0.18，就非常差了。这就是审美者的价值观在判断"没缺陷"方面所起的定量作用（表4-1）。

表4-1 用大脑的审美公式计算"品德美"的三个例子

情况	审美甲/对象甲	审美甲/对象乙	审美乙/对象甲
P（美）/%	10	10	1
P（品德）/%	5	10	5
P（品德｜美）/%	40	40	90
"美度"	0.8	0.4	0.18

上面建立的是最简单的审美计量模型，因为只考虑了审美对象的一个特性，目的是想说明审美两要素在我们审美的过程中是如何通过贝叶斯定理实现的。

但是实际上我们通常是进行整体的审美，也就是我们会综合考虑多个因素计算一个审美对象的"美度"。比如某个审美者会考察某人在颜值、智商、品德和情商这四个方面的没缺陷和不常见，而且要考虑审美对象的"丑度"（见下面的说明），最后得到综合"美度"（当然不排除有些人不太关心综合

"美度",只关心颜值,甚至颜值的一部分,或者只关心财富,等等)。

尽管原则上整体的审美仍然是贝叶斯定理对这两个审美要素的应用,综合"美度"的计算尽管会更有趣,但是比单项"美度"的计算要复杂很多,需要用到联合概率密度分布等更复杂的统计学知识,这里就不涉及了。

最后需要说明的是,如果审美者根据其价值观对审美对象的判断是"有缺陷",那么该审美对象就属于"丑",需要把上面公式里面的"美"换成"丑",把"没缺陷"换成"有缺陷",那么根据这个新的审"丑"公式计算出的就是"丑度=P(丑 | 有缺陷)",同样也会得到"俗""丑"或者"丑哭"的结论。

当然我们这里关心的是审美,而不是审丑,因为我们研究的是美学,不是丑学。不过搞清楚了审美,也就明白了审丑,因此丑学和美学本质上是一回事,只不过美学好听而已,而且也显得比较有正能量。

人工智能怎么审美?

我们既然根据审美两要素理论和贝叶斯定理建立了可以定量计算"美"的公式,那么我们就看看能不能用这个公式让人工智能审美。我们前面讲过,审美本质上是自我的感性认识,是根据自己的价值观和见识做出的判断,"美"感就是对自我的奖赏,所以我们才想看到、听到、感觉到,甚至拥有"美"。因此审美要有欲望,没有欲望是不会审美的,就像你没有食欲的时候,放在你面前啥东西,你也不觉得是美食。所以人工智能必须有欲望才可能审美。我们前面也讲了,"没缺陷"是自我价值的肯定,而"不常见"则是自我优越感的体现,所以人工智能也得有自我价值和自我优越感才能够去审美。

但是人工智能就是人造的机器，只不过比我们通常的机器更加"智能"一些而已，所以人工智能既不会有欲望，也不会有自我优越感，至少现在的人工智能是这样，所以根本就没有审美的动机，当然就不会自发地去审美，因此就不可能有一般意义上的人工智能审美机器。但是人工智能可以替我们去审美，就像人工智能能够替我们做很多其他的事情一样。具体的做法，就是这个人工智能去替谁审美，就需要事先获得他/她的价值观和见识，获得的办法就是训练，就像我们训练人工智能替我们做很多其他事情一样。

比如，如果要让人工智能替某人做颜值美的判断（比如代替选美比赛的某个裁判），可以让人工智能随机选取一些人作为审美对象，量化脸部的各种特征，比如说10个特征量，人脸扫描之后计算这10个特征量的值，然后问这个裁判美不美，是丑哭、丑、俗、美还是美哭？然后也问裁判觉得有没有看着不顺眼的地方（也就是有缺陷的地方）、有没有觉得哪里比较特别（也就是不常见的地方）。人工智能就会做一些统计分析，把这位裁判对颜值美的价值观和见识计算出来，并且和那10个特征量建立关联。只要训练的样本足够大，这样当人工智能见到一个人的时候，对脸部进行一下扫描，就会根据它已经掌握的价值观和见识对这个人的颜值美做出评价，就等于替这个裁判审美了。那么这样做有什么好处呢？一方面，人工智能不会累，可以连续工作，而且评价标准始终是一致的。另一方面，可以不用担心黑幕，因为人工智能不会受贿，除非受到黑客的攻击。

经常有人问我理解审美、找到审美规律、造出会审美的人工智能有什么用？其实我最开始研究审美的时候，真没想过有啥用，我就是觉得好玩，就是想理解审美，就是想知道能不能以及如何造会审美的人工智能。就像研究广义相对论、量子力学有啥用？最开始的时候纯粹就是科学家们想理解自然、理解时空、理解微观世界，并没有想到有什么用，但是100多年之后，利用这些科学原理实现的技术实在是太多了。我们前面讲过，科学的目的就是发现规律，各种各样的规律，当然也包括审美的规律，至于发现了这些规律之后，利用这些规律做什么事情，这是技术要做的事情，当然很多科学家也会从事技术研究。比如我虽然是做天文学研究的，但是我们的研究中的确是发展出来了一些新的技术，而且我们对于脉冲星的研究还可以用作星际旅行的自主导航，我们团队也利用我们研制的X射线望远镜在太空中验证了脉冲星导航技术。

因此，尽管我一开始研究美学并没有想到有什么用，甚至研究人工智能审美的时候也没有想到有什么用，但是还是思考了一下可能的用途，不过我自己很可能没有精力去实现这样的应用。代替评委客观公正地选美，可能是一个用途，用人工智能做各种艺术设计可能也是很有用的，只要人工智能理解了用户的需求，根据艺术设计要体现的价值观和见识（也就是服务对象需要的审美观），就可以为不同的人、组织、地区做艺术设计、建筑设计、景观设计等；也可以为特定编辑服务，根据编辑的审美观（也就是价值观和知识观），从海量的照片库里面选出合适的照片。所以还是可能有一些用处的，但是我认为这些应用都不重要，重要的是我们理解了审美。

很多科学原本也没有啥用，也不知道有啥用，比如我们使用的贝叶斯定理，现在很有用，但是贝叶斯定理是英国学者贝叶斯（1702—1761）在18世纪搞出来的，直到最近才真的用到了现代统计推断上。技术也是一样，其实很多技术原来都是没有需求的，需求是培养出来的，比如手机，最开始有手机的时候，我就死活不知道手机有啥用，我那时候在美国，办公室有电话，家里有电话，外面到处都有公用电话，实在是不知道为什么要用手机，非得在路上打电话吗？但是很快就发现手机是好东西。刚出来智能手机的时候，我也觉得电脑不挺好吗？为啥手机上要有这个功能？再比如手机上网，从 3G 到 4G 的时候，都觉得没必要，但是很快没有 4G 就不能活了，现在从 4G 到 5G 也是这样，这些需求都是培养出来的。

我们研究审美、理解审美规律，发现了审美两要素，知道了如何用贝叶斯定理定量地计算美，就把美学从纯粹的哲学变成了定量的科学，这就是计量美学。有了计量美学，我们就能够实现人工智能审美，至于有什么用处，这有待于其他的学者和工程师进一步发展，去创造出没缺陷、不常见的新技术。

第四节
科学家的审美观

最美的科学公式?

我们经常看到一些文章,列出"最美"的数学和物理公式。这些"最美"都是通过不同的方法由不同的人选出的,不但选出的结果很不同,而且吃瓜群众看到这些"最美"往往一脸蒙:到底谁选的"最美"才是真的"最美"?这些公式到底"美"在什么地方?

比如《科学美国人》的高级编辑 Clara Moskowitz 曾经在 *LiveScience* 上发表过一篇名为 *The World's Most Beautiful Equations* 的文章,其中列举了 11 个通过对不同领域科学家征询得到的"最美方程式",包括:

1. 广义相对论

$$G_{\mu\nu}=8\pi G(T_{\mu\nu}+\rho_\Lambda g_{\mu\nu})$$

2. 粒子物理标准模型(图 4-24)

3. 微积分

$$\int_a^b f'(x)\mathrm{d}x=f(b)-f(a)$$

4. 勾股定理（图 4-25）

▲图 4-24 粒子物理标准模型　　　　▲图 4-25 勾股定理

5. $1=0.999999999\cdots$

6. 狭义相对论

$$t'= t \frac{1}{\sqrt{1-\frac{v^2}{c^2}}}$$

7. 欧拉方程

$$V-E+F=2$$

8. 欧拉-拉格朗日方程及诺特定理

$$\frac{d}{dt}\left(\frac{\partial L}{\partial \dot{q}}\right)=\frac{\partial L}{\partial q}$$

9. 卡兰-西曼齐克方程

$$\left[M\frac{\partial}{\partial M}+\beta(g)\frac{\partial}{\partial g}+n\gamma\right]G^n(x_1,x_2,\cdots,x_n;M,g)=0$$

10. 极小曲面方程

$$\left[M\frac{\partial}{\partial M}+\beta(g)\frac{\partial}{\partial g}+n\gamma\right]G^n(x_1,x_2,\cdots,x_n;M,g)=0$$

11. 欧拉线（图 4-26）

而另一篇发表在《环球科学》上的文章《五大最美数学公式》[①]（也是由 Clara Moskowitz 撰写）也列举了由几位著名数学家与物理学家选出的五个最美公式，它们分别是：

1. 安培定律（图 4-27）

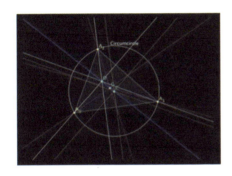

▲图 4-26　欧拉线

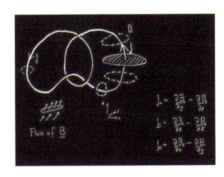

▲图 4-27　安培定律

2. 麦克唐纳公式

$$\tau(n) = \sum \frac{(a-b)(a-c)(a-d)(a-e)(b-c)(b-d)(b-e)(c-d)(c-e)(d-e)}{1!\ 2!\ 3!\ 4}$$

3. 亏格 g 曲线模空间（图 4-28）

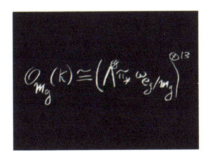

▲图 4-28　亏格 g 曲线模空间

---

① Moskowitz C. 五大最美数学公式［J］. 环球科学，2016（2）：84.

4. 牛顿法则

$$x_{m+1}=x_m-\frac{f(x_m)}{f'(x_m)}$$

$$n=1,2,3,\cdots$$

5. 电弱理论的拉格朗日量

$$L=-\frac{1}{4}(\partial_\mu\vec{A}_\nu-\partial_\nu\vec{A}_\mu+g\vec{A}_\gamma\times\vec{A}_\nu)^2-\frac{1}{4}(\partial_\mu B_\nu-\partial_\nu B_\mu)^2$$
$$-\bar{R}\gamma^\mu(\partial_\gamma-ig'B_\gamma)R-\bar{L}\gamma^r(g_r-ig\vec{t}\cdot\vec{A}_\gamma-\frac{i}{2}g'B_\mu)L$$
$$-\frac{1}{2}|\partial_\gamma\varphi-ig\vec{A}_\mu\cdot\vec{t}\;\varphi+\frac{i}{2}g'B_\gamma\varphi|^2$$
$$-G_e(\bar{L}\varphi R+\bar{R}\varphi+L)-M_1^2\varphi+\varphi+b(\varphi+\varphi)^2$$

很显然，除了第一组的"粒子物理标准模型"和第二组的"电弱理论的拉格朗日量"类似之外（"粒子物理标准模型"就是在电弱理论的基础上建立和扩展而来的），这两组就没有共同之处了。看来在不同的数学家和物理学家眼里，"最美"的科学公式是很不一样的。

我们前面对各种美学理论和审美观都进行过证实和证伪。那么科学家的审美观是什么样的呢？有的科学家认为"对称"为美，有的科学家却认为"残缺"为美；有的科学家认为"简洁"为美，有的科学家却认为"复杂"为美。其实科学家的审美观和普通大众并没有明显不同，只不过是以科学为例说明自己的审美观而已。

诺贝尔奖得主、量子力学先驱之一保罗·狄拉克在1963年曾经明确表示："在我看来，一个方程拥有美感，比它符合实验结果更为重要。"但被问到这种"美感"到底指什么时，他却回答不上来了。他说："数学的美和艺术之美一样，是无法定义的。不过只要是学数学的人，不费吹灰之力就能感受到它。"[①]。因此，在狄拉克看来，美只可意会不可言传，正如物理

---

① Philip Ball, 科学家偏爱优美的理论，但追求"美"会不会妨碍探究"真"？环球科学微信公众号，2015.12.24, 文章来源：Aeon.

学家张天蓉在《物理学之美》这篇文章开篇所说:"人人都追求美,物理学家也不例外,但到底什么是物理学的美,那是一个模糊的概念,或者说只是一种感觉,只能意会,不能言传。物理学家也难以赋予它科学而精确的定义。"①

但是很多科学家都喜欢谈他们的审美观,那我们先来看看几位著名的科学家是怎么说的。

物理学家们的审美观

理论物理学家尼马·阿尔卡尼-哈米德教授(Nima Arkani-Hamed)是公认的全世界中青年一代最优秀的理论物理学家之一,谈到科学的美,他说:"你在今天觉得优美的理论,在10年后依然会觉得优美,而且会永远优美下去。"他认为理论之"美"不会随时间改变,这样的"美"是永恒的。

著名物理学家张首晟在接受采访时②也谈到对"美"的理解:"大自然很多现象看上去非常错综复杂,但是你把错综复杂的规律能够用几个简单、优美的公式来代表的话,我们就觉得这是大自然的一种美。"他认为深奥和普适才是美。很显然,你只有体会到了这些规律的"深奥和普适",你才有可能感受到这些规律的美。(2017年1月15号,我客串记者采访了张首晟教授,他在谈到科学之美的时候,又强调了他的上述观点。)

著名的物理学家文小刚教授曾在自己的文章③中谈到过对美的理解。

---

① 张天蓉,《物理学之美》,中科院物理所微信公众号,2016.3.25.
② 《张首晟:教一个孩子怎么造船,一开始就要给他一个大海的梦想》,未来论坛微信公众号,2017.1.11.
③ 文小刚,《创新就是孩子的游戏 | 经典回顾》,赛先生微信公众号,2017.1.31.

他提出"创新的内涵是制定美的标准",这和我们前面提出的"科学技术创新的本质就是对美的追求"是一致的。文小刚教授接着说:"一个人对美的认知和思想被越来越多的人欣赏接受,从而成为美的标准,成为大家共同的努力方向,这就是创新过程。"文小刚教授进一步强调,"我认为美的东西就是美","如果自己的追求真的是美,或早或晚,都会得到大家的欣赏和认同,大家就会跟着做。这时你自己对美的标准就变成了公众的标准"。

陈丕燊教授曾在《完美的理论》一书的导读[1]中表达了他对于"美"的理解(不久前本人和陈教授聊起美学,陈教授再次重复了他的观点):"还有什么比'完美'更美的吗?依笔者的看法,那应该是在完美之余,可惜竟有一些残缺,令人错愕。我怀疑,米洛的维纳斯雕像如果双手仍然健在、完整无缺,会不会还是那么美呢?"很显然,陈教授非常认可传统美学的"残缺美"理论。

诺贝尔奖得主、麻省理工学院物理系教授弗朗克·韦尔切克曾在采访[2]中说:"美的法则与人们认为美的事物有两项共同点。一是丰富性或者说创造性,即得到的比投入的更多……对称性在自然基本法则中尤为突出,因为太常见而不免为人所忽略,但对称性中就隐含着和谐与美,在科学上的应用也卓有成效,是不变的变化。"所谓"不变的变化",韦尔切克教授的解释是,世界和宇宙都可以变化,但是背后的规律不会变化。总结起来,韦尔切克教授认为美的法则就是丰富性和不变性。

著名物理学家、诺贝尔奖获得者杨振宁先生(我认为杨先生是在世的

---

[1] 陈丕燊,《美是均衡中有错愕——〈完美的理论〉导读》,数理人文微信公众号,2016.1.10,原载于《数理人文》Vol. 6, 2015.

[2] Steve Paulson,商白编译,《"美"才是物理的真谛:诺贝尔奖得主 Wilczek 谈量子力学、宇宙与灵魂》,知识分子微信公众号,2016.05.05,文章来源:Nautilus,原载于中国物理学期刊网.

对物理学做出了最大贡献的物理学家）在中国美术馆做过一场关于"美在科学与艺术中的异同"的演讲[①]。杨先生没有讲"美是什么"，但他认为物理学的美在于整个世界都浓缩于简单的原理，而这种美与人类没有关系，科学的美是客观的。

谁的科学审美观是正确的？

很显然这些科学家的审美观都相当不一样，至少表述是不一样的。那么谁的审美观是正确的？在回答这个问题之前，我首先需要说明，不管他们的审美观是什么，他们每个人都感受到了科学之美，至少是感受到了科学之美的某个方面。我想讨论的只是他们的审美观是否具有普遍性，是否适用于所有的科学之美。

我们下面就用实证的科学方法来回答这个问题。实证的"证实"部分就不用做了，因为这些科学家在提出他们对"科学"的审美观的时候，都举了很多符合他们的审美观的例子，相当于已经证实了他们的审美观。但是，和我们前面讲过的那些美学家类似，这些科学家也都没有举出违反他们的审美观的例子，也就是没有对他们的审美观进行证伪。对这些科学家的审美观进行证伪，我将采用这样的逻辑：首先把科学家 A 的审美观 A 表述出来，如果有某个"科学"不符合审美观 A，但是有人（比如科学家 B）认为美，就说明审美观 A 不具有普遍性，审美观 A 就被证伪了。就这么简单！

尼马·阿尔卡尼－哈米德教授认为科学理论之"美"的体现就是基本的原理，而且这样的"美"是永恒的。但是我们知道，科学理论总是不断

[①] 杨振宁，《美在科学与艺术中的异同》，知识分子微信公众号，2016.6.26.

发展的，我们总是在寻找更基本的原理，牛顿时代基本的原理就是牛顿的力学理论，但是这个"科学"今天已经不再基本了，爱因斯坦的相对论显然更加基本。当时的科学家应该认为牛顿的力学理论是很美的，但是今天很少有科学家再说牛顿的力学理论很美，比如陈丕燊教授就认为广义相对论是最美的科学理论，而且我们知道一定还有比广义相对论更加基本的理论。因此，我用这个反例说明了科学之美不一定基本，也不一定永恒。

张首晟教授认为宇宙当中最最深奥、最最普适的这些规律，都是非常的美妙。他用了爱因斯坦的著名的质能公式 $E=mc^2$ 来说明深奥和普适的公式很美。但是这个公式一点都不对称，追求对称美的韦尔切克教授显然不会认为很美。而且张首晟教授并没有说只有最最深奥和最最普适的规律才是美妙的，换句话说，他认为"深奥和普适"是科学之美的充分条件，而非必要条件，也就是满足其他条件的科学也可能是美的。事实上也是如此，前述不少科学家认为的科学之美既非深奥，也非普适。因此，科学之美不一定深奥也不一定普适。

文小刚教授认为，"美"一开始是个人化的，到最后被很多人接受，成为美的标准。这的确是美的产生和审美的一个可能过程，但是这是否是唯一的可能性呢？文小刚教授没有说。事实上，很多重要的科学发现都是偶然发生的（比如绝大部分获得诺贝尔物理学奖的天文发现都是如此），也被很多人认为非常美。但这些科学家并非一开始就坚信"自己的追求真的是美"，因为自己一开始很可能并不知道自己会做出这个科学发现。而且，文小刚教授也没有说明美的标准是什么，没有解释在什么情况下"自己的追求真的是美"。也许可以反过来理解文小刚教授的意思："得到大家的欣赏和认同"的就"真的是美"！但是这样似乎是循环论证，并不能让人满意。

的确，每一个坚持"标新立异"创新的研究人员都相信自己的追求真的是美，但是大部分这样的研究或者无疾而终或者以失败告终，不会得到大家的欣赏和认同，这就是做真正创新研究的人少，做跟风研究的人多的原因，毕竟我前面列举的包括文小刚教授在内的顶尖科学家属于凤毛麟角。这是为什么？事实上，即使非常成功的科学家对已经经过检验的科学理论或者公式何为最美的看法也很不一样。因此，即使你自己的创新成功了，大家也未必都认可你认为的"美"，这和文小刚教授的结论明显不一致，这又是为什么？对前一个"为什么"的回答也许是你的创新还没有成功，但是这无法回答后一个"为什么"。

陈丕燊教授的审美观就是著名的"残缺美"美学理论。关于这个美学理论，我们前面通过"证伪"的科学方法进行了非常彻底的批判，比如，我们从来没有见过一个美丽的女孩子为了追求"残缺美"而去自残。而前述张首晟教授认为 $E=mc^2$ 这个公式很美很显然和"残缺"毫无关系，而韦尔切克教授明确表示，"这些小缺陷是现在的物理学方程还不够美的原因"。很显然，"残缺"既不是科学之美的必要条件，也不是充分条件。

韦尔切克教授认为美的法则就是丰富性和不变性，和尼马·阿尔卡尼-哈米德的审美观基本上一样，因为丰富的根源正是基本，而不变就是永恒。所以可以用同样的理由说明韦尔切克教授的审美观不具有普遍性，也就是说，科学之美不一定具有丰富性，也不一定具有不变性。

杨振宁教授认为，科学中的美是"无我"的美，艺术中的美是"有我"的美。我从两个方面对杨振宁教授的审美观进行证伪。首先，如果科学中的美是"无我"的，也就是和审美者无关，那么每一个审美者都会对同一个"科学"得出同一个审美结论，但是我们上面已经看到几个科学家眼中的科学之美是很不同的。其次，数学的最高奖菲尔兹奖得主阿蒂亚及其合作者发现[①]，欣赏数学之美所用到的大脑部分（就是所谓的情绪大脑），和欣赏音乐、欣赏艺术以及诗歌所动用的大脑部分完全一样。既然我们对科学的美和艺术的美的审美过程是一样的，那么这些"美"在本质上就没有什么不同。因此，我们没有充分的理由说科学的美和艺术的美是不同的。

用审美两要素理论考察科学家的科学审美观

那么这些科学家是审美观和我提出的审美两要素之间是什么关系呢？是违反审美两要素，包含审美两要素，还是被审美两要素所包含？换句话说，到底哪个审美观或者审美理论更基础？

尼马·阿尔卡尼-哈米德教授认为科学理论之"美"的体现就是基本的原理。很显然，从科学研究追求基本原理的价值观看，"基本"就是"没缺陷"的一种体现，而"基本"的科学原理其实很少，当然就是"不常见"，所以我们会觉得这样的科学理论很美，当然并不是所有人认为美的科学理论都是基本的科学理论。所以"基本"是美的充分条件，但不是美的必要条件。因此哈米德教授的审美观和审美两要素不但不矛盾，而且能够被审美两要素所包含，换句话说，哈米德教授的审美观是审美两要素的一种表现形式。

张首晟教授认为宇宙当中最最深奥、最最普世的这些规律，都是非常的美妙。同样，最最深奥、最最普适的这些规律对科学家来说肯定就是没缺陷、不常见的，所以我们会觉得美，不过也有很多科学理论或者结果不是那么深奥，也不是那么普适，也有人觉得美，所以"最最深奥、最最普

[①] ZEKI S, ROMAYA J, BENINCASA D, ATIYAH M. The experience of mathematical beauty and its neural correlates [J]. Frontiers in human neuroscience. 2014, 8（68）.

适"也只是美的充分条件，而不是美的必要条件。因此，张首晟教授的审美观也是审美两要素的一种表现形式。

文小刚教授强调："我认为美的东西就是美"，"如果自己的追求真的是美，或早或晚，都会得到大家的欣赏和认同，大家就会跟着做。这时你自己对美的标准就变成了公众的标准"。根据我们前面的分析，这无法完全回答那两个"为什么"。但是可以把第一句话修改成"我认为美的东西对我自己就是美"，因为这符合我自己的价值观和见识所判断的"没缺陷、不常见"，但是在别人眼里也许有缺陷，也许很常见，所以别人不一定觉得美。但是如果"我的理论"最后经受住了科学方法的检验[①]，大家就都认可它属于"没缺陷"，如果别人也认为这个科学理论"不常见"（当然这就是创新的内涵），别人就会觉得美。这就是为什么我们说"科学技术创新的本质就是对美的追求"。因此，文小刚教授的审美观是审美两要素的一种特例。

陈丕燊教授在文章中说："广义相对论对于宇宙常数的来源及其任意性，竟无从解释。爱因斯坦曾经说：'引进这样的常数，就意味着在相当程度上放弃了这个理论的逻辑简单性。'然而这个史上最完美理论的瑕疵，却使它显得更美！"那么我们目前无法解释宇宙常数以及"放弃了这个理论的逻辑简单性"是否就是一个缺陷呢？事实上，目前无法解释不表明以后不能解释，而放弃简单性更不是理论的缺陷，因为宇宙的规律本来就无须简单。所以从科学的价值观上判断，"宇宙常数"并不是一个瑕疵，更不是一个缺陷。我本人就写过文章说明广义相对论仍然是完全没缺陷、极端不常见的科学理论，是一个美哭的科学理论。因此，陈丕燊教授举的例子和审美两要素并没有矛盾。

[①] 张双南，《科学的目的、精神和方法是什么？》，科学人微信公众号，2016.10.26。

韦尔切克教授认为美的法则就是丰富性和不变性，丰富性和不变性也满足科学的价值观，属于没缺陷的一种，而这样的科学规律也不多，当然就是不常见。只不过有一些科学规律并不是那么"丰富和不变"，由于满足有些人的价值观和见识所判断的没缺陷和不常见，他们也会觉得美。因此，韦尔切克教授的审美观也是审美两要素的一种表现形式。

最后，杨振宁教授在解释"科学中的美是'无我'的美"的时候，举的几个例子是霓虹、麦克斯韦方程式、牛顿的运动方程式、爱因斯坦的狭义和广义相对论方程式、狄拉克方程式和海森伯方程式，这些都是属于"没缺陷、不常见"的例子，难怪杨先生会觉得这些科学很美。但是如果你不理解这些方程式，就无法体会它们的没缺陷，当然也无法判断它们是否不常见，你就不会觉得它们美。比如，你如果问一个民工狄拉克方程式美不美，他肯定觉得你在开玩笑。当然我在这里丝毫没有不尊重民工的意思，只是想说明"科学中的美是'无我'的美"肯定是不成立的。因此，杨先生举的例子和审美两要素并没有矛盾。

到底什么是最美的科学公式？

最后我们回到本节开始提出的问题，到底什么是最美的科学公式？很显然每个人的科学价值观和科学见识不同，他眼里最美的科学公式和其他人就不一定一样。所以在这里我只能根据我自己的科学价值观和科学见识来说明我认为的最美的科学公式。

这个公式就是前面张首晟教授提到的爱因斯坦的著名的质能公式 $E=mc^2$，只不过我得到这个结论的原因在于这个公式的完全没缺陷极、端不常见。我同意张首晟教授的解释，这个公式"小用到原子，大用到整个宇宙"都完全成立。事实上原子弹、氢弹、核能、各种加速器和对撞机、太阳内部和宇宙大爆炸的基本原理和过程都是这个公式，科学家还从来没有发现过违反这个公式的任何现象和过程，所以这个公式完全没缺陷。同时，我还没有见到过任何其他科学公式如此简单，但是功能如此强大，而且适用范围如此广泛，因此这个公式极端不常见。总结起来，对我来说，$E=mc^2$ 就是最美的科学公式，是美哭的科学公式。

我前不久为《E在左，mc^2在右：只有一个公式的物理书》（（日）山田克哉，中信出版社，2022）一书写了一句推荐语："我曾经根据我的美学理论论证过，这个方程就是最美的科学方程，因为它真的是放之四海而皆准，完全没缺陷、极端不常见——这本书就告诉你这个公式是如何优雅地统治物理和宇宙的。"当然，你如果不理解这个公式到底是如何没缺陷和如何不常见，你肯定不会同意这个公式是最美的科学公式。有一个同事就坚持，麦克斯韦方程是最美的科学公式，我说你是做等离子体物理的大牛，你完全清楚麦克斯韦方程的没缺陷和不常见，你得到这个结论我完全赞同，但是问一下那些不理解或者不很理解这个方程的人，他们应该并不会认为这个方程有多美。

叶梓颐读后感

2018年北京天气最热的时候,张老师跨越半个北京城来我在今日美术馆举办的小小展览捧场,现在想到依然非常感动。展出完我就将《极光女神的裙摆》这幅作品送给了张老师。这张照片能再次出现在书里,并且作为新美学理论的例证,实在是非常荣幸。

这张照片拍摄于暴风雪后的挪威特罗姆瑟郊外。2015年3月一场太阳风暴引发了十年一遇的极光大爆发。彼时雪后初晴,天边的弦月正缓缓落下。在其中的一瞬间,那迸发的极光以多彩曼妙的身姿环抱住月亮。遥远的恒星的光线、来自38万千米外的月光还有高层大气的极光在那一刻相会在我的相机里,实现了跨越时空的美的构建。

很多人认为科学是客观世界的规律反映,而美是一种人类的主观感受。但美的感受一定是私人、主观和无迹可寻的吗?这本书会为你带来全新的思考。

书的前半部分从科学史出发,引导和总结出科学的思想和方法是怎么建立和演变的。近代科学对人类如此重要,因此近代科学的方法也非常值得所有人去了解。它不仅是理工类专业中重要的思维工具,也可以把它推广应用到别的领域。

比如美学。

美学是哲学里的一个小分支，历史上有许多著名哲学家对美学做过各式各样的思考。第三章里就列举了一些比较重要的理论。同时也用科学方法对这些理论做了剖析和批判。很多人好像不太喜欢批判，认为批判就是伤了"和气"。但其实批判不是为了把谁踩在脚下，而是为了站上巨人的肩膀，突破已有的边界。不管是从事科学还是艺术，我都觉得应该有这种敢于批判的精神。于是在第四章，张老师提出了基于科学方法的美学理论。

我上高中的时候参加过天文奥赛，但大学并没有读理工科，所以这本书带给我很大的震撼。不过因为这是给本科生的课程讲稿，所以非常生动，哪怕是没有相关学科基础的人读起来也并不难懂。我是个实践派，对我来说理论不能只停留在"理论"。希望下一次的创作，我能尝试着把书中的科学方法融入进去。

最后再次推荐这本书给没有机会现场听张老师讲课，但对科学和美学有兴趣的人。

叶梓颐

2022 年 7 月 26 日于北京

后　记

这本书并没有按照我原先的计划完成全部内容，写了大约20万字（这是和出版社的协议合同的要求），我就给出版社交稿了。缺的内容主要是有三部分。

选课的大约300位同学在每节课的课后作业和期中、期末的大作业里，有很多非常精彩的观点，提出了很多非常深刻的问题，对有些问题的分析及其引用的材料比我在课堂上讲的要丰富和深入很多。我原来的计划是把同学们的提问和分析整理出来，放到每一章的后面作为补充阅读材料，但是我只是在当时批改作业的时候整理了少部分内容，后来就实在是没有时间做了，而我本人有选择困难症，正能量的说法是追求完美的"强迫症"，就很遗憾地放弃了这部分内容。

我给学生们布置的大作业之一，是从课上所讲的美学理论或者常见审美观之中选择自己最喜欢的一个，使用科学方法做证实和证伪。这个大作业其实和我对课程的设计有关，我故意在课上对这些美学理论和审美观只做了初步的介绍，证实和证伪也做得非常简单。我给我自己预先设定的规则是用一页PPT介绍一个美学理论或者审美观，然后用一页PPT对该理论或者审美观做科学批判，也就是证实和证伪。这导致了很多同学非常不满：我这么敬仰的美学理论，张老师竟然只用一页PPT就讲完了，而且又只用一页PPT就给推翻了？太武断，太不严谨，太不讲武德了！实际上，我在课上反复强调，某个审美理论被"证伪"了，并不等于这个理论就被推翻了，证实的目的是想知道这个理论哪里能用，证伪的目的是想知道哪里不能用，所以科学批判的目的是理解，并不是推翻。但是这个观念对同学们来讲实在是太颠覆性了，我就决定把这件事留给同学们自己做，只有自己做过了证实和证伪，才能理解为什么需要这么做，以及科学方法的强大之处。结果大部分同学都做得非常漂亮，我觉得很多大作业报告都可以写成学术论文发表。也有少数同学在作业里就明确说，实在是太喜欢这个理论了，只想做"证实"，拒绝做"证伪"，觉得"证伪"是对这个伟大的美学家的"不敬"，这些同学就没有理解证实和证伪的精髓！我也特别想把这些内容放到对应的那一章的后面作为补充阅读材料。遗憾的是，这些内容太多、太丰富了，我只整理了少部分内容。这是本书缺少的第二部分内容。

我给学生们布置的另外一个大作业，是分析"审美两要素"理论和某个美学理论或者审美观的关系，类似于我在第四章针对一些著名科学家认为的"科学之美"所做的分析。大部分同学做得都非常棒，都令人信服地论证了"审美两要素"比那些美学理论或者审美观更加普遍和基础，主要是体现在两个方面：①能够证实这些美学理论和审美观的审美现象，也能够证实"审美两要素"理论；②能够证伪这些美学理论和审美观的审美现象，并不能证伪"审美两要素"理论，反而也能够证实"审美两要素"理论。这些当然都是我自己已经做过的事情，只不过我没有在课上讲，而是作为大作业留给了同学们。令我意外惊喜的是，很多同学的论证和分析所引用的材料和审美现象，都是我以前没有想到的。也有少数同学坚持某个美学理论就是最好的美学理论，拒绝分析该理论和任何其他美学理论的关系，包括和"审美两要素"理论的关系，有的同学牵强附会地说"审美两要素"理论和那个"最美"美学理论之间没有矛盾，是等价的，只不过他更喜欢那个理论。同学们的这些大作业报告的内容让我对"审美两要素"理论以及很多美学理论都有了更深入的理解，所以我特别想把这些内容作为本书独立的一章。遗憾的是，我只整理了这些作业的很少一部分的内容。这是本书缺少的第三部分内容。

如果以后有机会本书再版或者写"续集"，我争取把以上缺失的三部分内容补上。这算是我欠选这门课的大约300位同学的。

最后是挂一漏万的致谢。

我第一次在公开场合谈论我对审美的理解，是2015年的一次采访（对话张双南：《星际穿越》不会告诉你的非主流"黑洞"，潘颖，微信公众号赛先生，2015-08-10）。当时"赛先生"的记者潘颖女士在采访我将近最后的时候，问了我一个问题：你觉得什么是好的科学呢，科学的美是什么？我的回答是：不光是科学的美，我想很多领域的美都满足这两个条件：没缺陷、不常见。最近我写了一篇一万多字的文章发在微信朋友圈，题目就是《美的标准就是不常见、没缺陷——美人美食美景美术》，表达我的"美学"观念。不论是物理学还是其他科学，最好最美的东西往往是这样的：它首先是对的，能很好地解释自然现象，有能够被验证的理论预言，这就是所谓的"没缺陷"；同时这个理论让你觉得很妙，一见之下大有"我怎么没想到？原来是这样！"的感觉，这就是所谓的"不常见"。反之，如果一个东西我想到了，但我不屑去做，被别人做了，我根本就无动于衷，因为它没有"不常见"，没有出乎我的意料。

在这次赛先生的采访之前，我也断断续续地在微信朋友圈写了一些我对"美学"的理解，和朋友们有很多的讨论，这些讨论加深了我对审美的理解，我非常感谢这些朋友们。在这次采访之后，就不断有不同的机构和平台邀请我做相关的演讲以及写文章，大部分报道都能够在网上找到，比如在百度上输入"张双南美学"就可以看到。在这个过程中我又和很多朋友们做了很多讨论和交流，这些朋友的职业和专业范围很广，包括天文学家、物理学家、数学家、生物学家、艺术家、哲学家、企业家、作家、各种专业的各种年级和层次的学生，等等，我也和一些素未谋面甚至根本就不认识的学者做过讨论和交流（比如我在书中提到的我"花钱"问一批艺术家和哲学家：断臂维纳斯美在何处？）。正是这些讨论与交流逐渐形成了我写在本书中的主要思想和逻辑。谢谢所有和我讨论和交流过的朋友们，尤其是特别感谢那些曾经猛烈批评我的朋友们！

我最近参加的和艺术家关于"审美"的交流是应中国人民大学明德讲坛的邀请参加主题为"因果性与因果模型"的线上论坛。结束后我有感而发写了一篇短文"艺术与科学：隐藏与审美"发给了几位朋友，微信公众号高山书院要求转发，我就同意了。由于这篇短文反映了我对于艺术与科学之间在审美上的最新理解，而这恰好是我和艺术家交流的结果，我就在这里把这篇短文贴出来：

> 2002年5月8日晚，我参加了中国人民大学明德讲坛第25期暨服务器艺术·人工智能哲学第13期"因果性与因果模型"，主持人著名艺术家袁园老师认为隐藏是审美的维度，这是审美和因果性的关系，而这种隐藏又是虚幻，也就是反事实推断。
>
> 费曼说过，艺术就是把明白的事情弄糊涂，而科学就是把糊涂的事情弄明白。
>
> 我认为艺术是对生活的审美创造，科学是对自然的审美发现。

这几种观点之间是否有联系呢？这些联系和我认为的美就是"没缺陷不常见"之间有没有因果关系？

我认为，所谓"隐藏是审美的维度"，指的是艺术创作过程中艺术家把自己要表达的意象（或者"虚幻"）"隐藏"到作品中，既然是"隐藏"起来了，而且是意象或者虚幻，原本明白的事情就看不明白了，也就是糊涂了。而审美的过程就是去领悟这种"隐藏"，如果领悟出来的"隐藏"对审美者造成了一种冲击，就是体会到了这个艺术品的"美"，尽管领悟的"隐藏"不一定和艺术家的意象或者虚幻是一样的，不同审美者的领悟也很可能是不一样的，同一个审美者不同的时候也可能会得到不同的领悟，正是这些不一样，才是艺术作品的魅力。

因此，我认为的"艺术是对生活的审美创造"，其中的"创造过程"就是"隐藏"。

而自然的秘密都是隐藏起来的，否则就不是秘密。既然隐藏起来了，表面上就看不明白，也就是糊涂的事情。越基本、越深刻的秘密，隐藏得就越深，表面上看起来就越糊涂。科学研究就是要把自然隐藏起来的秘密发现出来，也就是把糊涂的事情弄明白，发现的秘密越基本、越深刻，我们就觉得越美。因此科学研究就是对自然的审美发现。

因此艺术的审美和科学的审美并没有本质的不同，前者是领悟隐藏，后者是发现隐藏，仅此而已。

那么为什么两者都是审美呢？

首先都是要在我们的价值观的框架下才能领悟和发现。其次，既然是隐藏起来的，那就是我们事先不熟悉甚至完全不知道的。

按照我对大脑审美的研究，我发现审美的过程就是做价值观的判断和见识的甄别。符合该审美者的价值观就是价值判断的"没缺陷"，对该审美者来说少见或者没见过就是"不常见"。同时满足"没缺陷、不常见"就是美。

因此无论是欣赏艺术还是做科学研究，在价值观的框架下领悟或者发现了"隐藏"，我们就觉得美，因此两者都是审美过程。

由于不同审美者的价值观和见识不同，不同审美者就有不同的审美观，对同样的审美对象就会得到不同的审美结论。而同一个审美者的价值观和见识也会发生变化，因此审美观就会发生变化。这就是审美现象的多样性，对于艺术审美和科学审美都是成立的。

这就是它们之间的因果关系，"因"是"隐藏"，"果"是"美"，因果之间的联系就是审美，也就是康德的"判断力"（我认为在这里就表现为"领悟"和"发现"），审美判断力的机制就是大脑的审美两要素：价值观判断是否没缺陷，见识甄别是否不常见。

最后感谢中国科学院大学人文学院的领导和老师批准我开这门课，并且迁就了我的很多不合理的要求（比如安排在周五晚上最后三节课）。我最近参加了"高山科学经典"导读活动，我在导读直播里面提到了"费曼学习法"（"曾经，我们都是费曼丨《别逗了，费曼先生》导读直播回放"文字版，张双南，微信公众号高山书院，2022年5月1日）：

今天我们社会上流传很广的一个学习方法叫"费曼学习法"，我导读前还特别上网查了一下，发现很多人说使用了费曼学习法之后，一家几个孩子都考上了很好的大学，甚至还有人专门开了课程教授"费曼学习法"。

其实在我们物理圈里面，并没有这么一个称呼。所谓的"费曼学习法"，简单来讲就是：当你试图去理解一件事情，最好的办法就是把这件事情讲给别人或者教给别人。在讲的过程中你就会很敏锐地发现自己哪里不理解了，回头再学的时候，就能够学得很好。

很多物理学家都喜欢用这种方法，比如我特别佩服的诺贝尔物理学奖获得者——史蒂文·温伯格。他说，当他想学什么东西的时候，就在学校开这一门课。为了讲好这门课，就需要去学习，并且在讲的过程中，也能不断了解自己哪里不理解，再去进行深度学习。就像他本来是研究粒子物理的，也是因此拿的诺贝尔奖，但后来为了学习广义相对论，就专门开了这门课，还写了一本广义相对论的经典教科书。后来还因为开了一门科学史的课程，成为科学史方面的专家。

当然，我也试图用过这个方法。比如在大学里面开课，我从来不开太重复的课程。往往很多时候开的这门课一开始我也是不会的，但是在开课的过程中，我要去学习，要和学生讨论，开几次之后，基本上就能学到很多。

我上面主要指的就是开这门科学方法与美学课，尽管我在之前任职过的大学也都干过类似的事情，但那时开的课还是天文和物理课，只是开课之前我对课程的内容不懂或者不熟悉而已，想借着开课多学习一些专业知识，基本上并没有特别大的风险。然而，开科学方法与美学这门课对我是一个很大的挑战，相当于做一个高风险高回报的实验。我感谢选了这门课的大约300位同学，我很不厚道地拿你们做了一次实验，但是貌似你们被实验得还很开心。或许是你们觉得自己被坑了，故意表现出来开心，是想让更多的学弟学妹们入坑？你们会如愿的！

张双南

2022年5月29日（按照海淀区疫情提级管控要求龟缩在家）

参考文献

[1][美]威廉·麦克高希. 世界文明史：观察世界的新视角[M]. 董建中，王大庆，译. 北京：新华出版社，2003.

[2][美]斯蒂芬·温伯格. 给世界的答案：发现现代科学[M]. 凌复华，等译. 北京：中信出版社，2016.

[3]张双南. 天文学与现代自然科学[J]. 中国国家天文，2019（9）：14-55.

[4]吴国盛. 什么是科学[M]. 广州：广东人民出版社，2016.

[5][美]贾雷德·戴蒙德. 枪炮、病菌与钢铁：人类社会的命运[M]. 谢延光，译. 上海：上海译文出版社，2000.

[6][美]弗里曼·戴森. 鸟和青蛙[EB/OL]. （2011-08-25）[2017-11-02]. 王丹红，译. http://news.sciencenet.cn/htmlnews/2011/8/251096-1.shtm.

[7] ZSHIZLI T, ZEKI S. Toward a brain-based theory of beauty. [J/OL]. PLoS ONE, 2011, 6（7）：e21852.https://doi.org/10.1371/journal.pone.0021852.

[8] ZEKI S, ROMAYA J, BENINCASA D, ATIYAH M, FRONT. H N. The experience of mathematical beauty and its neural correlates [EB/OL]. （2014-02-13）[2018-03-05]. https://doi.org/10.3389/fnhum.2014.00068.